国家级示范性高等院校"十二五"规划教材

C 语言程序设计

主 编 周 雯

副主编 徐凤梅 于继武 龚 丽

参 编 余 璐 綦志勇 何水艳

唐建国

天津大学出版社
TIANJIN UNIVERSITY PRESS

内 容 提 要

本书根据教育部考试中心制定的《全国计算机等级考试二级C语言程序设计考试大纲（2011年版）》的要求而编写，将全国计算机等级考试（二级C语言）的考试内容贯穿于各章节中，主要内容包括程序设计基本概念，顺序结构程序设计，分支结构程序设计，循环结构程序设计，函数，数组，指针，编译预处理和动态存储分配，结构体、共用体和用户定义类型以及文件，并且增加了独立的"公共基础知识"章节，专门对软件工程、数据结构等方面的内容作了针对性的介绍。

本书具有循序渐进、面向应用、便于自学的特点，紧扣考试大纲，教材中的例题大部分选自近年全国计算机等级考试的真题，另一部分是根据高职高专学生的特点精心设计而成的，具有典型性和针对性。

本书可作为各类高职高专C语言程序设计的教材，也可以作为全国计算机等级考试二级C语言程序设计的培训教材和广大学习C语言程序设计人员的自学参考书。

图书在版编目（CIP）数据

C语言程序设计 / 周雯主编. 一天津：天津大学出版社，2012.8（2014.7重印）
国家级示范性高等院校"十二五"规划教材
ISBN 978-7-5618-4450-2

Ⅰ.①C… Ⅱ.①周… Ⅲ.①C语言—程序设计—高等学校—教材
Ⅳ.①TP312

中国版本图书馆CIP数据核字（2012）第198540号

出版发行	天津大学出版社
出 版 人	杨欢
地　　址	天津市卫津路92号天津大学内(邮编:300072)
电　　话	发行部:022-27403647
网　　址	publish.tju.edu.cn
印　　刷	廊坊市长虹印刷有限公司
经　　销	全国各地新华书店
开　　本	185mm×260mm
印　　张	19
字　　数	468千
版　　次	2012年9月 第1版
印　　次	2014年7月 第2次
定　　价	38.00元

前　言

　　《C语言程序设计》是计算机类相关专业的专业基础课程，也是其他相关理工科专业学生的必修课或选修课。目前，国内各高等院校都把计算机程序设计课程作为重要的计算机基础课程。

　　C语言是国内外广泛使用的计算机程序设计语言之一，语言简洁，使用灵活，程序执行效率高，它不但具有高级语言的功能，还可以实现汇编语言的许多功能，可移植性好，很多操作系统都是用C语言编写的。

　　本书是根据教育部考试中心制定的《全国计算机等级考试二级C语言程序设计考试大纲（2011年版）》的要求，结合作者多年讲授C语言程序设计课程的教学经验编写而成的。

　　全书分11章，详细介绍了程序设计基本概念，各种程序结构，函数，数组，指针，编译预处理和动态存储分配，结构体、共用体和用户定义类型，文件、软件工程与数据结构等知识。

　　本书着眼于基本概念与重要编程技能的介绍，它凝聚了作者多年的教学经验和智慧，编写上力求安排合理、重点突出、难点分散、便于掌握。为帮助读者顺利地通过全国计算机等级考试二级C语言程序设计考试，本书对近几年全国二级C语言等级考试的笔试真题进行了有针对性的取舍，旨在帮助考生熟悉题型。

　　本书在语言叙述方面注重概念清晰、逐步讲解、逻辑性强、有的放矢，并采用理论与实践相结合的方式进行讲解，将全国计算机等级考试（二级C语言）的考试内容贯穿于各章节中，用言简意赅的语言精讲考试要点、重点和难点，可以让学生较好地掌握程序设计的基本方法和技巧。

　　学习和掌握C语言，最有效的方法是实践。实践包括阅读教材中给出的例题程序，理解程序所要完成的任务，从中学习编程的方法和技巧；模仿编写功能相似的程序；自己独立设计和编写完成指定任务的程序。编写程序时必须严格按照语法规则写，而且只有通过上机运行程序才能加深对概念和规则的理解，才能真正掌握程序设计的方法和技术。

　　本书的所有程序均在Visual C++ 6.0环境下调试通过。

　　本书由周雯担任主编，徐凤梅、于继武、龚丽担任副主编，参加编写的有余璐、綦志勇、何水艳、唐建国。谨向每一位曾关心和支持本书编写工作的各方面人士付出的辛勤劳动，表示衷心的感谢。

　　本书在编写过程中得到了天津大学出版社和编者所在学校的大力支持和帮助，在此对他们表示衷心的感谢。在编写过程中我们参考了大量文献资料，在此对这些资料的作者一并表示感谢。由于时间仓促和编者水平所限，书中难免有错误和欠妥之处，敬请专家、读者不吝指正。需要本书多媒体电子课件、习题答案的读者，可在天津大学出版社教材网下载。

编　者

目 录

第 1 章　程序设计基本概念

学习目标　本章主要介绍 C 语言程序设计的入门知识，如算法、常量和变量、数据类型、各类表达式。这些知识点是后续章节中进行程序设计的必备知识。

做任何事情都有一定的步骤。例如，要报名考试，首先要填报名表，然后交报名费，等拿到准考证后，再按时参加考试；要理发，首先洗头发，然后剪头发，再吹干。日常生活中，我们都是按照一定的"行动步骤"来做每件事。广义地说，为解决一个问题而采取的方法和步骤，就称为"算法"。

本书所关心的只限于计算机算法，即计算机能执行的算法。例如，让计算机在 100 个数中查找最小的数或按照数的大小对这 100 个数进行排序，是可以做到的，而让计算机去执行"替我理发"是做不到的（至少目前如此）。

计算机算法可分为两大类别：数值运算算法和非数值运算算法。其中数值运算的过程中需要有操作数和运算符，例如，求 1+2+3+…+100，其中 1、2、3、…、100 就是操作数，"+"就是运算符。非数值运算的涉及面十分广泛，最常见的是用于事务管理领域，例如对一批学生按成绩排序、学籍管理等。

1.1　C 语言程序结构和标志符

1.1.1　C 语言程序和程序设计概述

计算机是一种具有内部存储能力、由程序自动控制的电子设备。人们将需要计算机做的工作写成一定形式的指令，并把它们存储在计算机内部的存储器中，当人们给出命令之后，它就按指令顺序自动进行操作。人们把这种可以连续执行的一条条指令的集合称为"程序"。可以说，程序就是人与机器"对话"的语言，也就是我们常说的"程序设计语言"。

目前，在社会上使用的程序设计语言有上百种，如 Visual Basic、Visual C++、Java 以及 C 语言等，这些语言都比较接近人们的自然语言和数学语言，被称为计算机的"高级语言"。

但是，对于计算机本身来说，它并不能直接识别由高级语言编写的程序，它只能接受和处理由 0 和 1 的代码构成的二进制指令或数据。由于这种形式的指令是面向机器的，因此被称为"机器语言"。

我们把由高级语言编写的程序称为"源程序"，把由二进制代码表示的程序称为"目标程序"。为了把源程序转换成机器能接受的目标程序，软件工作者编制了一系列软件，通过这些软件可以把用户按规定语法写出的语句一一翻译成二进制的机器指令。这种具有翻译功

能的软件称为"编译程序"，每种高级语言都有与之对应的编译程序。

我们所写的每条 C 语句，经过编译（compile）最终都将转换成二进制的机器指令。由 C 语言构成的指令序列称为 C 源程序；按 C 语言的语法编写 C 语言程序的过程，称为 C 语言的代码编写。

C 源程序经过 C 编译程序编译之后生成一个后缀为.obj 的二进制文件（称为目标文件），然后由称为"连接程序"（Link）的软件，把此.obj 文件与 C 语言提供的各种库函数连接起来生成一个后缀为.exe 的可执行文件。在操作系统环境下，只需点击或输入此文件的名字（不必输入后缀.exe），该可执行文件就可运行。

简单的程序设计一般包含以下几个部分。

1）确定数据结构。根据任务书提出的要求、指定的输入数据和输出结果，确定存放数据的数据结构。

2）确定算法。针对存放数据的数据结构来确定解决问题、完成任务的步骤。有关算法的概念将在本章的1.2节中介绍。

3）编码。根据确定的数据结构和算法，使用选定的计算机语言编写程序代码，输入到计算机并保存在磁盘上，简称编程。

4）调试程序。消除由于疏忽而引起的语法错误或逻辑错误；输入各种可能的数据对程序进行测试，使之对各种合理的数据都能得到正确的结果，对不合理的数据能进行适当的处理。

5）整理并写出文档资料。

例1.1　以下叙述中正确的是（　　）。（2009 年 9 月全国计算机等级考试二级 C 试题选择题第 11 题）

A．程序设计的任务就是编写程序代码并上机调试

B．程序设计的任务就是确定所用的数据结构

C．程序设计的任务就是确定所用的算法

D．以上三种说法都不完整

分析：程序设计是指设计、编程、调试程序的方法和过程。它是目标明确的智力活动。由于程序是软件的主体，软件的质量主要通过程序的质量来体现，程序设计通常分为问题建模、算法设计、编写代码和编译调试四个阶段。选 D。

例1.2　计算机高级语言程序的运行方法有编译执行和解释执行两种,以下叙述正确的是（　　）。（2011 年 3 月全国计算机等级考试二级 C 试题选择题第 11 题）

A．C 语言程序仅可以编译执行

B．C 语言程序仅可以解释执行

C．C 语言程序既可以编译执行又可以解释执行

D．以上说法都不对

分析：编译型语言写的程序执行之前，需要一个专门的编译过程把程序编译成机器语言的文件，比如.exe 文件，再次运行时便不需要重新翻译，直接使用编译的结果即可，因为翻译只做了一次，运行时不需要翻译，所以编译型语言的程序执行效率高。解释则不同，解释型语言的程序不需要编译，在运行程序的时候才翻译，比如解释型 Basic 语言，专门有一个解释器能够直接执行 Basic 程序，每个语句都是执行的时候才翻译。这样解释型语言每执行

一次便需要翻译一次，效率低。选 A。

例 1.3　以下叙述中错误的是（　　　）。（2011 年 3 月全国计算机等级考试二级 C 试题选择题第 12 题）

A．C 语言的可执行程序是由一系列机器指令构成的

B．用 C 语言编写的源程序不能直接在计算机上运行

C．通过编译得到的二进制目标程序需要连接才可以运行

D．在没有安装 C 语言集成开发环境的机器上不能运行 C 源程序生成的.exe 文件

分析：C 语言的可执行程序是由一系列机器指令组成的，用 C 语言编写的源程序必须经过编译生成二进制目标代码，再经过连接才能运行，并且可以脱离 C 语言集成开发环境。选 D。

1.1.2　最简单的 C 语言程序举例

例 1.4　要求在屏幕上输出以下一行信息。

welcome to our class.

```
#include<stdio.h>                      //这是编译预处理指令
int main()                             //定义主函数
{                                      //函数开始的标志
    printf("Welcome to our class.\n"); //输出所指定的一行信息
    return 0;                          //函数执行完毕时返回函数值 0
}                                      //函数结束的标志
```

运行结果：

Welcome to our class.

Press any key to continue

说明：以上运行结果是在 Visual C++ 6.0 环境下运行程序时屏幕上得到的显示。其中第 1 行是程序运行后输出的结果，第 2 行是 Visual C++ 6.0 系统在输出完运行结果后自动输出的一行信息，告诉用户："如果想进行下一步，请按任意键。"当用户按任意键后，屏幕上不再显示运行结果，而返回程序窗口。为节省篇幅，本书在以后显示运行结果时，不再显示"Press any key to continue"。

分析：先看程序的第 2 行，其中 main 是主函数的名字，main 前面的 int 表示此函数的类型是整型，在执行完主函数后会得到一个返回值，其值为整型，程序第 5 行"return 0;"的作用就是将整数 0 作为函数值返回。每一个 C 语言程序都必须有一个 main 函数。函数体由花括号{}括起来。

本例中主函数内有两条语句，程序第 4 行是一条输出语句，printf 是 C 编译系统提供的函数库中的输出函数（详见第 2 章）。printf 函数中双引号内的字符串"Welcome to our class."按原样输出。\n 是换行符，每个语句最后都有一个分号，表示语句结束。

在使用函数库中的输入输出函数时，编译系统要求程序提供有关此函数的信息（例如对这些输入输出函数的声明和宏的定义、全局变量的定义等），程序第 1 行"#include<stdio.h>"的作用就是用来提供这些信息的。stdio 是"standard input & output"的缩写，文件后缀.h 的意思是头文件（header file），因为这些文件都是放在程序各文件模块的开头的。stdio.h 就是系统提供的一个文件名。

在以上程序各行的右侧，如果有//，则表示从//到本行结束是"注释"，用来对程序进行

必要的说明。在写 C 程序时应适当使用注释，以方便自己和他人理解程序各部分的作用。注释对运行不起作用，在程序进行预编译处理时将每个注释替换为一个空格。

例 1.5 求两数之和。

```c
#include <stdio.h>
int main()
{
    int a,b,sum;          /*定义变量为整型*/
    a=123;                /*变量赋值*/
    b=456;
    sum=a+b;              /*求和*/
    printf("sum is %d\n",sum);
    return 0;
}
```

运行结果：

sum is 579

分析： C 语言还允许以/*开始、以*/结束的块式注释，这种注释可以包含多行内容。它可以单独占一行（在行开头以/*开始，行末以*/结束），也可以包含多行。

但应注意的是，在字符串中的//和/*都不作为注释的开始。而是作为字符串的一部分。如：

```c
printf("//how do you do!\n");
```

或

```c
printf("/*how do you do!*/\n");
```

输出分别是：

//how do you do!

和

/*how do you do!*/

例 1.6 从键盘输入两个整数，并显示这两个整数之和。

```c
#include <stdio.h>
int ADDxy(int a,int b)              /*定义函数 ADDxy*/
{
    int c;
    c=a+b;
    return c;                        /*返回 c 的值，return 是关键字*/
}
int main(   )                        //主函数
{
    int x,y,z;                       //声明部分，定义变量
    scanf("%d%d" , &x, &y);
    z=ADDxy(x,y);                    //调用 ADDxy 函数，将得到的返回值赋给变量 z
    printf("sum=%d \n", z);          //输出两个整数之和
    return 0;
}
```

运行结果：

8 5 ✓

sum=13

分析：本程序包括主函数、被调用函数 ADDxy 和一个编译预处理命令。从第 2 行到第 7 行定义函数 ADDxy，包括函数类型、函数名和函数体等部分。第 12 行调用函数 ADDxy，将调用结果返回值赋给变量 z。

上述两个函数构成了一个完整的程序，称为源程序。它以文件的方式存在，文件中包含函数的源程序代码。可以把这两个函数放在一个文件中，当程序语句多的时候也可以分别以函数为单位放在两个以上的文件中，C 语言规定保存 C 源程序文件的扩展名为".c"。

1.1.3 C 语言程序的结构

通过以上程序例子，可以看到一个 C 语言程序的结构有以下特点。

1）函数是C程序的主要组成部分。

程序的几乎全部工作都是由各个函数分别完成的，函数是 C 程序的基本单位。一个 C 语言程序是由一个或多个函数组成的，其中必须包含一个 main 函数（且只能有一个 main 函数）。如果由多个函数组成，在进行编译时会将它们组成一个源程序文件，统一进行编译。

2）一个程序可以由一个或多个源程序文件组成。

例 1.4 的程序由一个 main 函数组成，只需用一个源程序文件。但对于规模较大的程序，往往包括多个函数，当数量较多，把所有的函数都放在同一个源程序文件中，则此文件显得太大，不便于编译和调试。因此为了便于调试和管理，可以使一个程序包含多个源程序文件，每个源程序文件又包含若干个函数，实现程序的模块化管理。

3）函数包括函数首部和函数体。

① 函数首部即函数的第1行，包括函数名、函数类型、函数参数等。如：

int max(int x,int y)

表示该函数名为 max，返回值类型为整型，函数有两个参数，均是整型。

② 函数首部下面的花括号内的部分。如：

void main()

{ …}

如果在一个函数中包含有多层花括号，则最外层的一对花括号是函数体的范围。

4）程序总是从main函数开始执行的。

不论 main 函数在整个程序中的位置如何（main 函数可以放在程序最前头，也可以放在程序最后，或在一些函数之前、另一些函数之后）。

5）程序中每条C语句的最后必须有一个分号。如：

a=123;

6）C语言本身不提供输入输出语句，输入和输出的操作是由库函数scanf和printf等函数来完成的。

7）程序应当加上必要的注释，增加可读性。

1.1.4 运行 C 程序的步骤与方法

近年来，不少人用 Visual C++对 C 程序进行编译，Visual C++ 6.0 既可以对 C++程序进行编译，也可以对 C 程序进行编译。Visual C++ 6.0 是在 Windows 环境中运行的，它有英文版和中文版，二者使用方法相同，只是中文版在界面上用中文代替了英文。本书介绍的是 Visual C++ 6.0 中文版，在 Visual C++ 6.0 中运行 C 程序一般要经过以下几个步骤。

1）双击桌面上Visual C++ 6.0图标，进入Visual C++ 6.0集成环境，屏幕上出现Visual C++ 6.0的主窗口，如图1-1所示。

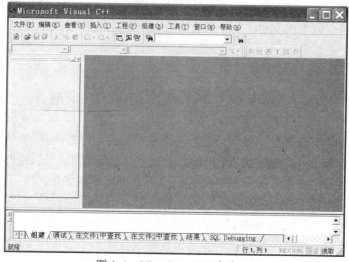

图 1-1　Visual C++ 6.0 主窗口

2）在Visual C++ 6.0主窗口的主菜单栏中选择"文件"菜单，然后选择"新建"命令，如图1-2所示。

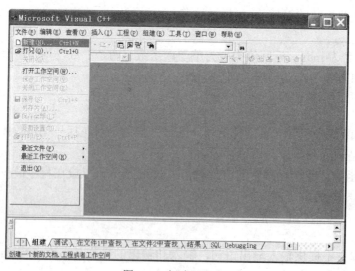

图 1-2　新建源程序

屏幕上出现"新建"对话框（见图 1-3）。单击此对话框的上方的"文件"菜单，在其下拉菜单中选择"C++ Source File"项，表示要建立新的 C++源程序文件，然后在对话框右半部分的"位置"文本框中输入准备编辑的源程序文件的存储路径（假设为 D:\CWORK），表示准备编辑的源程序文件将存放在 D:\CWORK 子目录下。在其上方的"文件名"文本框中输入准备编辑的源程序文件的名字（输入 c1-1.c），文件用.c 作为后缀。

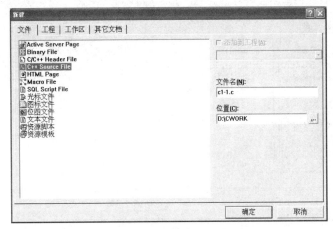

图1-3 "新建"对话框

这样，即将进行输入和编辑的源程序就以"c1-1.c"为文件名存放在 D 盘的 CWORK 目录下。

3）单击"确定"按钮后，回到Visual C++主窗口，可以看到光标在程序编辑窗口闪烁，表示程序编辑窗口已激活，可以输入和编辑源程序了。在此输入例1.4的程序，如图1-4所示。

图1-4 编辑源程序

4）如果经检查无误，在主菜单栏中选择"文件"菜单，并在其下拉菜单中选择"保存"命令，见图1-5。

5）若需要对该源文件进行编译，单击主菜单栏中的"组建"菜单，在其下拉菜单中选择"编译[c1-1.c]"，如图1-6所示。

图1-5   保存源程序

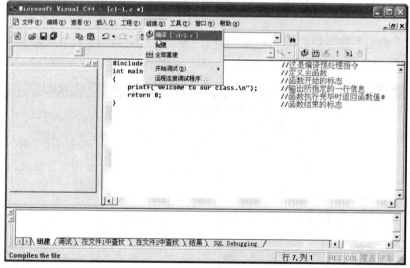

图1-6   编译源程序

6）单击编译命令后，屏幕上出现一个对话框，内容是"此编译命令要求一个有效的项目工作区，你是否同意建立一个默认的项目工作区"，如图1-7所示。

图1-7   "创建工作区"对话框

单击"是"按钮，表示同意由系统建立默认的项目工作区，然后开始编译。

在进行编译时，编译系统检查源程序中有无语法错误，然后在主窗口下部的调试信息窗口输出编译的信息，如果无错，则生成目标文件 c1-1.obj，该文件存放在 D:\CWORK\Debug 文件夹下，如果有错，则会指出错误的位置和性质，提示用户改正错误。

7）在得到后缀为.obj的目标程序后，不能直接运行，还要把程序和系统提供的资源（如函数库）建立连接，此时应选择"组建[c1-1.exe]"，如图1-8所示。表示要求连接并建立一个可执行文件c1-1.exe，该文件也存放在D:\CWORK\Debug文件夹下。

图1-8　组建程序

8）在得到可执行文件c1-1.exe后，就可以直接执行c1-1.exe了。选择"执行[c1-1.exe]"，如图1-9所示。也可以用Ctrl+F5一次完成程序的编译、连接与执行。程序执行后，屏幕切换到输出结果的窗口，显示出运行结果，如图1-10所示。

图1-9　执行程序

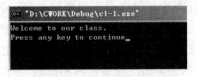

图1-10　程序运行结果

9）如果已完成对一个程序的操作，不再对它进行其他处理，应当选择"文件"，然后选择"关闭工作区"，以结束对该程序的操作。

1.2 算法

1.2.1 简单算法举例

在拿到一个需要求解的问题之后，怎样才能编写出程序呢？除了选定合理的数据结构外，一般来说，十分关键的一步是设计算法，有了一个好的算法，就可以用任何一种计算机高级语言把算法转换为程序。

例 1.7 求 1+2+3+4+5。

算法 1：

第 1 步：1+2⇒3。

第 2 步：3+3⇒6。

第 3 步：6+4⇒10。

第 4 步：10+5⇒15，这是最后的结果。

但如果要求 1+2+…+1000，按照这种算法则要分解成 999 个步骤，显然不可取。应当找到一种通用的表示方法。

算法 2：

设置两个变量，一个变量代表加数，另一个代表被加数，不单独设置变量存放求和结果，而是直接将每一步骤的求和结果放在被加数变量中。今设变量 sum 为被加数，变量 i 为加数。用循环算法来求结果。

第 1 步：使 sum 为 0，i 为 1，即 0⇒sum，1⇒i。

第 2 步：将 sum+i 的求和结果仍放在 sum 中，即 sum+i⇒sum。

第 3 步：使 i 的值加 1，即 i+1⇒i。

第 4 步：如果 i 不大于 5，则返回执行第 2、3、4 步；否则，算法结束。最后得到的 sum 的值就是求和结果。

比较两种算法，显然后者要更加简练、通用。

如果题目改为 1×2×3×4×5，或 1×3×5×7×9×11 呢？请读者设计算法。

例 1.8 先后输入若干个整数，要求打印出其中最大的数，当输入的数小于 0 时结束。

算法：

要得到最大的数，只能通过依次比较两个数大小的方法，每次比较，保留较大的数，参与下一次的比较，比如数 1 和数 2 比较，数 1 大，则下一次比较数 1 和数 3，如果数 3 大，则下一次比较数 3 和数 4，依此类推，最后保留的数就是最大的数。

在上面的算法描述中，需要保留每次比较的结果，我们可以设置一个变量 max，让 max 始终存放当前比较过的数中的最大值。然后输入数，与 max 比较，如果第二个数大于 max，则用第二个数代替 max 中原来的值，如此先后输入和比较，每次比较后都将较大值放在 max 中，直到输入的数小于 0 时结束。最后 max 中的值就是所有输入数中的最大值。

那么 max 的初始值应该是多少呢？能否设置为 0 呢？由于题目没有限制是正数或负数，因此 max 的值不能设置为 0，这是初学者很容易犯的错误。正确的做法是将 max 的初始值设置为输入的第一个数。

例 1.9 判定键盘输入的年份是否为闰年，并将结果输出。

算法：

判定闰年的条件有：①能被 4 整除，但不能被 100 整除的年份都是闰年，如 1996 年、2008 年、2012 年是闰年；②能被 400 整除的年份是闰年，如 2000 年是闰年；③不符合这两个条件的年份不是闰年，如 2009 年、2100 年不是闰年。

设 year 为待检测的年份。

第 1 步：从键盘输入一个数 ⇒year。

第 2 步：若 year 不能被 4 整除，则输出"不是闰年"，转到第 6 步。

第 3 步：若 year 能被 4 整除，不能被 100 整除，则输出"是闰年"，然后转到第 6 步。

第 4 步：若 year 能被 400 整除，输出"是闰年"，然后转到第 6 步。

第 5 步：输出"不是闰年"。

第 6 步：结束。

在这个算法中，每做一步，都分别分离出一些范围（已能判定为闰年或非闰年），逐步缩小范围，使被判断的范围越来越小，直至执行第 4 步时，只可能是非闰年。

如果是判定 2000～2500 年中的每一年是否为闰年呢？

第 1 步：2000⇒year。

第 2 步：若 year 不能被 4 整除，则输出 year 的值和"不是闰年"，转到第 6 步，检查下一个年份。

第 3 步：若 year 能被 4 整除，不能被 100 整除，则输出 year 的值和"是闰年"，然后转到第 6 步。

第 4 步：若 year 能被 400 整除，则输出 year 的值和"是闰年"，然后转到第 6 步。

第 5 步：输出 year 的值和"不是闰年"。

第 6 步：year+1⇒year。

第 7 步：当 year≤2500 时，转到第 2 步继续执行，否则结束。

例 1.10 给出一个大于或等于 3 的正整数，判断它是不是素数。

算法 1：

素数是指除了 1 和该数本身以外，不能被其他任何整数整除的数。例如，11 是素数，因为它不能被 2，3，4，…，10 整除。

判断一个数 n（$n \geq 3$）是否为素数的方法是：将 n 与 2～$n-1$ 的各个整数进行整除，如果都不能被整除，则 n 为素数。

第 1 步：从键盘输入 n 的值。

第 2 步：2⇒i。

第 3 步：n 被 i 除，得余数 r。

第 4 步：若 $r=0$，表示 n 能被 i 整除，则输出"不是素数"，结束；否则执行第 5 步。

第 5 步：$i+1$⇒i。

第6步：如果$i \leq n-1$，返回第3步；否则输出"是素数"，然后结束。

实际上，在算法1的基础上，可以将第6步的$i \leq n-1$，改为$i \leq n/2$，或$i \leq \sqrt{n}$。

从以上几种简单的算法中，我们可以看出一个有效的算法应该具有以下特点。

1）有穷性。一个算法包含的操作步骤应该是有限的。也就是说，在执行若干个操作步骤之后，算法将结束，而且每一步都在合理的时间内完成。

2）确定性。算法中每一条指令必须有确切的含义，不能有二义性，对于相同的输入必能得出相同的执行结果。

3）可行性。算法中的每一个步骤都应当能有效地执行，并得到确定的结果。例如，若$b=0$，则执行a/b是不能有效执行的。

4）有零个或多个输入。例如，在执行例1.9算法时，需要输入年份的值，然后判断是否为闰年。也可以有两个或多个输入，例如，在执行例1.8算法时，需要输入一组数据。一个算法也可以没有输入，例如，例1.7中不需要输入任何信息，就能求和。

5）有一个或多个输出。例如，在执行例1.9算法时，需要输出"是闰年"或"不是闰年"的信息，例1.10也要求输出"是素数"或"不是素数"的信息。算法的目的是为了求"解"，这些"解"只有通过输出才能得到。

1.2.2 用流程图表示算法

表示一个算法，常用的方法有伪代码、自然语言和结构化流程图。

伪代码是一种近似于高级语言但又不受语法约束的语言描述方式，这在英语国家中使用起来更为方便。

自然语言就是人们日常使用的语言，可以用汉语、英语或其他语言。用自然语言表示，通俗易懂，但文字冗长，容易出现歧义。因此，除了很简单的问题以外，一般不用自然语言表示算法。

流程图是描述算法的很好的工具，一般的流程图由图1-11中所示的几种基本图形组成。

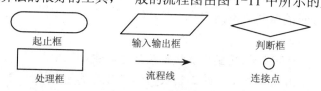

图1-11 流程图符号

由这些基本图形中的框和流程线组成的流程图来表示算法，形象直观，简单方便。但是，这种流程图对于流程线的走向没有任何限制，可以任意转向，在描述复杂的算法时所占篇幅较多，费时费力且不易阅读。

为了解决这个问题，人们规定出几种基本结构，然后由这些基本结构按一定规律组成一个算法结构，由此保证算法的质量。由基本结构所构成的算法属于"结构化"的算法，它不存在无规律的转向，只在本基本结构内才允许存在分支和向前或向后的跳转。

随着结构化程序设计方法的出现，1973年美国学者I.Nassi和B.Shneiderman提出了一种新的流程图形式，这种流程图完全去掉了流程线，算法的每一步都用一个矩形框来描述，把一个个矩形框按执行的次序连接起来就是一个完整的算法描述。这种流程图用两位学者名字的第一个英文字母命名，称为N—S流程图。

下面将结合结构化程序设计中的三种基本结构来介绍这两种流程图的基本结构。

1．顺序结构

在本书第 2 章中将要介绍的如赋值语句、输入输出语句都可构成顺序结构。当执行由这些语句构成的程序时，将按这些语句在程序中的先后顺序逐条执行，没有分支，没有转移。顺序结构可用图 1-12 所示的流程图表示，其中 a）是一般的流程图，b）是 N—S 流程图。

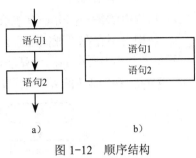

图 1-12　顺序结构

a）结构化流程图　b）N—S 流程图

2．选择结构

在本书第 3 章中将要介绍的 if 语句、switch 语句都可构成选择结构。当执行到这些语句时，将根据不同的条件去执行不同分支中的语句。选择结构可由图 1-13 所示的流程图表示，其中 a）是一般的流程图，b）是 N—S 流程图。

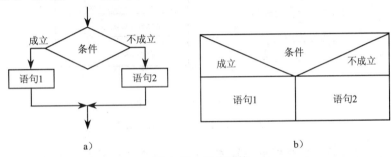

图 1-13　选择结构

a）结构化流程图　b）N—S 流程图

3．循环结构

在本书第 4 章中将要介绍不同形式的循环结构。它们将根据各自的条件，使同一组语句重复执行多次或一次也不执行。循环结构的流程图如图 1-14 和图 1-15 所示，每个图中 a）是一般的流程图，b）是 N—S 流程图。

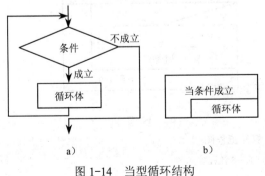

图 1-14　当型循环结构

a）结构化流程图　b）N—S 流程图

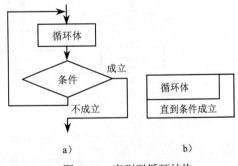

图 1-15　直到型循环结构

a）结构化流程图　b）N—S 流程图

以上三种基本结构有以下共同特点。

1）只有一个入口。

2）只有一个出口。

3）结构内的每一部分都有机会被执行到。

4）结构内不存在"死循环"。

下面将上节中所举的几个算法例子，改用一般流程图和N—S流程图表示。

例1.11 将例1.7的算法分别用一般流程图和N—S流程图表示，如图1-16所示。

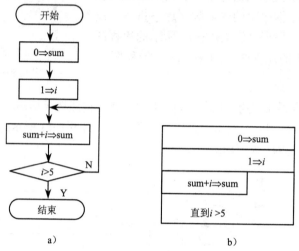

图1-16 例1.7算法流程图

a）结构化流程图 b）N—S流程图

例1.12 将例1.8的算法分别用一般流程图和N—S流程图表示，如图1-17所示。

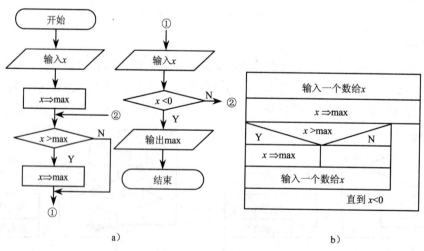

图1-17 例1.8算法流程图

a）结构化流程图 b）N-S流程图

例1.13 将例1.9中判定2000～2500年闰年的算法分别用一般流程图和N-S流程图表示，如图1-18所示。

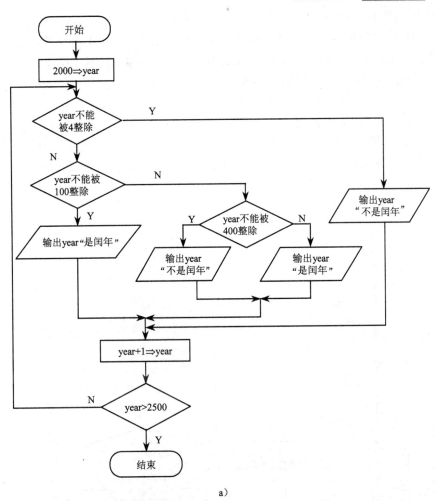

a）

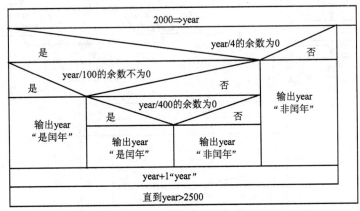

b）

图 1-18 例 1.9 算法流程图

a）结构化流程图 b）N—S 流程图

例 1.14 将例 1.10 中判断素数的算法用一般流程图表示，如图 1-19a）所示。

可以看出，图 1-19a）不是由三种基本结构组成的。图中间的循环部分有两个出口（一个从第 1 个判断框右面出口，另一个在第 2 个判断框下边出口），不符合基本结构的特点。由于不能分解为三种基本结构，就无法直接用 N—S 流程图的三种基本结构的符号来表示。因此，我们要对图 1-19a）作出必要的修改。

将第 1 个判断框（"r 是否为 0"）的两个出口合并在一点，以解决两个出口的问题。当 r 是 0 时意味着 n 为非素数，但此时不马上输出 n "不是素数" 的信息，而使标志变量 $flag$ 的值由 0 改为 1（$flag$ 的初始值为 0）。如果 r 不是 0，则保持 $flag$ 值为 0，如图 1-19b）所示。

图 1-19b）已变成由三种基本结构组成的结构图。可以改用 N—S 图表示此算法，如图 1-19c）所示。

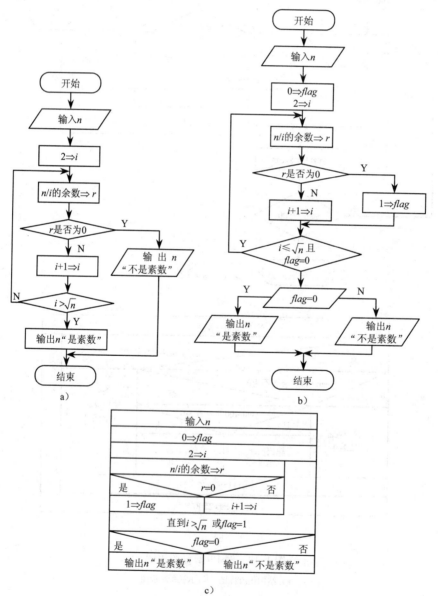

图 1-19　例 1.10 算法流程图
a）一般流程图　b）结构化流程图　c）N—S 流程图

由于本书中的例题比较简单，因此大都采用文字进行描述，但要求读者能读懂这两种流程图。

1.3 标志符、常量和变量

1.3.1 标志符

在 C 语言中，有许多符号的命名，如变量名、函数名、数组名等，都必须遵守一定的规则，按此规则命名的符号称为标志符。

C 语言规定标志符只能由字母、数字和下划线三种字符组成，且第一个字符必须为字母或下划线。下面列出的是合法的标志符：

area、_ini、a_array、s1234

以下都是非法的标志符：

456P、cade-y、w.w、a&b

C 语言的标志符可以分为以下三类。

1. 关键字

C 语言已经预先规定了一批标志符，它们在程序中都代表着固定的含义，不能另作他用，这些标志符称为关键字。例如，用来说明变量类型的标志符 int、double 以及 if 语句中的 if、else 等都已有专门的用途，它们不能再用作变量名或函数名。C 语言中的关键字请参考附录 2。

2. 预定义标志符

所谓预定义标志符，是指在 C 语言中预先定义并具有特定含义的标志符，如 C 语言提供的库函数的名字（如 printf）和预编译处理命令（如 define）等。C 语言允许把这类标志符重新定义另作他用，但这将使这些标志符失去预先定义的原意。鉴于目前各种计算机系统的 C 语言都一致把这类标志符作为固定的库函数名或预编译处理中的专门命令使用，因此为了避免误解，建议用户不要把这些预定义标志符另作他用。

3. 用户标志符

用户标志符一般用来给变量、函数、数组等命名。用户标志符除要遵守标志符命名规则外，还应注意做到"见名知义"，以增加程序的可读性。

> **注意**
> ① 在 C 语言的标志符中，大写字母和小写字母被认为是两个不同的字符，例如 page 和 Page 是两个不同的标志符。一般而言，变量名用小写字母表示，与人们日常习惯一致，以增加可读性。
> ② 如果用户标志符与关键字相同，则在对程序进行编译时系统将给出出错信息；如果用户标志符与预定义标志符相同，系统并不报错，只是该预定义标志符将失去原定含义，代之以用户确认的含义，这样有可能会引发一些运行时的错误。

例 1.15 以下选项中合法的标志符是（　　　）。（2009 年 3 月全国计算机等级考试二级 C 试题选择题第 11 题）

  A．1_1   B．1-1   C．_11   D．1_ _

分析：C语言标志符只能由字母、数字和下划线三种字符组成，第一个字符必须为字母或下划线，因此选项 A、B、D 均错误，选 C。

例 1.16 以下选项中，能用作用户标志符的是（　　　）。（2009年9月全国计算机等级考试二级 C 试题选择题第 12 题）

    A. void   B. 8_8

    C. _0_   D. unsigned

分析：用户标志符不能使用关键字，选项 A、D 错误，并且第一个字符必须为字母或下划线，选项 B 错误。选 C。

1.3.2 常量

在程序执行过程中，其值不发生改变的量称为常量。C语言中，有整型常量、实型常量、字符常量和字符串常量等类型。整型常量还可以进一步分为短整型常量、长整型常量等，具体如下。

1）整型常量：12、0、−3。

2）实型常量：4.6、−1.23。

3）字符常量：'a'、'b'。

4）字符串常量："Beijing"、"abc"。

5）符号常量：用#define 指令，用一个符号名来代表一个常量。

例 1.17 计算圆面积。

```c
#include "stdio.h"
#define PI 3.14159            //注意行末没有分号
main()
{
    double r,s;
    r=5.0;
    s=PI*r*r;
    printf("s=%f\n",s);
}
```

运行结果：

```
s=78.539750
```

分析：程序中用#define 命令行（注意：不是语句）定义 PI 代表一串字符 3.14159，在对程序进行编译时，凡本程序中出现 PI 的地方，编译程序均用 3.14159 来替换。为了使之比较醒目，这种符号名通常采用大写字母表示。用 define 进行定义时，必须用"#"作为一行的开头，在#define 命令行的最后不得加分号。有关#define 命令行的作用，将在后续章节中介绍。

1.3.3 变量

所谓变量是指在程序运行过程中其值可以改变的量。如例 1.17 程序中的 r、s 就是变量，它代表一个有名字的、具有特定属性的存储单元。它用来存储数据，也就是存放变量的值。

变量必须先定义、后使用。在定义时指定该变量的名字和类型。在程序中，变量 r 就是指用 r 命名的某个存储单元，用户对变量 r 进行的操作就是对该存储单元进行的操作；给变量 r 赋值，实质上就是把数据存入该变量所代表的存储单元中。

像常量一样，变量也有整型变量、实型变量、字符型变量等不同类型。在定义变量的同时要说明其类型，系统在编译时就能根据其类型为其分配相应的存储单元。

1.4 数据类型

一个计算机程序主要包括两方面的内容：一是程序实现的算法，二是关于算法操作对象的描述，即数据描述。程序设计就是考虑和设计数据结构与算法。

在计算机中，数据是存放在存储单元中的，每一个存储单元中存放数据的范围是有限的，不可能存放"无穷大"的数。所谓类型，就是对数据分配存储单元的安排，包括存储单元的长度（占多少字节）和数据的存储形式。不同的类型分配不同的长度和存储形式。

C 语言允许使用的类型如图 1-20 所示。

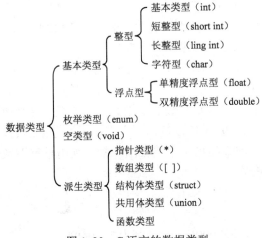

图 1-20 C 语言的数据类型

不同类型的数据在内存中占用的存储单元长度是不同的，例如，Visual C++ 6.0 为 char 型（字符型）数据分配 1 个字节，为 int 型（基本整型）数据分配 4 个字节，存储不同类型数据的方法也是不同的。

1.4.1 整型数据

整型数据可以分为整型常量和整型变量。

1. 整型常量

整型常量可以用十进制、八进制和十六进制等形式表示。

（1）十进制整型常量

十进制整型常量没有前缀。

以下各数是合法的十进制整型常量：

237、−568、65535、1627。

以下各数不是合法的十进制整型常量：

023（不能有前导0）、23D（含有非十进制数码）。

在程序中是根据前缀来区分各种进制数的。因此在书写常数时不要把前缀弄错，造成结果不正确。

（2）八进制整型常量

八进制整型常量必须以0开头，即以0作为八进制数的前缀。数码取值为0～7。八进制数通常是无符号数。

以下各数是合法的八进制数：

015（十进制为13）、0101（十进制为65）、0177777（十进制为65535）。

以下各数不是合法的八进制数：

256（无前缀0）、03A2（包含了非八进制数码）、−0127（出现了负号）。

（3）十六进制整型常量

十六进制整型常量的前缀为0X或0x。其数码取值为0～9，A～F或a～f。

以下各数是合法的十六进制整型常量：

0X2A（十进制为42）、0XA0（十进制为160）、0XFFFF（十进制为65535）。

以下各数不是合法的十六进制整型常量：

5A（无前缀0X）、0X3H（含有非十六进制数码）。

整型常量的后缀：在16位字长的机器上，基本整型的长度也为16位，因此表示的数的范围也是有限定的。十进制无符号整常数的范围为0～65535，有符号数为−32768～+32767。八进制无符号数的表示范围为0～0177777。十六进制无符号数的表示范围为0X0～0XFFFF或0x0～0xFFFF。如果使用的数超过了上述范围，就必须用长整型数来表示。长整型数是用后缀"L"或"l"来表示的。

例如：

十进制长整型：

158L（十进制为158）、358000L（十进制为358000）。

八进制长整型：

012L（十进制为10）、077L（十进制为63）、0200000L（十进制为65536）。

十六进制长整型：

0X15L（十进制为21）、0XA5L（十进制为165）、0X10000L（十进制为65536）。

长整型数158L和基本整数158在数值上并无区别。但对158L，因为是长整数，C编译系统将为它分配4个字节的存储空间。而对158，因为是基本整数，只分配2个字节的存储空间。因此在运算和输出格式上要予以注意，避免出错。

无符号数也可用后缀表示，整型常量的无符号数的后缀为"U"或"u"。

例如：

358u，0x38Au，235Lu均为无符号数。

前缀和后缀可同时使用以表示各种类型的数。如 0XA5Lu 表示十六进制无符号长整数A5，其十进制为165。

2．整型数据在内存中的存放形式

计算机中，内存储器的最小存储单位为"位（bit）"，由于只能存放 0 或 1，因此称为二进制位。大多数计算机把 8 个二进制位组成一个"字节（byte）"，并给每个字节分配一个地址。若干字节组成一个"字（word）"，用一个"字"来存放一条机器指令或一个数据。一个字含多少个字节随机器的不同而不同。如果一台计算机以 2 个字节（16 个二进制位）来存放一条机器指令，则称此计算机的字长为 16 位；如果以 4 个字节（32 个二进制位）来存放一条机器指令，则称此计算机的字长为 32 位。

有符号（signed）和无符号（unsigned）的整型量的区别在于它们的最高位（最左边一位）的定义不同。

对于一个有符号（signed）整数，若是正整数，最高位放置 0；若是负整数，最高位放置 1。

（1）正整数

当用两个字节存放一个 short 类型正整数时，例如正整数 5，其在内存中的二进制码为：

0000	0000	0000	0101

对于正整数的这种存储形式称为用"原码"形式存放。因此用两个字节存放 short 类型的最大正整数是：

0111	1111	1111	1111

它的值为 32 767。为简单起见，若一个字节能够正确表示一个整数时，本书则用一个字节表示。

（2）负整数

负整数在内存中是以"补码"形式存放的。正数补码即原码；负数的补码是将其对应原码的各位（除符号位外）按位求反，然后加 1。例如，求 10000101（十进制数-5）的补码，步骤如下。

1）求原码的反码。例如，10000101的反码为11111010。

2）11111010加1得11111011，这就是-5在内存中的二进制码。若用两个字节表示，即为：

1111	1111	1111	1011

把内存中以补码形式存放的二进制码转化成十进制的负整数，步骤如下。

1）先对除符号位之外的各位取反。例如，有补码11111011，取反后为10000100。

2）将所得二进制数转换成十进制数。例如，10000100的十进制数为-4。

3）对所求得的数再减1，即为-5。

通过以上分析可知，由两个字节存放的最小整数是 1000000000000000，它对应的十进制数为-32 768，而-1 在内存中存放的二进制码为 1111111111111111。

无符号（unsigned）整数的最高位不再用来存放整数的符号，用两个字节存放一个整数时，若说明为无符号整数，那么 16 个二进制位将全部用来存放整数，因此无符号整数不可能是负数。这时，若内存中存放的 16 个二进制位全部为 1，则它所代表的整数就不再是-1，而是 65 535。

3．整型变量

（1）整型变量的定义

变量定义的一般形式为：

类型说明符　变量名标志符，变量名标志符，...；

例如：

int a,b,c;（a,b,c 为整型变量）

当按上述方式定义变量 i 和 k 时，编译程序仅为 i 和 k 开辟存储单元，而没有在存储单元中存放任何初值，此时变量中的值是无意义的，称变量值"无定义"。

C 语言规定，可以在定义变量的同时给变量赋初值，也称变量初始化。例如：

```
main()
{ int i=1,k=2;    /*定义 i、k 为整型变量，它们的初值分别为 1 和 2*/
    ⋮
}
```

应注意，在定义中不允许连续赋值，如 a=b=c=5 是不合法的。

在书写变量定义时，应注意以下几点。

1）允许在一个类型说明符后，定义多个相同类型的变量。各变量名之间用逗号间隔，类型说明符与变量名之间至少用一个空格间隔。

2）最后一个变量名之后必须以";"号结尾。

3）变量定义必须放在变量使用之前。一般放在函数体的开头部分。

（2）整型变量的分类

前面介绍的 int 类型通常称为基本整型。除此之外，C 语言中整型数据还有其他三种类型：短整型（short int）、长整型（long int）、无符号型（unsigned）。若不指定变量为无符号型，则变量默认为有符号型（signed）。

不同的编译系统为 int 变量开辟的内存单元大小不同。表 1-1 列出了在 Visual C++ 6.0 中定义的整型数所占用的字节数和数值范围。表中方括号内的单词可以省略。

表 1-1　Visual C++ 6.0 中定义的整型数所占用的字节数和数值范围

类 型 名 称	占用的字节数	数 值 范 围
[signed] int	4	−2147483648～2147483647
[signed] short [int]	2	−32768～32767
[signed] long [int]	4	−2147483648～2147483647
unsigned [int]	4	0～4294967295
unsigned short [int]	2	0～65535
unsigned long [int]	4	0～4294967295

在 Visual C++ 6.0 中可以在整型常量的后面加一个字母 l（L 的小写）或 L，例如：123L、345l、0L、123456L 等，这些常量在内存中占 4 个字节。

无论是短整型数还是长整型数，都被识别为有符号整数。无符号整数在数的末尾应该加上字母后缀 u 或 U；若是长整型无符号整型常量，则可以加后缀 lu 或 LU。

1.4.2 浮点型数据

1. 实型常量

实型常量又称实数或浮点数，有两种表示形式。

1）十进制小数形式，由数字和小数点组成。如123.456、0.345、−16.7、0.0等，即小数形式表示的实型常量必须要有小数点。

2）指数形式。在数学中，一个数可以用幂的形式来表示，如2.3026可以表示为$0.23026×10^1$、$2.3026×10^0$、$23.026×10^{-1}$等形式。在C语言中，则以"e"或"E"后跟一个整数来表示以10为底的幂数。2.3026可以表示为0.23026E1、2.3026e0、23.026e−1。C语言的语法规定，字母e或E之前必须要有数字，且e或E后面的指数必须为整数。如e3、.5e2.1、.e3等都是非法的指数形式。

> **注意** 在字母e或E的前后以及数字之间不得插入空格。

例1.18 以下选项中，能用作数据常量的是（   ）。（2009年9月全国计算机等级考试二级C试题选择题第13题）

A. o115   B. 0118   C. 1.5e1.5   D. 115L

分析： 实型常量如果用指数形式表示，C语言规定，字母e（或E）前后必须要有数字，且e（或E）后面的指数必须为整数。因此选项C不合法。八进制整数常量以数字0开始，A是以字母o开始所以也错误，而且八进制数的有效数字为0～7，不含8，所以选项B错误。选D，其中L表示长整型。

2. 实型变量

（1）实型数据在内存中的存放形式

实型数据一般占4个字节（32位）内存空间，按指数形式存储。实数3.14159在内存中的存放形式如下：

+	.314159	1
数符	小数部分	指数

1）小数部分占的位（bit）数越多，数的有效数字越多，精度越高。

2）指数部分占的位数越多，则能表示的数值范围越大。

（2）实型变量的分类

实型变量分为单精度（float型）、双精度（double型）两种，分别用类型名float和double进行定义。

单精度型变量定义的形式如下：

```
float a,b,c;
```

双精度型变量定义的形式如下：

```
double x,y,z;
```

在Visual C++ 6.0中，单精度型占4个字节（32位）内存空间，其数值范围为10^{-38}～10^{38}，只能提供 5～6 位有效数字。双精度型占 8 个字节（64 位）内存空间，其数值范围为 $10^{-308} \sim 10^{308}$，可提供 15～16 位有效数字，具体精确到多少位与机器有关。

> **注意**
> ① 在 Visual C++ 6.0 中，所有的 float 类型数据在运算中都自动转换成 double 型数据。
> ② 在内存中，实数一律是以指数形式存放的。

1.4.3 字符型数据

1. 字符常量

字符常量有两种表示形式。

（1）普通字符

普通字符是用单引号括起来的一个字符，如：'a'、'E'、'?'、'#'。不能写成 'ab' 或 '123'。

> **注意**
> ① 单引号中的大写字母和小写字母代表不同的字符常量，例如，'B' 和 'b' 是不同的字符常量。
> ② 单引号中的空格符 ' ' 也是一个字符常量，但不能写成 '' （两个连续的单引号）。
> ③ 字符常量只能用单引号括起来，不能用双引号括起来。例如，"a" 不是字符常量，而是一个字符串。
> ④ 单引号只是界限符，字符常量只能是一个字符，不包括单引号。'a' 和 'A' 是不同的字符常量。字符常量存储在计算机中时，并不是存储字符（如 a、z、# 等）本身，而是以其代码（一般采用 ASCII 代码）存储的。例如，字符 'a' 的 ASCII 代码是 97，因此，在存储单元中存放的是 97（以二进制形式存放）。ASCII 字符与代码对照表见附录 1。

（2）转义字符

C语言还允许用一种特殊形式的字符常量，就是以字符 \ 开头的字符序列。例如，'\n' 代表一个"换行"符，'\t' 代表输出的位置跳到下一个 tab 位置（制表位置），一个 tab 位置为 8 列。表1-2列出了C语言中的转义字符。

表 1-2　C 语言中的转义字符

字 符 形 式	功　　能	字 符 形 式	功　　能
\n	换行	\\	一个反斜杠字符（\）
\t	将当前位置移到下一个 tab 位置	\'	一个单引号（'）
\v	将当前位置移到下一个垂直制表对齐点	\"	一个双引号（"）
\r	回车，将当前位置移到本行的开头	\ddd	三位八进制数代表的一个 ASCII 字符
\f	换页，将当前位置移到下一页的开头	\xhh	二位十六进制数代表的一个 ASCII 字符
\b	将当前位置后退一个字符	\0	空值，其 ASCII 码值为 0

> **注意**
> ① 转义字符常量，如'\n'、'\101'、'\141'只代表一个字符。
> ② 反斜线后的八进制数可以不用 0 开头。如：'\101'代表的就是字符常量'A'，'\141'代表字符常量'a'。也就是说，在一对单引号内，可以用反斜线后跟一个八进制数来表示一个 ASCII 字符。
> ③ 反斜线后的十六进制数只可由小写字母 x 开头，不允许用大写字母 X，也不能用 0x 开头。如：'\x41'代表字符常量'A'，'\x6d'（也可写成'\x6D'）代表字符常量' m'。在一对单引号内，也可以用反斜线后跟一个十六进制数来表示一个 ASCII 字符。

2．字符串常量

它是一对双引号（""）括起来的字符序列。字符的个数称为其长度，简称为字符串。例如："how are you"，"C　program"，这些都是字符串常量。

长度为 n 的字符串，在计算机存储器中占 n+1 个字节，分别存放字符的编码，最后一个字节存放的是 NULL 字符（或叫空字符，编码为 0，在 C 语言中也用'\0'来表示，也就是说任何一个字符串最后一个存储字节都是'\0'）。例如"hellow"在计算机中表示形式为：

'h'	'e'	'l'	'l'	'o'	'w'	'\0'
104	101	108	108	111	119	0

特别要注意的是双引号和反斜线字符在字符串中的表示形式同在字符常量中的表示形式，应以"\""和"\\"形式出现。

例1.19　以下选项中能表示合法常量的是（　　）。（2010年9月全国计算机等级考试二级 C 试题选择题第 15 题）

A．整数：1，200
B．实数：1.5E2.0
C．字符斜杠：'\'
D．字符串"\007"

分析：整数常量表示形式中不能有千位分隔符，A 错误。实数常量的指数形式字母 e（或 E）后面的指数必须为整数，B 错误。字符斜杠应用转义字符的形式表示'\\'，C 错误。选 D。

例1.20　以下选项中关于 C 语言常量的叙述错误的是（　　）。（2011年9月全国计算机等级考试二级 C 试题选择题第 13 题）

A．所谓常量，是指在程序运行过程中，其值不能被改变的量
B．常量分为整型常量、实型常量、字符常量和字符串常量
C．常量可分为数值型常量和非数值型常量
D．经常被使用的变量可定义成常量

分析：所谓常量，是指在程序运行过程中，其值不能改变的量。在 C 语言中，有整型常量、实型常量、字符常量和字符串常量等类型。整型常量和实型常量又称为数值型常量，它们有正值和负值的区分。所谓变量，是指在程序运行过程中，其值可以改变的量。C 语言规定，程序中所有变量都必须先定义后使用。变量和常量有明显的区分，D 错误。

3．字符变量

字符变量用来存储字符常量，即单个字符。

字符变量的类型说明符是char。字符变量类型定义的格式和书写规则都与整型变量相同。例如：

```
char a,b;
```

例1.21 有以下定义语句，编译时会出现编译错误的是（　　）。（2009年9月全国计算机等级考试二级C试题选择题第22题）

A. char a='a'; B. char a='\n'; C. char a='aa '; D. char a='\x2d ';

分析：本题中 a 为一个字符型变量，只能为其赋值一个字符常量。选项 C 中 a 赋值了一个字符串常量，所以会编译错误。B、D 选项为转义字符，所以不会出现编译错误。选 C。

4. 字符数据在内存中的存储形式及使用方法

每个字符变量被分配一个字节的内存空间，因此只能存放一个字符。字符值是以 ASCII 码的形式存放在变量的内存单元之中的。

如 x 的十进制 ASCII 码是 120，y 的十进制 ASCII 码是 121。对字符变量 a，b 赋予'x'和'y'值：

```
a='x';
b='y';
```

实际上是在 a，b 两个单元内存放 120 和 121 的二进制代码：

a:

0	1	1	1	1	0	0	0

b:

0	1	1	1	1	0	0	1

所以也可以把它们看成是整型量。C语言允许对整型变量赋以字符值，也允许对字符变量赋以整型值。在输出时，允许把字符变量按整型量输出，也允许把整型量按字符量输出。

整型量为二字节量，字符量为单字节量，当整型量按字符型量处理时，只有低八位字节参与处理。

5. 可对字符量进行的运算

在 C 程序中，字符量可参与任何整数运算。例如：

'B'-'A'≡66-65≡1   'a'+1≡97+1≡98≡'b'

此处符号"≡"表示等价的意思。在以上表达式中的 66、65、97、98 都是十进制数，它们分别是字母 B、A、a、b 的 ASCII 代码值。因此很容易利用算术运算把大写字母转换成小写字母或把小写字母转换成大写字母，例如：

'A'+32≡65+32≡97≡'a'   'b'-32≡98-32≡66≡'B'

也可以通过算术运算把数字字符转换为整数值或把一位整数转换成数字字符，例如：

'9'-'0'≡57-48≡9   '3'-'0'≡51-48≡3

'9'+'0'≡9+48≡57≡'9'   4+'0'≡4+48≡52≡'4'

在上述表达式中，57、48、51、52 分别是用十进制数表示的字符 9、0、3、4 的 ASCII 代码值。

注意 一定要分清诸如整数 9 和字符 9 的区别。整数 9 在程序中直接写成 9；字符 9 在程序中用'9'表示，它的值是 57。

在 C 语言中，字符量也可以进行关系运算。如'a'>'b'，由于在 ASCII 代码表中，'a'的值97 小于'b'的值 98，所以关系运算的结果为"假"，此关系运算表达式的值为 0。但是如果进行逻辑运算的话，如'a'&&'b'，由于'a'和' b '的 ASCII 代码值都为非 0，"与"运算表达式的值为 1。关系运算符和逻辑运算符的内容请参考第 3 章。

1.5 算术表达式

C 语言的运算符不仅具有不同的优先级，而且还有一个特点，就是它的结合性。在表达式中，各运算量参与运算的先后顺序不仅要遵守运算符优先级别的规定，还要受运算符结合性的制约，以便确定是自左向右进行运算还是自右向左进行运算。这种结合性是其他高级语言的运算符所没有的，因此也增加了 C 语言的复杂性。

1.5.1 基本的算术运算符

在 C 语言中，基本的算术运算符是+、−、*、/、%，分别为加、减、乘、除、求余运算符。这些运算符需要两个运算对象，称为双目运算符。除了求余运算符%外，运算对象可以是整型，也可以是实型。

例 1.22 除法运算符的运用。

```c
main()
{
    printf("%d,%d\n",20/7,-20/7);
    printf("%f,%f\n",20.0/7,-20.0/7);
}
```

运行结果：

```
2,-2
2.857143,-2.857143
```

分析：本例中，20/7 和−20/7 的结果均为整型，小数全部舍去。而 20.0/7 和−20.0/7 由于有实数参与运算，因此结果也为实型。

例 1.23 求余运算符的运用。

```c
main()
{
    printf("%d\n",100%3);
}
```

运行结果：

```
1
```

分析：求余运算符要求参与运算的量均为整型，求余运算的结果等于两数相除后的余数。

例 1.24 若有语句 double x=17;int y;，当执行 y=（int）（x/5）%2;之后，y 的值为____。（2009 年 9 月全国计算机等级考试二级 C 试题填空题第 7 题）

分析：本题考查了运算符以及常量类型的强制转换，先计算 x/5，因为 x 为 double 类

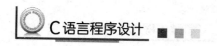

型，所以得到的结果为 3.4，强制类型转换为 int 类型，结果为 3；再做除以 2 取余的运算，结果为 1。

1.5.2 算术运算符的优先级、结合性和算术表达式

表达式是由常量、变量、函数和运算符组合起来的式子。一个表达式有一个值及其类型，它们等于计算表达式所得结果的值和类型。表达式求值按运算符的优先级和结合性规定的顺序进行。单个的常量、变量、函数可以看作是表达式的特例。

算术表达式是由算术运算符和括号连接起来的式子。

1. 算术表达式

算术表达式是用算术运算符和括号将运算对象（也称操作数）连接起来的、符合 C 语言语法规则的式子。

以下是算术表达式的例子：

a+b

(a*2) / c

(x+r)*8-(a+b) / 7

++I

sin(x)+sin(y)

(++i)-(j++)+ (k--)

2. 运算符的优先级

C 语言中，运算符的运算优先级共分为 15 级，1 级最高，15 级最低。在表达式中，优先级较高的先于优先级较低的进行运算。而在一个运算量两侧的运算符优先级相同时，则按运算符的结合性所规定的结合方向处理。

3. 运算符的结合性

C 语言中各运算符的结合性分为两种，即左结合性（自左至右）和右结合性（自右至左）。例如，算术运算符的结合性是自左至右，即先左后右。如有表达式 x-y+z，则 y 应先与 "−" 号结合，执行 x-y 运算，然后再执行+z 的运算。这种自左至右的结合方向就称为 "左结合性"。而自右至左的结合方向称为 "右结合性"。最典型的右结合性运算符是赋值运算符。如 x=y=z，由于 "=" 的右结合性，应先执行 y=z，再执行 x=（y=z）运算。C 语言运算符中有不少为右结合性，应注意区别，以避免理解错误。运算符的优先级和结合性见附录 3。

1.5.3 强制类型转换

强制类型转换表达式的形式如下：

（类型说明符） （表达式）

上述形式中，（类型说明符）称为强制类型转换运算符，利用强制类型转换运算符可以将一个表达式的值转换成指定的类型，这种转换是根据人为要求进行的。例如：

(float)a   //把 a 转换为单精度型

(int)(x+y)   //把 x+y 的结果转换为整型

在使用强制转换时应注意以下问题。

1）类型说明符和表达式都必须加括号（单个变量可以不加括号），如把(int) (x+y) 写成 (int) x+y，则变成把x转换成int型之后再与y相加了。

2）无论是强制转换或是自动转换，都只是为了本次运算的需要而对变量的数据长度进行的临时性转换，而不改变数据说明时对该变量定义的类型。

例 1.25　表达式 (int)((double)9/2)-(9)%2 的值是（　　　）。（2009 年 9 月全国计算机等级考试二级 C 试题选择题第 14 题）

A. 0　　　　　　B. 3　　　　　　C. 4　　　　　　D. 5

分析：这是一道计算题，考查了算术运算符的优先级和强制类型转换。运算符 "( )" 的优先级最高，所以先算括号里的内容 "((double)9/2)"，这是强制类型转换表达式的形式，首先将 "9/2" 转换成 double 类型，再转换成 int 类型，这部分结果为 4；"%" 的优先级高于 "-"，所以先进行求余，"(9)%2" 结果为 1，再进行减法，即 "4-1"，值为 3，选 B。

1.6　赋值运算符

1.6.1　赋值运算符和赋值表达式

简单赋值运算符记为 "="。由 "=" 连接的式子称为赋值表达式。

其一般形式为：

变量=表达式

例如：

x=a+b

w=sin(a)+sin(b)

y=i+++-j

赋值表达式的功能是先计算表达式的值，再赋予左边的变量。赋值运算符具有右结合性。因此，a=b=c=5 可理解为 a= (b= (c=5))。

凡是表达式可以出现的地方均可出现赋值表达式。

例如，x=(a=5)+(b=8) 是合法的。它的意义是把 5 赋值给 a，8 赋值给 b，再把 a，b 相加，和赋值给 x，故 x 应等于 13。

在 C 语言中也可以组成赋值语句，按照 C 语言语法规则规定，任何表达式在其末尾加上分号就构成语句。因此

x=8;

a=b=c=5;

都是赋值语句。

1.6.2　复合赋 值表达式

在赋值符 "=" 之前加上其他二目运算符可构成复合赋值符。如+=，-=，*=， / =，%=，<<=，>>=，&=，^=，|=。

构成复合赋值表达式的一般形式为：

变量　双目运算符=表达式

它等效于：

变量=变量 运算符 表达式

例如：

a+=5　　　　等价于 a=a+5
x*=y+7　　　等价于 x=x*(y+7)
r%=p　　　　等价于 r=r%p

复合赋值符这种写法对初学者可能不习惯，但十分有利于编译处理，能提高编译效率并产生质量较高的目标代码。

例1.26 若有定义语句 int x=10;，则表达式 x-=x+x 的值为（　　）。（2009年9月全国计算机等级考试二级C试题选择题第15题）

　A. -20　　　　　B. -10　　　　　C. 0　　　　　D. 10

分析：本题考查复合赋值表达式的运算。先做 x+x 结果为 20，再做 x-20，结果为-10赋值给 x。选 B。

例1.27 表达式 a+=a-=a=9 的值是（　　）。（2010年9月全国计算机等级考试二级C试题选择题第16题）

　A. 9　　　　　B. _9　　　　　C. 18　　　　　D. 0

分析：本题中表达式的计算顺序是 a+=(a-=(a=9))，首先 a=9，则 a-=9，即 a=a-9=9-9=0；最后 a+=0；即 a=a+0=0+0=0；选 D。

1.6.3 赋值运算中的类型转换

如果赋值运算符两边的数据类型不相同，系统将自动进行类型转换，即把赋值号右边的类型换成左边的类型。具体规定如下。

1）实型赋予整型，舍去小数部分。

2）整型赋予实型，数值不变，但将以浮点形式存放，即增加小数部分（小数部分的值为 0）。

3）字符型赋予整型，由于字符型为一个字节，而整型为二个字节，故将字符的ASCII码值放到整型量的低八位中，高八位为0。整型赋予字符型，只把低八位赋予字符量。

应注意以下几点。

① 当赋值号左边的变量为短整型，右边的值为长整型时，短整型变量只能接受长整型数低位上两个字节中的数据，高位上两个字节中的数据将丢失。也就是说，右边的值不能超出短整型的数值范围，否则将得不到预期的结果。例如，若有以下定义和语句：

```
short a;
unsigned long b;
b=98304;a=b;
printf("%d\n",a);
```

则 a 中的值为-32 768。因为 98304（二进制数 11000000000000000）已经超出短整型的数值范围（-32 768~32 767），a 截取 b 中低 16 位中的值（二进制数 1000000000000000），由于最高位为 1，因此 a 中的值为-32 768。

② 当赋值号左边的变量为无符号整型，右边的值为有符号整型时，则把内存中的内容原样复制。右边数值的范围不应超出左边变量可以接受的数值范围。同时需要注意，这时负数将转换为正数。例如，变量a被说明为unsigned类型，在进行了a=−1的赋值操作后，将使a中的值为65 535。

③ 当赋值号左边的变量为有符号整型，右边的值为无符号整型时，复制的机制同上。这时符号位为1，将按负数处理。

在这里，特别需要指出的是在进行混合运算时整型数据类型之间的转换问题。

在C语言的表达式（不包括赋值表达式）中，如果运算符两边的整数类型不相同，将进行类型之间的自动转换，转换规则如下。

1）若参与运算量的类型不同，则先转换成同一类型，然后进行运算。

2）转换按数据长度增加的方向进行，以保证精度不降低。如int型和long型运算时，先把int型转成long型后再进行运算。

3）所有的浮点运算都是以双精度进行的，即使仅含float单精度量运算的表达式，也要先转换成double型，再作运算。

4）char型和short型参与运算时，必须先转换成int型。

5）在赋值运算中，赋值号两边量的数据类型不同时，赋值号右边量的类型将转换为左边量的类型。如果右边量的数据类型长度大于左边量的数据类型长度时，将丢失一部分数据，这样会降低精度，丢失的部分按四舍五入法向前舍入。

例1.28 赋值运算中类型转换的规则。

```
main()
{
    int a,b=322;
    float x,y=8.88;
    char c1='k',c2;
    a=y;
    x=b;
    a=c1;
    c2=b;
    printf("%d,%f,%d,%c",a,x,a,c2);
}
```

运行结果：

107,322.000000,107,B

分析： a为整型，赋予实型量 y 值 8.88 后只取整数 8。x 为实型，赋予整型量 b 值 322 后增加了小数部分。字符型量c1赋予a变为整型，整型量b赋予c2后取其低八位成为字符型（b 的低八位为 01000010，即十进制 66，按 ASCII 码对应于字符 B）。

例1.29 若有定义语句 int a=10;double b=3.14;，则表达式'A'+a+b 值的类型是（　　　）。
（2011 年 9 月全国计算机等级考试二级 C 试题选择题第 14 题）

A. char B. int C. double D. float

分析： 'A'是字符型，变量 a 是整型，变量 b 是 double 型；字符型数据占 1 个字节、整型占 2 个字节、双精度型占 8 个字节，故三者相加后向数据长度增加的方向转换，即 double 型，选 C。

1.7 自加、自减运算符和逗号运算符

1.7.1 自加、自减运算符

1）自增1运算符记为"++"，其功能是使变量的值自增1。

2）自减1运算符记为"—"，其功能是使变量的值自减1。

自增 1、自减 1 运算符均为单目运算，都具有从右到左的结合性，可有以下几种形式。

1）++i:　　i自增1后再参与其他运算。

2）—i:　　i自减1后再参与其他运算。

3）i++:　　i参与运算后，i的值再自增1。

4）i—:　　i参与运算后，i的值再自减1。

无论是作为前缀运算符还是作为后缀运算符，对于变量本身来说，自增 1 或自减 1 都具有相同的效果，但作为表达式来说却有着不同的值。例如，若变量 i 为 int 类型，且已有值为 5。若表达式为++i，则先进行 i 增 1 运算，i 的值为 6，表达式的值也为 6；若表达式为 i++，则表达式先取 i 的值为 5，然后 i 进行增 1 运算，使 i 中的值为 6。

在理解和使用上容易出错的是 i++ 和 i—。特别是当它们出现在较复杂的表达式或语句中时，常常难于弄清，因此应仔细分析，且不要在一个表达式中对同一变量进行多次诸如 i++ 或++i 等运算，例如，写成 i++*++i+i—*—i，这种表达式不仅可读性差，而且不同的编译系统对这样的表达式将作不同的解释，进行不同的处理，因而所得结果也各不相同。

例 1.30　自加、自减运算符的使用。

```
main()
{
    int i=8;
    printf("%d\n",++i);
    printf("%d\n",--i);
    printf("%d\n",i++);
    printf("%d\n",i--);
    printf("%d\n",-i++);
    printf("%d\n",-i--);
}
```

运行结果:

9

8

8

9

−8

−9

分析： i 的初值为 8，第 2 行 i 加 1 后输出，为 9；第 3 行减 1 后输出，为 8；第 4 行输出 i 为 8 之后再加 1（为 9）；第 5 行输出 i 为 9 之后再减 1（为 8）；第 6 行输出-8 之后再加 1（为 9），第 7 行输出-9 之后再减 1（为 8）。

1.7.2 逗号运算符和逗号表达式

在 C 语言中，逗号"，"也是一种运算符，称为逗号运算符。其功能是把两个表达式连接起来组成一个表达式，称为逗号表达式。

其一般形式为：

表达式 1，表达式 2

其求值过程是分别求两个表达式的值，并以表达式 2 的值作为整个逗号表达式的值。

逗号运算符的结合性为从左到右，在所有运算符中，逗号运算符的优先级最低。

例 1.31 设有定义：int x=2;，以下表达式中，值不为 6 的是（　　）。（2009 年 3 月全国计算机等级考试二级 C 试题选择题第 14 题）

 A. x*=x+1   B. x++，2*x

 C. x*=（1+x）   D. 2*x，x+=2

分析： 本题考查运算符的定义及使用以及运算符的优先级。首先，选项 A 因为赋值运算符比算术运算符优先级低，所以先做 x+1，此时为 3，然后 x*=3，所以为 6；选项 B 中，x++ 得 3，然后 2*x 得 6；选项 C 与选项 A 原理一致，选项 D 的 2*x 虽然结果为 4，但此时 x 的值仍为 2，因此 x+=2 得 4。选 D。

1.8 习题

一、选择题

1. 以下关于 C 语言的叙述中，正确的是（　　）。（2010 年 3 月全国计算机等级考试二级 C 试题选择题第 12 题）

 A. C 语言中的注释不可以夹在变量名或关键字的中间

 B. C 语言中的变量可以在使用之前的任何位置进行定义

 C. 在 C 语言算术表达式的书写中，运算符两侧的运算数类型必须一致

 D. C 语言的数值常量中夹带空格不影响常量值的正确表示

2. 以下 C 语言用户标志符中，不合法的是（　　）。（2010 年 3 月全国计算机等级考试二级 C 试题选择题第 13 题）

 A. _1   B. AaBc   C. a_b   D. a-b

3. 若有定义：double a=22；int i=0，k=18;，则不符合 C 语言规定的赋值语句是（　　）。（2010 年 3 月全国计算机等级考试二级 C 试题选择题第 14 题）

 A. a=a++，i++;   B. i=(a+k)<=(i+k);

 C. i=a%11;   D. i=!a;

4. 以下关于简单程序设计的步骤和顺序的说法中，正确的是（　　）。（2010 年 9 月

全国计算机等级考试二级C试题选择题第12题）

    A. 确定算法后，整理并写出文档，最后进行编码和上机调试

    B. 首先确定数据结构，然后确定算法，再编码，并上机调试，最后整理文档

    C. 先编码和上机调试，在编码过程中确定算法和数据结构，最后整理文档

    D. 先写好文档，再根据文档进行编码和上机调试，最后确定算法和数据结构

5. 以下叙述中错误的是（   ）。（2010年9月全国计算机等级考试二级C试题选择题第13题）

    A. C程序在运行过程中所有计算都以二进制方式进行

    B. C程序在运行过程中所有计算都以十进制方式进行

    C. 所有C程序都需要编译链接无误后才能运行

    D. C程序中整型变量只能存放整数，实型变量只能存放浮点数

6. 以下选项中不能用作C程序合法常量的是（   ）。（2011年3月全国计算机考试二级C试题选择题第13题）

    A. 1，234   B. '\123'   C. 123   D. "\x7G"

7. 以下选项中可用作C程序合法实数的是（   ）。（2011年3月全国计算机等级考试二级C试题选择题第14题）

    A. .1e0   B. 3.0e0.2   C. E9   D. 9.12E

8. 若有定义语句 int a=3, b=2, c=1;，以下选项中错误的赋值表达式是（   ）。（2011年3月全国计算机等级考试二级C试题选择题第15题）

    A. a=(b=4)=3;   B. a=b=c+1;

    C. a=(b=4)+c;   D. a=1+(b=c=4);

9. 如有定义语句 int x=12, y=8, z;，在其后执行语句 z=0.9+x/y;，则 z 的值为（   ）。（2011年9月全国计算机等级考试二级C试题选择题第15题）

    A. 1.9   B. 1   C. 2   D. 2.4

二、上机改错题

1. 请指出以下C程序的错误所在。

```
#include stdio.h;
main();                  /* 主函数 */
    float r,s;           /* /*r 是半径*/,/*s 是圆面积*/*/
    r=5.0;
    s=3.14159*r*4;
    printf("%f\n",s)
```

2. 请指出以下C程序的错误所在。

```
main                     /*主函数*/
{ float a,b,c,v;         /*a,b,c 是三边长，v 是正方体的体积*/
a=2.0;b=3.0;c=4.0
v=a*b*c;
printf("%f\n",v)
}
```

第2章 顺序结构程序设计

学习目标

本章主要介绍了顺序程序设计方法，C语言中四种常用的基本输入输出函数 printf、scanf、getchar、putchar 的格式与使用方法，在本章的最后还介绍了基本位运算的方法。通过本章的学习，需要初步理解顺序结构程序设计思想，掌握四种基本输入输出函数的调用格式，理解基本位运算的方法。

无论何种计算机程序，在逻辑上通常可以由三种逻辑流程来表示，即顺序、分支和循环。顺序流程中的每条语句依照语句在程序中的出现次序依次逐句执行，采用顺序结构的程序设计方法就称为顺序结构程序设计。本章主要介绍顺序结构程序设计以及在顺序结构程序设计中要使用到的有关基本输入输出函数。

2.1 printf 函数

2.1.1 printf 函数的一般格式

功能：按照用户指定的格式，向系统隐含的输出设备（终端）输出若干个任意类型的数据。

printf 函数的一般格式：

printf（"格式控制字符串"，输出列表）

printf 函数称为格式输出函数，其关键字最末一个字母 f 即为"格式"（format）之意。其功能是按用户指定的格式，把指定的数据显示到显示器屏幕上。

例如：

printf("%d %c\n",i,c)

其中，格式控制字符串（转换控制字符串）为"%d %c\n"；输出列表为 i,c；格式说明为%d %c。函数参数包括以下两部分。

1. 格式控制字符串

格式控制字符串是用双引号括起来的字符串，也称"转换控制字符串"，它指定输出数据项的类型和格式。

它包括以下两种信息。

（1）格式说明项

格式说明项由"%"和格式字符组成，如%d、%f 等。格式说明总是由"%"字符开始，

到格式字符终止。它的作用是将输出的数据项转换为指定的格式输出。输出列表中的每个数据项对应一个格式说明项。

（2）普通字符

普通字符即需要原样输出的字符。如例子中的逗号和换行符。

2. 输出列表

"输出列表"是需要输出的一些数据项，可以是表达式。

例如：a=3，b=4，那么

printf ("a=%d b=%d",a,b);

输出 a=3 b=4。其中两个"%d"是格式说明，表示输出两个整数，分别对应变量 a,b，"a="和"b="是普通字符，原样输出。

由于 printf 是函数，因此"格式控制"字符串和"输出列表"实际上都是函数的参数。printf 函数的一般形式可以表示为：

printf (参数 1，参数 2，参数 3，…参数 n)

printf 函数的功能是将参数 2～参数 n 按照参数 1 给定的格式输出。

例 2.1 以下程序运行后的输出结果是_____。（2010 年 9 月全国计算机等级考试二级 C 试题填空题第 6 题）

```
#include<stdio. h>
main()
{
    int a=200，b=010；

    printf（"%d%d\n"，a，b）；
}
```

分析：本例中输出了 a,b 的值，但由于两个格式控制串"%d%d\n"的作用是控制并输出后面变量 a 和变量 b 的值，变量 a 匹配第一个格式串%d，意思是将变量 a 按照整数输出结果。变量 b 匹配第二个格式串%d，意思是将变量 b 按照整数输出结果。注意到格式控制串"%d%d\n"中的%d%d，两个%d 中间没有空格，则输出变量 a 之后变量 b 紧跟着输出，即两个变量在屏幕上显示的十进制值没有空格隔开。变量 a 的值是 200，则显示 200，变量 b 的值是 010，注意到这是一个八进制的写法，转换成十进制应该是（8）$_{10}$。因此输出变量 b 的值应是 8。由于两个变量的值在屏幕上输出的时候没有间隔，则变量 b 的值 8 紧跟着变量 a 的值 200 显示在屏幕上了。则最终的输出就是：2008。

2.1.2 格式字符

对于不同类型的数据项应当使用不同的格式字符构成的格式说明项。常用的有以下几种格式字符（按不同类型数据，列出各种格式字符的常用用法）。

1. d 格式符

d 格式符用来输出十进制整数，用法如下。

1）%d，按照数据的实际长度输出。

2）%md，m 指定输出字段的宽度（整数）。如果数据的位数小于 m，则左端补以空格

（右对齐），若大于 m，则按照实际位数输出。

　　3）%-md，m 指定输出字段的宽度（整数）。如果数据的位数小于 m，则右端补以空格（左对齐），若大于 m，则按照实际位数输出。

　　4）%ld，输出长整型数据，也可以指定宽度%mld。

　　例 2.2　%d 格式的几种用法。

```
#include"stdio.h"                        /*程序预处理声明，调用库函数中的 stdio 文件*/
#define CODE 255                         /*预处理声明，常量 CODE 在程序中等于 255*/
main()                                   /*主程序，程序执行开始*/
{
    printf("*%d*\n",CODE);               /*按照数据的实际长度输出*/
    printf("*%2d*\n",CODE);              /*按照 m=2 的长度输出*/
    printf("*%10d*\n",CODE);             /*按照 m=10 的长度输出*/
    printf("*%-10d*\n",CODE);            /*按照%-md 格式输出*/
    return 0;                            /*程序返回主函数*/
}
```

运行结果：

```
*255*
*255*
*      255*
*255      *
```

　　分析：程序使用 4 个不同的转换说明把相同的值打印了 4 次。它使用一个星号（*）来标志出每个字段的开始和结尾。第一个转换说明是不带任何修饰符的%d，它生成了一个与要打印的字符宽度相同的字段。这是默认选项，也就是说，再没有进一步给出命令，这就是打印结果。第二个转换说明是%2d，它指示应该产生宽度为 2 的字段，但是由于该整数有 3 位数字，所以字段自动扩展以适应数字的长度。下一个转换说明是%10d，这将产生一个有 10 个空格宽度的字段，于是在星号之间有 7 个空白和 3 个数字，并且数字位于整个字段的右端。最后一个说明是%-10d，它也产生 10 个空格的宽度，标志"-"把数字放到左端。可以试着改变 CODE 的值，看看不同位数的数字是如何打印的。

　　2．o 格式符

　　o 格式符以八进制形式输出整数。注意是将内存单元中的各位的值按八进制形式输出，输出的数据不带符号，即将符号位也一起作为八进制的一部分输出。

　　例 2.3　%d、%o、%x 格式输出的比较。

```
#include"stdio.h"                        /*程序预处理声明，调用库函数中的 stdio 文件*/
main()                                   /*主程序，程序执行开始*/
{
    int a=-1;                            /*定义变量 a，并初始化*/
    printf("%d,%o,%x",a,a,a);            /*打印输出*/
}
```

运行结果：

```
-1,177777,ffff
```

分析：

−1 的原码：1000,0000,0000,0001。

−1 在内存中的补码表示为：

1111,1111,1111,1111=1,111,111,111,111,111=1,7,7,7,7,7=ffff

−1 是十进制，177777 是八进制，ffff 是十六进制。

3．x 格式符

x 格式符以十六进制形式输出整数。与 o 格式一样，不出现负号。

4．u 格式符

u 格式符用来输出 unsigned 无符号型数据，即无符号数，以十进制形式输出。

一个有符号整数可以用%u 形式输出；反之，一个 unsigned 型数据也可以用%d 格式输出。

5．c 格式符

c 格式符用来输出一个字符。一个整数只要它的值在 0～255 范围内，也可以用字符形式输出；反之，一个字符数据也可以用整数形式输出。

例 2.4 整型与字符型输出的差别。

```
#include "stdio.h"                  /*程序预处理声明，调用库函数中的 stdio 文件*/
main()                              /*主程序，程序执行开始*/
{
    char c='a';                     /*声明字符型变量 c，并初始化*/
    int i=97;                       /*声明整型变量 i，并初始化*/
    printf("%c,%d\n",c,c);          /*格式打印输出变量 c*/
    printf("%c,%d\n",i,i);          /*格式打印输出变量 i*/
}
```

运行结果：

    a,97
    a,97

分析：%mc（m 为整数）也可以指定字段宽度。

6．s 格式符

s 格式符用来输出一个字符串，用法如下。

1）%s，输出字符串。

2）%ms，输出的字符串占 m 列，如果字符串长度大于 m，则字符串全部输出；若字符串长度小于 m，则左补空格（右对齐）。

3）%-ms，输出的字符串占 m 列，如果字符串长度大于 m，则字符串全部输出；若字符串长度小于 m，则右补空格（左对齐）。

4）%m.ns，输出占 m 列，但只取字符串左端 n 个字符，左补空白（右对齐）。

5）%-m.ns，输出占 m 列，但只取字符串左端 n 个字符，右补空白（左对齐）。

例 2.5 %s 格式输出的表现手法。

```
#include"stdio.h"                      /*程序预处理声明，调用库函数中的 stdio 文件*/
#define ACITOR "hello,how do you do? " /* ACITOR  等于 hello,how do you do?*/
```

```
main()                      /*主程序，程序执行开始*/
{
                            /*按各种格式打印输出*/
    printf ("/%2s/\n",ACITOR);
    printf ("/%24s/\n",ACITOR);
    printf ("/%24.5s/\n",ACITOR);
    printf ("/%−24.5s/\n",ACITOR);
    return 0;
}
```

运行结果：

```
/hello,how do you do?    /
/    hello,how do you do?/
/                   hello/
/hello                   /
```

分析：请注意系统如何扩展字段以包含所有指定的字符。同时请注意精度说明符是如何限制所打印的字符数目。格式说明符中的.5 告诉 printf()只打印 5 个字符。另外，"−"修饰符使文本左对齐输出。

7. f 格式符

f 格式符用来输出实数（包括单、双精度，单双精度格式符相同），以小数形式输出。用法如下。

1) %f，不指定宽度，使整数部分全部输出，并输出 6 位小数。注意，并非全部数字都是有效数字，单精度实数的有效位数一般为 7 位（双精度 16 位）。

例 2.6 单精度实数的有效位。

```
#include<stdio.h>
main()
{
    float x,y;
    x=111111.111;
    y=222222.222
    printf("%x",x+y);
}
```

运行结果：

```
333333.328125
```

注意 上例中的有效数字为 7 位。

例 2.7 双精度实数的有效位。

```
#include <stdio.h>
main()
{
    double x,y;
    x=11111111111111.11111111;
```

```
        y=22222222222222.22222222;
        printf("%f",x+y);
    }
```
运行结果：

　　33333333333333.333010

上例中的有效数字为 16 位。

2）%m.nf，指定数据占 m 列，其中有 n 位小数。如果数值长度小于 m，左端补空格（右对齐）。

3）%–m.nf，指定数据占 m 列，其中有 n 位小数。如果数值长度小于 m，右端补空格（左对齐）。

8．e 格式符

e 格式符以指数形式输出实数，可用以下形式。

%e，不指定输出数据所占的宽度和小数位数，由系统自动指定，如 6 位小数，指数占 5 位，–e 占 1 位，指数符号占 1 位，指数占 3 位。数值按照规格化指数形式输出（小数点前必须有而且只有 1 位非 0 数字）。

例如：1.234567e+002。（双精度）

%m.ne 和%-m.ne，m 为总的宽度，n 为小数位数。

例 2.8 以下程序段的输出结果是（　　　　）。（2009 年 3 月全国计算机等级考试二级 C 试题选择题第 15 题）

```
int x=12;
double y=3.141593;
printf("%d%8.6f",x,y);
```

A．123.141593
B．12 3.141593
C．12,3.141593
D．123.1415930

分析：选择 A 答案。printf("%d%8.6f",x,y); 语句中，格式串 "%d" 匹配参数 x，此时输出 12; 而格式串"%8.6f"匹配参数 y，此格式为说明变量 y 输出总共为 8 个符号，且小数点后面输出的符号为 6 个。由于变量 y=3.141593 总共有 8 个符号（包含小数点），小数点后面正好 6 个符号。因此在输出的时候是紧接着 12 输出 3.141593（注意中间没有间隔）。所以最终的输出为 123.141593。

9．g 格式符

g 格式符用来输出实数，它根据数值的大小，自动选 f 格式或 e 格式（选择输出时占宽度较小的一种），且不输出无意义的 0（小数末尾 0）。

使用 printf 函数的几点说明：

1）除了 X，E，G 外，其他格式字符必须用小写字母，如%d 不能写成%D;

2）可以在 "格式控制" 字符串中包含转义字符，如 "…\n…";

3）格式符以%开头，以上述 9 个格式字符结束。中间可以插入附加格式字符;

4）如果想输出字符%，则应当在 "格式控制" 字符串中用两个%表示。

例 2.9 %f，%e，%g 输出的比较。

```
#include "stdio.h"                          /*程序预处理声明，调用库函数中的 stdio 文件*/
#define "ACITOR"
main()                                      /*主程序，程序执行开始*/
{
    float f=123.10;
    printf("%f,%e,%g\n",f,f,f);             /*按各种格式打印输出*/
}
```

运行结果：

123.100000,1.23100e+02,123.1

分析： 前两项输出已作介绍。%g 格式输出是系统自动按照编译器的要求选择，一般而言是宽度较小，且小数点后面的末尾，无意义的 0 被裁掉。

以上介绍的 9 种格式符，其功能可归纳为表 2-1。printf 格式中附加格式说明字符如表 2-2 所示。

表 2-1　printf 格式字符功能描述

格 式 字 符	描　　　述
d	以带符号的十进制形式输出整数（正数不输出符号）
o	以 8 进制无符号形式输出整数（不输出前导符号 o）
x	以 16 进制无符号形式输出整数（不输出前导符号 x）
u	以无符号 10 进制形式输出整数
c	以字符形式输出，只输出一个字符
s	输出字符串
f	以小数形式输出单、双精度数，隐含输出 6 位小数
e	以标准指数形式输出单、双精度数，数字部分小数位数为 6 位
g	选用%f 或者%e 格式中输出宽度较短的一种格式，不输出无意义的 0

表 2-2　printf 格式中附加格式说明字符

字　　　符	说　　　明
字母 l	用于长整型，可加在格式符 d、o、x、u 前面
m（正整数）	数据最小宽度
.n（正整数）	对实数，表示输出 n 位小数，对字符串，表示截取的字符个数
－	输出的数字或者字符在输出域中向左靠

2.2　scanf 函数

2.2.1　scanf 函数的一般格式

scanf 函数的一般格式如下：

scanf(格式控制字符串,地址列表)

其中，格式控制字符串的含义与 printf 类似，它指定输入数据项的类型和格式。地址列表是由若干个地址组成的列表，可以是变量的地址（&变量名）或字符串的首地址。

例 2.10 有以下程序：（2009 年 3 月全国计算机等级考试二级 C 试题选择题第 23 题）

```
#include <stdio.h>
main()
{
    int a1,a2; char c1,c2;
    scanf("%d%c%d%c",&a1,&c1,&a2,&c2);
    printf("%d,%c,%d,%c",a1,c1,a2,c2);
}
```

若通过键盘输入，使得 a1 的值为 12，a2 的值为 34，c1 的值为字符 a，c2 的值为字符 b，程序输出结果是 12,a,34,b，则正确的输入格式是（　　）。（以下_代表空格，<CR>代表回车）

　A．12a34b<CR>　　　　　　　　　B．12_a_34_b<CR>

　C．12,a,34,b<CR>　　　　　　　　D．12_a34_b<CR>

分析： 选 A。&是地址运算符，&a1 指取得变量 a1 的地址，&c1 指取得变量 c1 的地址，&a2 指取得变量 a2 的地址，&c2 指取得变量 c2 的地址。scanf 的作用是将键盘输入的数据保存到&a1,&c1,&a2,&c2 为地址的存储单元中，即变量 a1,c1,a2,c2 中。为了实现输出结果 12,a,34,b，则输入应为 12a34b。其中符号 12 依照%d 匹配第一个参数&a1，即完成了将整数 12 输入到变量 a1 中；符号 12 后面的符号 a 依照%c 匹配第二个参数&c1，即完成了将字符'a'输入到变量 c1 中；符号 a 后面的 34 依照%d 匹配第三个参数&a2，即完成了将整数 34 输入到变量 a2 中；符号 34 后面的符号 b 依照%c 匹配第四个参数&c2，即完成了将字符'b'输入到变量 c2 中。只要输入正确，则 printf 语句一定会依照前面的介绍输出所需的结果。建议读者上机实验，体会理论与实践之间的差异。

2.2.2　scanf 函数中的格式声明

　　与 printf 函数中的格式说明相似，以%开始，以一个格式字符结束，中间可以插入附加字符。scanf 格式字符的功能及附加格式字符说明如表 2-3 和表 2-4 所示。

表 2-3　scanf 格式字符功能描述

格 式 字 符	描　　述
d	用来输入十进制整数
o	用来输入八进制整数
x	用来输入十六进制整数
c	用来输入单个字符
s	用来输入字符串，将字符串送到一个字符数组中，在输入时以非空白字符开始，以第一个空白字符结束。字符串以串结束标志"\0"作为其最后一个字符
f	用来输入实数，可以用小数形式或指数形式输入
e	与 f 作用相同，e 与 f 可以相互替换，即输入指数形式的实数

表 2-4　scanf 格式中附加格式字符说明

字　　符	说　　明
l	用于输入长整型数据（可用%ld，%lo，%lx，%lu），以及双精度型数据（用%lf 或者%le）
h	用于输入短整型数据（可用%hd，%ho，%hx）
域宽（正整数）	指定输入数据所占宽度或者列数
*	表示本输入项在读入后不赋给相应的变量

说明：

① 对 unsigned 型变量所需的数据，可以用%u, %d, %o 或%x 格式输入。

② 可以指定输入数据所占列数，系统自动按它截取所需数据。

例 2.11　有以下程序：（2010 年 9 月全国计算机等级考试二级 C 试题填空题第 7 题）

```c
#include<stdio. h>
main()
{
    int  x,y;
    scanf（"%2d%ld", &x, &y）;
    printf（"%d\n", x+y）;
}
```

程序运行时输入 1234567，则程序的运行结果是＿＿＿＿。

分析： 注意到%2d 匹配第一个参数&x，其目的为将输入的前两个符号作为整数，输入到变量 x 中。%ld 匹配第二个参数&y，作用为将后续的符号作为长整数输入到变量 y 中。由于输入的符号为 1234567，则前两个符号为 12，故此把 12 作为整数保存到变量 x 中。剩下的部分为 34567，作为长整数保存到变量 y 中。输出语句为打印 x+y 的值，则此时 x+y=12+34567=34579。打印输出的结果为：34579。

2.2.3　使用 scanf 函数时应注意的问题

1）scanf 函数中格式控制符后面应当是变量地址，而不应是变量名。

如 scanf ("%d,%d",a,b);不合法。（原因：在变量 a 和 b 的前面缺少&取地址符号）

正确的写法应为：scanf ("%d,%d",&a,&b);

2）如果在"格式控制"字符串中除了格式说明以外还有其他字符，则在输入数据时在对应位置应当输入与这些字符相同的字符。建议不要使用其他的字符。

① 若 scanf ("%d,%d,%d",&a,&b,&c);，应当输入 3,4,5；不能输入 3 4 5。

② 若 scanf ("%d:%d:%d",&h,&m,&s);，应当输入 12:23:36。

③ scanf ("a=%d,b=%d,c=%d",&a,&b,&c);，应当输入 a=12,b=24,c=36。

3）在用"%c"格式输入字符时，空格字符和转义字符都作为有效字符输入。

%c 只要求读入一个字符，后面不需要用空格作为两个字符的间隔。

如：

scanf ("%c%c%c",&c1,&c2,&c3);

输入：a b c<回车>后，c1='a',c2=' ',c3='b'

4）在输入数据时，遇到下面情况则认为该数据结束。

① 遇到空格，或按"回车"或"跳格"（tab）键。如：

int a,b,c;

scanf ("%d%d%d",&a,&b,&c);

输入：12   34 (tab)   567<CR>后，a=12,b=34,c=567。

② 按指定的宽度结束。

③ 遇到非法的输入。如：

```
float a,c;    char b;
scanf ("%d%c%f",&a,&b,&c);
```

输入：1234a1230.26<回车>后，a=1234.0,b='a',c=123.0（而不是希望的 1230.26）。

C 语言的格式输入输出的规定比较烦琐，重点掌握最常用的一些规则和规律即可，其他部分可在需要时随时查阅。希望大家勤于动手，多上机练习来强化上机操作。

④ &的使用条件。&符号要根据实际情况而定。

例 2.12   有以下程序段（2011 年 3 月全国计算机等级考试二级 C 试题选择题第 16 题）

```
char name[20];
int num;
scanf("name=%s num=%d",name;&num);
```

当执行上述程序段，并从键盘输入：name=Lili num=1001<回车>后，name 的值为（   ）。

A. Lili   B. name=Lili   C. Lili num=   D. name=Lili num=1001

分析：选择 A。这里出现了一个特殊的用法，char name[20]; 这个语句是声明一个字符数组，即由 20 个字符组成的一片连续存储空间（由 20 个单个字符类型的变量组成），用来存放输入的符号串。而 scanf ("name=%s num=%d",name;&num); 语句要求输入的时候依照 scanf 函数中格式串的要求来输入，即 "name=%s" 表示输入的时候先敲入 "name=" 再在等号的后面输入符号串 Lili。并且注意到，在输入之后应该空一格（注意这个格式串"name=%s num=%d"中%s 与 num 中间有个空格，因此输入完符号串 Lili 之后应该空格），然后输入 num=，并在后面输入数值 1001。当从键盘输入：name=Lili num=1001<回车>后，解释方式为：格式串"name=%s num=%d"中的 "name=" 与输入相匹配，不作任何操作。"%s" 匹配 Lili 并将该串赋值给变量 name。这里数组名作为变量的时候不需要写&符号，请区别字符类型变量。格式串"name=%s num=%d"中的 "num=" 匹配输入中的 num=，在等号后输入的值 1001 赋值给变量 num。由此可以知道 name 的值为 Lili。

> **注意**   实际编程中，字符串的写法应为 "Lili"。这里的分析过程仅为方便叙述。

在后续章节中，我们会详细讨论与字符串有关的内容。

2.3 字符数据的输入和输出

2.3.1 putchar 函数输出一个字符

一般形式：putchar(字符表达式);

> **注意**   向终端（显示器）输出一个字符（可以是可显示的字符，也可以是控制字符或其他转义字符）。

例如：

```
putchar('A');        //输出大写字母 A
putchar(x);          //输出字符变量 x 的值
putchar('\101');     //也是输出字符 A
```

```
putchar('\n');        //换行
```

对控制字符则执行控制功能，不在屏幕上显示。

使用本函数前必须要用文件包含命令：

```
#include<stdio.h>或#include "stdio.h"
```

例 2.13　输出单个字符。

```
#include<stdio.h>
main()
{
    char a='B',b='o',c='k';
    putchar(a);putchar(b);putchar(b);putchar(c);putchar('\t');
    putchar(a);putchar(b);
    putchar('\n');
    putchar(b);putchar(c);
}
```

运行结果：

```
Book       Bo
ok
```

2.3.2　getchar 函数输入一个字符

一般形式：c=getchar();

功能： 从终端（键盘）输入一个字符，以回车键确认。函数的返回值就是输入的字符。

例如：

通常把输入的字符赋予一个字符变量，构成赋值语句，如：

```
char c;
c=getchar();
```

例 2.14　有以下程序：

```
#include<stdio.h>
main()
{
    char a,b,c,d;

    scanf("%c%c",&a,&b);
            c=getchar();
    d=getchar();
        printf("%c%c%c%c\n",a,b,c,d);
}
```

当执行程序时，按下列方式输入数据（从第 1 列开始，注意：回车也是一个字符）

12

34

则输出结果是（　　　）。（2010 年 3 月全国计算机等级考试二级 C 试题选择题第 15 题）

A. 1234   B. 12   C. 12   D. 12
                    34   3

分析：该程序中，第一个 scanf 语句中的格式字符串%c%c 分别匹配变量 a 和 b，而语句 c=getchar()和 d=getchar()分别匹配变量 c 和 d。关键问题在于输入的是什么。上面的输入可以写成 12 回车 34。实际上输入的符号有五个，这五个输入字符分别是'1'、'2'、'回车'、'3'、'4'。由此可以很清楚地了解到：字符'1'被变量 a 记录，字符'2'被变量 b 记录，字符'回车'被变量 c 记录，字符'3'被变量 d 记录，字符'4'因没有与之匹配的变量因而被系统丢弃。由此则输出四个变量的时候应该为答案 C。

2.4 位运算

2.4.1 位运算符

C 语言提供了六种位运算符，具体含义如下。

1）&，按位与：如果两个相应的二进制位都为 1，则该位的结果值为 1，否则为 0。

2）|，按位或：两个相应的二进制位中只要有一个为 1，该位的结果值为 1。

3）^，按位异或：若参加运算的两个二进制位值相同则为 0，否则为 1。

4）～，取反：～是一元运算符，用来对一个二进制数按位取反，即将 0 变 1，将 1 变 0。

5）<<，左移：用来将一个数的各二进制位全部左移 N 位，右补 0。

6）>>，右移：将一个数的各二进制位右移 N 位，移到右端的低位被舍弃，对于无符号数，高位补 0。

1. 按位与运算

按位与运算符"&"是双目运算符，其功能是参与运算的两数各对应的二进位相与。只有对应的两个二进位均为 1 时，结果位才为 1，否则为 0。参与运算的数以补码方式出现。

按位与运算通常用来对某些位清 0 或保留某些位。例如，把 a 的高八位清 0，保留低八位，可作 a&255 运算（255 的二进制数为 0000000011111111）。

例 2.15   按位与运算。

```
#include<stdio.h>
main()
{
    int a=9,b=5,c;
    c=a&b;
    printf("a=%d\nb=%d\nc=%d\n",a,b,c);
}
```

运算结果：

    a=9
    b=5
    c=1

分析：9&5 可写成算式：00001001（9 的二进制补码）&00000101（5 的二进制补码）=00000001（1 的二进制补码），可见 9&5=1。

2．按位或运算

按位或运算符"|"是双目运算符。其功能是参与运算的两数各对应的二进制数位相或。只要对应的二个二进位有一个为 1 时，结果位就为 1。参与运算的两个数均以补码出现。

例 2.16　按位或运算。

```
#include<stdio.h>
main()
{
    int a=9,b=5,c;
    c=a|b;
    printf("a=%d\nb=%d\nc=%d\n",a,b,c);
}
```

运算结果：

```
a=9
b=5
c=13
```

分析：9|5 可写成算式：00001001|00000101=00001101（十进制为 13），可见 9|5=13。

3．按位异或运算

按位异或运算符"^"是双目运算符。其功能是参与运算的两数各对应的二进制数位相异或，当两对应的二进位相异时，结果为 1。参与运算数仍以补码出现。

例 2.17　按位异或运算。

```
#include<stdio.h>
main()
{
    int a=9;
    a=a∧15;
    printf("a=%d\n",a);
}
```

运算结果：

```
a=6
```

分析：9∧5 可写成算式：00001001∧00000101=00001100（十进制为 12），可见 9∧5=12。

4．求反运算

求反运算符"～"为单目运算符，具有右结合性。其功能是对参与运算的数的各二进制数位按位求反。例如～9 的运算为～(0000000000001001)，结果为：1111111111110110。大家可以按照顺序程序的写法，上机实际操作。

5．左移运算

左移运算符"<<"是双目运算符。其功能把"<<"左边的运算数的各二进制数位全部左移若干位，由"<<"右边的数指定移动的位数，高位丢弃，低位补 0。例如：a<<4 指把 a 的

各二进制数位向左移动 4 位。如 a=00000011（十进制 3），左移 4 位后为 00110000（十进制 48）。

6. 右移运算

右移运算符"＞＞"是双目运算符。其功能是把"＞＞"左边的运算数的各二进制数位全部右移若干位，"＞＞"右边的数指定移动的位数。

例如：设 a=15，a＞＞2 表示把 000001111 右移为 00000011（十进制 3）。应该说明的是，对于有符号数，在右移时，符号位将随同移动。当为正数时，最高位补 0，而为负数时，符号位为 1。即：右移时最高位补符号位，左移时最低位补零。

例 2.18 有以下程序：（2009 年 3 月全国计算机等级考试二级 C 试题选择题第 39 题）

```
#include <stdio.h>
main()
{
int a=5,b=1,t;

t=(a<<2)|b;
printf("%d\n",t);
}
```

程序运行后的输出结果是（   ）。

A. 21   B. 11   C. 6   D. 1

分析：选择 A 答案。程序中的关键语句为 t=(a<<2)|b; 由于当一个数左移 1 位时表示该数乘以 2（请自行验证），因此表达式 a<<2 的值为变量 a 左移两位得到，即 5*4=20（请特别注意：a 的值并未变化，仅仅是表达式的值 20）。因此计算过程为：t=(a<<2)|b = （5<<2）| 1 = 20 | 1 =21。

例 2.19 按位右移运算。

```
#include<stdio.h>
main()
{
    char a='a',b='b';
    int p,c,d;
    p=a;
    p=(p<<8)|b;
    d=p&0xff;
    c=(p&0xff00)>>8;
    printf("a=%d\nb=%d\nc=%d\nd=%d\n",a,b,c,d);
}
```

运行结果：

    a=97
    b=98
    c=97
    d=98

2.4.2　简单的位运算

1. "按位与"运算符（&）

按位与是指：参加运算的两个数据，按二进制数位进行"与"运算。如果两个相应的二进制数位都为 1，则该位的结果值为 1；否则为 0。这里的 1 可以理解为逻辑中的 true，0 可以理解为逻辑中的 false。按位与其实与逻辑上"与"的运算规则一致。逻辑上的"与"，要求运算数全真，结果才为真。若 A=true，B=true，则 A∩B=true。例如 3&5，3 的二进制编码是（11）$_2$。内存储存数据的基本单位是字节（byte），一个字节由 8 个位（bit）所组成。位是用以描述电脑数据量的最小单位。二进制系统中，每个 0 或 1 就是一个位。将（11）$_2$ 补足成一个字节，则是（00000011）$_2$。5 的二进制编码是（101）$_2$，将其补足成一个字节，则是（00000101）$_2$。按位与运算：（00000011）$_2$&（00000101）$_2$=（00000001）$_2$。由此可知 3&5=1。

例 2.20　按位与运算。

```
#include <stdio.h>
main()
{
int a=3
int b = 5;
printf("%d",a&b);
}
```

运行结果：

```
1
```

按位与的用途有以下三种。

（1）清零

若想对一个存储单元清零，即使其全部二进制位为 0，只要找一个二进制数，其中各个位符合以下条件：原来的数中为 1 的位，新数中相应位为 0；然后使二者进行&（按位与）运算，即可达到清零目的。

例 2.21　按位与运算——清零。

```
#include <stdio.h>
main()
{
    int a=43;
    int b = 148;
    printf("%d",a&b);
}
```

运算结果：

```
0
```

分析：原数为 43，即（00101011）$_2$，另找一个数，设它为 148，即（10010100）$_2$，将两

者按位与运算：（00101011）$_2$&（10010100）$_2$=（00000000）$_2$。

（2）取一个数中某些指定位

若有一个整数 a（2 byte），想要取其中的低字节，只需要将 a 与 8 个 1 进行"按位与"运算即可。

a 00101100 10101100

b 00000000 11111111

c 00000000 10101100

（3）保留指定位

与一个数进行"按位与"运算，此数在该位取 1。

例 2.22 按位与运算——保留指定位。

```
#include <stdio.h>
main()
{
    int a=84;
    int b = 59;
    printf("%d",a&b);
}
```

运行结果：

16

分析： a 为 84，即（01010100）$_2$，想把其中从左边算起的第 3，4，5，7，8 位保留下来，运算如下：（01010100）$_2$&（00111011）$_2$=（00010000）$_2$，即 a=84,b=59，c=a&b=16。

2．"按位或"运算符（|）

两个相应的二进制位中只要有一个为 1，该位的结果值为 1。借用逻辑学中或运算的话来说就是，一真为真。例如：（60）$_8$|（17）$_8$，将八进制 60 与八进制 17 进行"按位或"运算。

00110000|00001111= 00111111

例 2.23 按位或运算。

```
#include <stdio.h>
main()
{
    int a=060;
    int b = 017;
    printf("%d",a|b);
}
```

运行结果：

63

分析： 按位或运算常用来对一个数据的某些位定值为 1。例如：如果想使一个数 a 的低四位改为 1，则只需要将 a 与（17）$_8$进行"按位或"运算即可。

3．"异或"运算符（∧）

规则是：若参加运算的两个二进制位值相同，则为 0，否则为 1。

即 0∧0=0，0∧1=1，1∧0=1，1∧1=0。

例 2.24　按位异或运算。

```c
#include <stdio.h>
main()
{
    int a=071;
    int b = 052;
    printf("%d",a∧b);
}
```

运行结果：

19

分析：00111001∧00101010=00010011。

应用：

（1）使特定位翻转

设有数（01111010）$_2$，想使其低 4 位翻转，即 1 变 0，0 变 1，可以将其与（00001111）$_2$进行"异或"运算，即：（01111010）$_2$∧（00001111）$_2$=（01110101）$_2$

运算结果的低四位正好是原数低 4 位的翻转。可见，要使哪几位翻转，就将与其进行∧（按位或）运算的对应位置为 1 即可。

（2）与 0 相"异或"，保留原值

例如：0∧00=01　00001010∧00000000= 00001010。

因为原数中的 1 与 0 进行异或运算得 1，0∧0 得 0，故保留原数。

（3）交换两个值，不用临时变量

a=3，即（11）$_2$；b=4，即（100）$_2$。

想将 a 和 b 的值互换，可以用以下赋值语句实现。

例 2.25　按位异或运算。

```c
#include <stdio.h>
main()
{
    int a=3;
    int b = 4;
    a=a∧b;
    b=b∧a;
    a=a∧b;
    printf ("a=%d b=%d",a,b);
}
```

运行结果：

a=4　b=3

分析：

```
a＝a∧b;
b＝b∧a;
a＝a∧b;
a＝（011）₂
（∧）b＝（100）₂
a＝（111）₂（a∧b 的结果，a 已变成 7）
（∧）a＝（100）₂
b＝（011）₂（b∧a 的结果，b 已变成 3）
（∧）a＝（111）₂
a＝（100）₂（a∧b 的结果，a 已变成 4）
```

等效于以下两步：

① 执行前两个赋值语句："a = a∧b; " 和 "b = b∧a; " 相当于 b=b∧(a∧b)。

② 再执行第三个赋值语句：a = a∧b。由于 a 的值等于 (a∧b)，b 的值等于 (b∧a∧b)，因此，相当于 a=a∧b∧b∧a∧b，即 a 的值等于 a∧a∧b∧b∧b，等于 b。

4. "取反"运算符（~）

这是一元运算符，用于求整数的二进制反码，即分别将操作数各二进制位上的 1 变为 0，0 变为 1。

例 2.26 按位取反运算。

```c
#include <stdio.h>
main()
{
 int a=077;
 printf("%d",~a);
}
```

运行结果：

-64

5. 左移运算符（<<）

左移运算符是用来将一个数的各二进制位左移若干位，移动的位数由右操作数指定（右操作数必须是非负值），其右边空出的位用 0 填补，高位左移溢出则舍弃该高位。

例 2.27 有以下程序：

```c
#include<stdio.h>
main()
{
    int a=2,b;
    b=a<<2;
    printf("%d\n",b);
}
```

程序运行后的输出结果是(　　　)。(2011 年 9 月全国计算机等级考试二级 C 试题选择题第 38 题)

A. 2   B. 4   C. 6   D. 8

答案：D。

分析： 将 a 的二进制数左移 2 位，右边空出的位补 0，左边溢出的位舍弃。若 a=15，即（00001111）₂，左移 2 位得（00111100）₂。

左移一位相当于该数乘以 2，左移 2 位相当于该数乘以 2*2＝4,15<<2=60，即乘了 4。但此结论只适用于该数左移时被溢出舍弃的高位中不包含 1 的情况。

假设以一个字节（8 位）存一个整数，若 a 为无符号整型变量，则 a＝64 时，左移一位时溢出的是 0，而左移 2 位时，溢出的高位中包含 1。

6. 右移运算符（>>）

右移运算符是用来将一个数的各二进制位右移若干位，移动的位数由右操作数指定（右操作数必须是非负值），移到右端的低位被舍弃，对于无符号数，高位补 0。对于有符号数，某些机器将对左边空出的部分用符号位填补（即"算术移位"），而另一些机器则对左边空出的部分用 0 填补（即"逻辑移位"）。

> **注意** 对无符号数，右移时左边高位移入 0；对于有符号的值，如果原来符号位为 0（该数为正），则左边也是移入 0。如果符号位原来为 1（即负数），则左边移入 0 还是 1，要取决于所用的计算机系统。有的系统移入 0，有的系统移入 1。移入 0 的称为"逻辑移位"，即简单移位；移入 1 的称为"算术移位"。

例 2.28 按位右移运算。

```c
#include <stdio.h>
main()
{
    int a=0113755;
    printf("%d",a>>1);
}
```

运行结果：

19446

分析： a 的值是八进制数 113755：

a:1001011111101101 （用二进制形式表示）

a>>1: 0100101111110110（逻辑右移时）

a>>1: 1100101111110110（算术右移时）

在有些系统中，a>>1 得八进制数 045766，而在另一些系统上可能得到的是 145766。Turbo C 和其他一些 C 语言编译采用的是算术右移，即对有符号数右移时，如果符号位原来为 1，左面移入高位的是 1。

7. 位运算赋值运算符

位运算符与赋值运算符可以组成复合赋值运算符。

例如：&=, |=, >>=, <<=, ∧=。

例：a & = b 相当于 a = a & b

　　a << = 2 相当于 a = a << 2

2.5 习题

一、基础知识题

1. 已有定义 int a=-2; 和输出语句：printf("%8lx",a); 以下正确的叙述是（　　　）。

   A. 整型变量的输出格式符只有%d 一种

   B. %x 是格式符的一种，它可以适用于任何一种类型的数据

   C. %x 是格式符的一种，其变量的值按十六进制输出，但%8lx 是错误的

   D. %8lx 不是错误的格式符，其中数字 8 规定了输出字段的宽度

2. printf 函数中用到格式符%5s，其中数字 5 表示输出的字符串占用 5 列。如果字符串长度大于 5，则输出按方式（　　　）；如果字符串长度小于 5，则输出按方式（　　　）。

   A. 从左起输出该字串，右补空格　　　B. 按原字符长从左向右全部输出

   C. 右对齐输出该字串，左补空格　　　D. 输出错误信息

3. 以下 C 程序正确的运行结果是（　　　）。

```
#include <stdio.h>
main()
{
    int y=2456;
    printf("y=%3o\n",y);
    printf("y=%8o\n",y);
    printf("y=%#8o\n",y);
}
```

   A.　y=　　2456　　　　　　　　B.　y=　　4630
   　　y=　　　　　2456　　　　　　　　y=　　　　　4630
   　　y=########2456　　　　　　　y=########4630

   C.　y=2456　　　　　　　　　　D.　y=4630
   　　y=　　　　　2456　　　　　　　　y=　　　　　4630
   　　y=　　　　02456　　　　　　　　y=　　　　04630

4. 若 x，y 均定义为 int 型，z 定义为 double 型，以下不合法的 scanf 函数调用语句是（　　　）。

   A. scanf ("%d%lx,%le",&x,&y,&z);　　B. scanf ("%2d*%d%lf",&x,&y,&z);

   C. scanf ("%x%*d%o",&x,&y);　　　　D. scanf ("%x%o%6.2f",&x,&y,&z);

5. 阅读以下程序：（2009 年 9 月全国计算机等级考试二级 C 试题选择题第 13 题）

```
#include <stdio.h>
main()
{
    int case; float printF;
    printf("请输入 2 个数：");
    scanf("%d %f",&case,&printF);
    printf("%d %f\n",case,printF);
}
```

该程序编译时产生错误，其出错原因是（　　）。

    A. 定义语句出错，case 是关键字，不能用作用户自定义标志

    B. 定义语句出错，printF 不能用作用户自定义标志符

    C. 定义语句无错，scanf 不能作为输入函数使用

    D. 定义语句无错，printf 不能输出 case 的值

6. 有以下程序：（2009 年 9 月全国计算机等级考试二级 C 试题选择题第 16 题）

```
#include <stdio.h>
main()
{
    int a=1,b=0;
    printf("%d, ",b=a+b);
    printf("%d\n",a=2*b);
}
```

程序运行后的输出结果是（　　）。

    A. 0,0   B. 1,0   C. 3,2   D. 1,2

7. 有以下程序：（2009 年 9 月全国计算机等级考试二级 C 试题选择题第 23 题）

```
#include <stdio.h>
main()
{
    char c1,c2;
    c1='A'+'8'-'4';
    c2='A'+'8'-'5';
    printf("%c,%d\n",c1,c2);
}
```

已知字母 A 的 ASCII 码为 65，程序运行后的输出结果是（　　）。

    A. E,68   B. D,69   C. E,D   D. 输出无定值

8. 若有以下程序段：（2009 年 9 月全国计算机等级考试二级 C 试题选择题第 39 题）

```
int r=8;
printf ("%d\n", r>>1);
```

输出结果是（　　）。

    A. 16   B. 8   C. 4   D. 2

9. 有以下程序，其中 k 的初值为八进制数：（2010 年 3 月全国计算机等级考试二级 C 试题选择题第 22 题）

```
#include <stdio.h>
main()
{
    int k=011;
    printf("%d\n", k++);
}
```

程序运行后的输出结果是（　　）。

　　　　A. 12　　　　　B. 11　　　　　C. 10　　　　　D. 9

10. 有以下程序：（2010年3月全国计算机等级考试二级C试题选择题第39题）

```
#include <stdio.h>
main()
{
    int a=2,b=2,c=2;
    printf("%d\n",a/b&c);
}
```

程序运行后的输出结果是（　　　　）。

　　　　A. 0　　　　　B. 1　　　　　C. 2　　　　　D. 3

11. 有以下程序：（2010年9月全国计算机等级考试二级C试题选择题第40题）

```
#include<stdio.h>
main()
{
    short c=124;
    c=c____;
    printf("%d\n",c);
}
```

若要使程序的运行结果为248，应在下划线处填入的是（　　　　）。

　　　　A. >>2　　　　B. |248　　　　　C. ＆0248　　　　D. <<1

12. 有以下程序：（2011年3月全国计算机等级考试二级C试题选择题第18题）

```
#include <stdio.h>
main()
{
    int x=011;
    printf("%d\n",++x);
}
```

程序运行后的输出结果是（　　　　）。

　　　　A. 12　　　　　B. 11　　　　　C. 10　　　　　D. 9

13. 有以下程序：（说明：字符0的ASCII码值为48）（2011年3月全国计算机等级考试二级C试题填空题第8题）

```
#include <stdio.h>
main()
{
    char c1,c2;
    scanf("%d",&c1);
    c2=c1+9;
    printf("%c%c\n",c1,c2);
}
```

若程序运行时从键盘输入48<回车>，则输出结果为_____。

14. 以下程序运行后的输出结果是_____。（2009年9月全国计算机等级考试二级C

试题填空题第 39 题）

```
#include <stdio.h>
main()
{
    int x=20;
    printf("%d",0<x<20);
    printf("%d\n",0<x&&x<20);
}
```

15. 以下程序运行后的输出结果是_____。（2011 年 9 月全国计算机等级考试二级 C 试题填空题第 7 题）

```
#include <stdio.h>
main()
{
    int a=37; a%=9;
    printf("%d\n",a);
}
```

16. 若变量 x、y 已定义为 int 类型，且 x 的值为 99，y 的值为 9，请将输出语句 printf(_____, x/y); 补充完整，使其输出的计算结果形式为：x/y=11。（2009 年 3 月全国计算机等级考试二级 C 试题填空题第 7 题）

17. 若程序中已给整型变量 a 和 b 赋值 10 和 20，请写出按以下格式输出 a,b 值的语句_____。（2011 年 9 月全国计算机等级考试二级 C 试题填空题第 6 题）

*****a=10,b=20*****

18. 以下程序的功能是：将值为三位正整数的变量 x 中的数值按照个位、十位、百位的顺序拆分并输出。请填空。（2010 年 3 月全国计算机等级考试二级 C 试题填空题第 13 题）

```
#include <stdio.h>
main()
{
    int x=256;
    printf("%d-%d-%d\n", _____ ,x/10 ,x/100);
}
```

第3章 分支结构程序设计

学习目标 本章主要要求掌握关系表达式与逻辑表达式、分支结构的设计思想、实现分支结构判断条件的构成、实现分支结构的语句、分支结构程序设计举例。

3.1 关系运算符和关系表达式

3.1.1 关系运算符及其优先次序

在 C 语言程序设计中，常常需要比较两个量的大小关系，以决定程序下一步的工作。比较两个量的运算符称为关系运算符。

在 C 语言中有以下关系运算符：

<：小于。

<=：小于或等于。

>：大于。

>=：大于或等于。

==：等于。

! =：不等于。

关系运算符都是双目运算符，其结合性均为左结合。

关系运算符的优先级低于算术运算符，高于赋值运算符。在上述六个关系运算符中，<、<=、>、>=的优先级相同，高于==和! =，==和! =的优先级相同。

3.1.2 关系表达式

用关系运算符将两个数值或数值表达式连接起来的式子称为关系表达式。

一般格式：表达式　关系运算符　表达式

例如：

a+b>c-d

x<=5/3

5*i==k+1

由于表达式又可以是关系表达式，因此在关系表达式中允许出现嵌套的情况。

例如：

a>(b>c),a!=(c==d)

关系表达式的值是"真"和"假"，用"1"和"0"表示。

例如：

3>0 的值为"真"，即为 1。

2>7 不成立，故其值为假，即为 0。

例 3.1　分析下面程序的运行结果。

```c
#include <stdio.h>
void main()
{
    int a,b,c;
    scanf("%d%d%d",&a,&b,&c);
    a=b!=c;                          //将关系表达式的值赋给a
    printf("a=%d,b=%d,c=%d\n",a,b,c);
    a==(b=c++*3);                    //a与b进行相等比较
    printf("a=%d,b=%d,c=%d\n",a,b,c);
    a=b>c>2;                         //将关系表达式的值赋给a
    printf("a=%d,b=%d,c=%d\n",a,b,c);
}
```

运行结果：

```
2 3 4↙
a=1,b=3,c=4
a=1,b=12,c=5
a=0,b=12,c=5
```

说明：

① 程序中语句"a=b!=c"运行后，变量 a 的值为 b!=c 的结果；

② 语句"a==(b=c++*3)"用括号改变了运算的优先顺序，因没有对变量 a 赋值，所以 a 不变，而变量 b、c 的值由赋值运算和自增运算而改变；

③ 语句"a=b>c>2"在运算时根据运算赋值的结合性，先计算 b>c，结果（1 或 0）与 2 进行">"比较，所以赋给 a 的值一定是 0。

3.2　逻辑运算符和表达式

3.2.1　逻辑运算符及其优先次序

C 语言中提供了三种逻辑运算符。

&&：与运算。

||：或运算。

!：非运算。

说明：

① 与运算符&&和或运算符||均为双目运算符，具有左结合性。

② 非运算符!为单目运算符，具有右结合性。

③ "&&"和"||"低于关系运算符，"!"高于算术运算符。

逻辑运算的值也只有"真"和"假"两种，用"1"和"0"来表示。

其求值规则如下：

1）与运算&&：参与运算的两个量都为真时，结果才为真，否则为假。

例如：1>0 && 6>2

由于1>0为真，6>2也为真，相与的结果也为真。

2）或运算||：参与运算的两个量只要有一个为真，结果就为真；两个量都为假时，结果为假。

例如：3>0||3>8

由于3>0为真，相或的结果也就为真。

3）非运算!：参与运算量为真时，结果为假；参与运算量为假时，结果为真。

例如：!(3>0)

由于3>0为真，非运算的结果为假。

虽然C语言编译在给出逻辑运算值时，以"1"代表"真"，"0"代表"假"。但反过来在判断一个量是为"真"还是为"假"时，以"0"代表"假"，以非"0"的数值作为"真"。

例如：由于2和5均为非"0"因此2&&5的值为"真"，即为1。

又如：3||0的值为"真"，即为1。

3.2.2 逻辑表达式

由逻辑运算符将逻辑量连接起来构成的式子称为逻辑表达式。

一般格式：表达式　逻辑运算符　表达式

其中的表达式可以又是逻辑表达式，从而组成了嵌套的情形。

例如：(a&&b)&&c

根据逻辑运算符的左结合性，上式也可写为：a&&b&&c

逻辑表达式的值是式中各种逻辑运算的最后值，以"1"和"0"分别代表"真"和"假"。

例3.2　分析下面程序的运行结果。

```c
#include <stdio.h>
void main()
{
    int x,y,z,m;
    x=y=z=0 ;                              //给变量 x、y、z 赋值 0
    m=++x&&++y||++z;
    printf("m=%d x=%d y=%d z=%d", m,x,y,z);
}
```

运行结果：

    m=1   x=1   y=1   z=0

分析：由于"++x&&++y"为1，表达式"++x&&++y||++z"值已完全确定，所以表达式中的"++z"被忽略。

例3.3 若有定义语句 int k1=10，k2=20;，执行表达式（k1=k1>k2）&&(k2=k2>k1)后，k1和k2的值分别为（ ）。（2011年9月全国计算机等级考试二级C试题选择题第17题）

A. 0和1　　　　B. 0和20　　　　C. 10和1　　　　D. 10和20

分析：在执行表达式 k1=k1>k2 时，先进行关系比较，k1（10）是小于 k2（20）的，所以 k1>k2 的值为 0，再将 0 赋值给 k1，所以此时 k1=0，表达式值为 0。由于是逻辑与（&&）连接，有一个表达式为 0，逻辑表达式结果为 0，此时，逻辑与后面的表达式不用参与运算，所以 k2 值不变，仍然是 20。选 B。

3.3 if 语句

用 if 语句可以构成分支结构。它根据给定的条件进行判断，以决定执行某个分支程序段。C 语言的 if 语句有三种基本形式。

3.3.1 不含 else 子句的 if 语句

一般形式：if（表达式） 语句

其语义是：如果表达式的值为真，则执行其后的语句，否则不执行该语句。

其过程可表示为图 3-1。

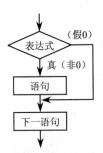

图 3-1　不含 else 子句的 if 语句流程图

例3.4 输入两个整数，输出其中的大数。

```c
#include"stdio.h"
void main()
{
    int a,b,max;
    printf("\n input two numbers:\n");
    scanf("%d%d",&a,&b);
    max=a;
    if(max<b) max=b;
    printf("max=%d",max);
}
```

运行结果：

```
input two numbers:
3 5✓
max=5
```

分析： 输入两个数 a，b。把 a 先赋予变量 max，再用 if 语句判别 max 和 b 的大小，如 max 小于 b，则把 b 赋予 max。因此 max 中总是大数，最后输出 max 的值。

例 3.5 有以下程序：（2011 年 3 月全国计算机等级考试二级 C 试题填空题第 7 题）

```c
#include <stdio.h>
main()
{
    int x;
    scanf("%d",&x);
    if(x>15) printf("%d",x-5);
    if(x>10) printf("%d",x);
    if(x>5) printf("%d\n",x+5);
}
```

若程序运行时从键盘输入12<回车>，则输出结果为_____。

分析： 本题执行过程如下，输入 12 后，首先判断第一个 if 条件，12>15 为假，所以第一个 if 语句不执行。接着进行第二个 if 条件判断，12>10 为真，执行后面语句，所以输出 12。然后继续执行第三个 if 条件判断，12>5 为真，if 语句继续被执行，就在输出 12 后继续输出 x+5，即 17。所以完整输出结果为 12 17。

3.3.2 含 else 子句的 if 语句

一般形式：if(表达式)

   语句 1；

   else

   语句 2；

其语义是：如果表达式的值为真，则执行语句 1，否则执行语句 2。

其过程可表示为图 3-2。

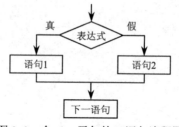

图 3-2　含 else 子句的 if 语句流程图

例 3.6 输入两个整数，输出其中的大数。

```c
#include<stdio.h>
```

```
void main()
{
    int a,b,max;
    printf("\n input two numbers:\n");
    scanf("%d%d",&a,&b);
    if(a>b)
    printf("max=%d\n",a);
    else
    printf("max=%d\n",b);
}
```

运行结果:

```
input two numbers:
3 5↙
max=5
```

3.3.3 嵌套的 if 语句

当 if 语句中的执行语句又是 if 语句时，则构成了 if 语句嵌套的情形。

一般形式: if(表达式)

　　　　　if 语句;

或者: 　　if(表达式)

　　　　　if 语句;

　　　　　else

　　　　　if 语句;

在嵌套内的 if 语句可能又是 if-else 型的，这将会出现多个 if 和多个 else 重叠的情况，这时要特别注意 if 和 else 的配对问题。

例如:

```
if(表达式 1)
    if(表达式 2)
        语句 1;
    else
        语句 2;
```

其中的 else 究竟是与哪一个 if 配对呢?

C 语言规定，if 语句嵌套时，else 子句与 if 的匹配原则: 与在它上面、距它最近且尚未匹配的 if 配对。

例 3.7 比较两个数的大小关系。

```
#include"stdio.h"
void main()
{
    int a,b;
```

```
    printf("Please input a,b:\n ");
    scanf("%d%d",&a,&b);
    if(a!=b)
    if(a>b)
    printf("a>b\n");
    else
    printf("a<b\n");
    else
    printf("a=b\n");
}
```

运行结果:

```
Please input a,b:
3 5↙

a<b
```

分析: 本例中用了 if 语句的嵌套结构。采用嵌套结构实质上是为了进行多分支选择,上例中实际上有三种选择即 a>b、a<b 或 a=b。这种问题用 if-else-if 语句也可以完成,而且程序更加清晰。因此,在一般情况下较少使用 if 语句的嵌套结构,以使程序更便于阅读理解。

嵌套的 if 语句结构中,比较常用到的结构形式是 if-else-if 结构。使用 if-else-if 形式,结构更加清晰易懂。

```
一般形式:if(表达式 1)
              语句 1;
         else   if(表达式 2)
              语句 2;
         else   if(表达式 3)
              语句 3;
                 ⋮
         else   if(表达式 m)
              语句 m;
         else
              语句 n;
```

其语义是:依次判断表达式的值,当出现某个值为真时,则执行其对应的语句;然后跳到整个 if 语句之外继续执行程序;如果所有的表达式均为假,则执行语句 n;然后继续执行后续程序。

例 3.8 判别键盘输入整数是正整数、负整数或者是零。

```
#include"stdio.h"
main()
{
    int c;
    printf("Input a number:\n");
    scanf("%d",&c);
    if(c<0)
    printf("This is a negative number\n");
    else if(c>0)
```

```
    printf("This is a positive number\n");
    else
    printf("This is zero\n");
}
```

运行结果：

```
Input a number:
30✓
This is a positive number
```

分析：本例要求判别键盘输入整数是正整数、负整数或者是零。这是一个多分支选择的问题。

3.3.4 条件表达式构成的选择结构

C 语言还提供了一个特殊的运算符——条件运算符，由此构成的表达式也可以形成简单的选择结构。这种选择结构能以表达式的形式内嵌在允许出现表达式的地方，使得可以根据不同的条件使用不同的数据参与运算。

条件运算符为"?"和"："，它是一个三目运算符，即有三个参与运算的量。

由条件运算符组成的式子称为条件表达式。

一般形式：

表达式 1？ 表达式 2：表达式 3

其求值规则为：如果表达式 1 的值为真，则以表达式 2 的值作为条件表达式的值；否则以表达式 2 的值作为整个条件表达式的值。

条件表达式通常用于赋值语句之中。

例如条件语句：if(a>b) max=a;
                    else max=b;

可用条件表达式写为 max=(a>b)?a: b;

执行该语句的语义是：如 a>b 为真，则把 a 赋予 max，否则把 b 赋予 max。

说明：

① 条件运算符的运算优先级低于关系运算符和算术运算符，但高于赋值符。因此 max=(a>b)?a:b 可以去掉括号而写为 max=a>b?a:b。

② 条件运算符"?"和"："是一对运算符，不能分开单独使用。

③ 条件运算符为右运算符，它的结合方向是自右至左。

例 3.9 用条件表达式重新编程，输出两个数中的大数。

```
#include"stdio.h"
void main()
{
    int a,b,max;
    printf("\n Input two numbers:\n");
    scanf("%d%d",&a,&b);
```

```
        printf("max=%d\n",a>b?a:b);
    }
```

运行结果：

```
Input two numbers:
5 6↙
max=6
```

说明：比较本例与例3.4的区别：本例没有使用 if 语句，也完成了选择功能。

3.4 switch 语句

C 语言还提供了另一种用于多分支选择的 switch 语句。

一般形式：

```
switch(表达式)
    {
            case 常量表达式 1:     语句 1;
            case 常量表达式 2:     语句 2;
            ⋮
            case 常量表达式 n:     语句 n;
            default         :     语句 n+1;
    }
```

其语义是：计算表达式的值，并逐个与其后的常量表达式值相比较。当表达式的值与某个常量表达式的值相等时，即执行其后的语句，然后不再进行判断，继续执行后面所有 case 后的语句；如表达式的值与所有 case 后的常量表达式均不相同时，则执行 default 后的语句。

switch 语句又称为开关语句，用于多分支选择的一种特殊情况的处理，即每个分支、每种情况通过一个表达式取不同的值（选择常量、情况常量）来描述。

当程序分支较多时，用嵌套的 if 语句层数太多时，程序冗长，且可读性降低，使用 switch 语句可直接处理分支选择。

例 3.10　成绩等级查询：在进行评定时通常会将成绩分为几个等级，0～59 分为不合格，60～79 分为及格，80～89 分为良好，90～100 为优秀。输入一个成绩，给出对应的等级。

```
#include "stdio.h"
void main()
{
    int num;
    float C;
    printf("\t 成绩等级查询\n\n");
    printf("请输入成绩： ");
    scanf("%f",&C);
    num=(int)(C/10);
        switch(num)
            {   case 10:
```

```
              case 9:
                   printf("等级为优秀！\n");
                   break;
              case 8:
                   printf("等级为良好！\n");
                   break;
              case 7:
              case 6:
                   printf("等级为合格。\n");
                   break;
              default:
                   printf("等级为不合格。\n");
                   break;
         }
    }
```

运行结果：

成绩等级查询

请输入成绩：95✓

等级为优秀！

选择结构应用程序举例如下。

例 3.11 输入一个字符，请判断是字母、数字还是特殊字符?

```
#include <stdio.h>
void main()
{
    char ch;
    printf("请输入一个字符：\n");      /*在双引号内的字符串中，可以出现汉字，不影响程序运行*/
    ch=getchar();
    if((ch>='a' && ch<='z')||(ch>='A'&&ch<='Z'))
    printf("\n 它是一个字母!\n");        /* 注意前后的\n，养成良好的编辑习惯*/
    else if(ch>='0'&& ch<='9')
    printf("\n 它是一个数字!\n");
    else
    printf("\n 它是一个特殊字符!\n");
}
```

运行结果：

请输入一个字符：

A✓

它是一个字母！

例 3.12 闰年判断程序。

```
#include <stdio.h>
void main()
```

```
    {
        int year;
        printf("Type in a year:\n");
        scanf("%d",&year);
        if(year%400==0||year%4==0&&year%100!=0)
            printf("%d is a leap year.\n",year);
        else
            printf("%d is not a leap year.\n",year);
    }
```

运行结果：

```
Type in a year:
2006✓
2006 is a leap year.
```

分析：闰年有两种情况，设年份为 year，则：

① 当 year 是 400 的整倍数时为闰年，条件表示为：year%400= =0

② 当 year 是 4 的整倍数，但不是 100 的整倍数时为闰年，条件表示为：year%4= =0 && year%100 ! = 0。

综合上述两种情况，得到闰年条件的逻辑表达式：

year%400= =0 || year%4= =0 && year%100 != 0

例 3.13 编写程序，根据输入的学生成绩给出相应的等级，大于或等于 90 分以上的等级为 A，60 分以下的等级为 E，其余每 10 分为一个等级。

```
#include<stdio.h>
main()
{
    int g;
    printf("Enter g:");
    scanf("%d",&g);
    printf("g=%d:",g);
    if(g>=90) printf("A\n");
    else if(g>=80)printf("B\n");
    else if(g>=70)printf("C\n");
    else if(g>=60)printf("D\n");
    else printf("E\n");
}
```

运行结果：

```
Enter g：92✓
g=92：A
```

分析：当执行以上程序时，首先输入学生的成绩，然后进入 if 语句。if 语句中的表达式将依次对学生成绩进行判断，若能使某 if 后的表达式值为 1，则执行与其相应的子句，之后便退出整个 if 结构。

例如，若输入的成绩为 72 分，首先输出 g=72：，当从上向下逐一检测时，使 g>=70 这一表达式的值为 1，因此在以上输出之后再输出 C，然后便退出整个 if 结构。

如果输入 55 分，则首先输出 g=55：，因为所有 if 子句中的表达式的值都为 0，因此执行最后 else 子句中的语句，接着输出 E。然后退出 if 结构。

例 3.14　将上面的例子改成 switch 语句。

```c
#include<stdio.h>
main()
{
    int g;
    printf("Enter g:"); scanf("%d",&g);
    printf("g=%d:",g);
    switch(g/10)
    {
     case10:
     case 9: printf("A\n");break;
     case 8: printf("B\n");break;
     case 7: printf("C\n");break;
     case 6: printf("D\n");break;
     default:printf("E\n");
    }
}
```

运行结果:

Enter g：56✓

g=56：E

例 3.15　求一元二次方程 $ax^2+bx+c=0$ 的解（$a\neq0$）。

```c
#include    "math.h"
#include    "stdio.h"
main()
{
    float a,b,c,disc,x1,x2,p,q;
    scanf("%f,%f,%f", &a, &b, &c);
    disc=b*b−4*a*c;
    if(fabs(disc)<=1e−6)                    /*fabs()：求绝对值库函数*/
    printf("x1=x2=%7.2f\n", −b/(2*a));      /*输出两个相等的实根*/
    else
      { if(disc>1e−6)
          { x1=(−b+sqrt(disc))/(2*a);       /*求出两个不相等的实根*/
            x2=(−b−sqrt(disc))/(2*a);
            printf("x1=%7.2f,x2=%7.2f\n", x1, x2);
          }
        else
```

```
       { p=-b/(2*a);                        /*求出两个共轭复根*/
         q=sqrt(fabs(disc))/(2*a);
         printf("x1=%7.2f + %7.2f i\n", p, q);   /*输出两个共轭复根*/
         printf("x2=%7.2f - %7.2f i\n", p, q);
       }
     }
  }
```

运行结果：

2,6.5,3✓

x1=−0.56,x2=−2.69

说明：由于实数在计算机中存储时，经常会有一些微小误差，所以本例判断 disc 是否为 0 的方法是：判断 disc 的绝对值是否小于一个很小的数（例如 10^{-6}）。

思考题：如果将系数 a、b、c 定义成整数，能否直接判断 disc 是否等于 0？

例 3.16 已知某公司员工的保底薪水为 500，某月所接工程的利润 profit（整数）与利润提成的关系如下（计量单位：元）：

profit≤1000	没有提成；
1000<profit≤2000	提成 10%；
2000<profit≤5000	提成 15%；
5000<profit≤10000	提成 20%；
10000<profit	提成 25%。

算法分析：

为使用 switch 语句，必须将利润 profit 与提成的关系转换成某些整数与提成的关系。分析本题可知，提成的变化点都是1000的整数倍（1000、2000、5000……），如果将利润 profit 整除 1000，则当：

profit≤1000	对应 0、1
1000<profit≤2000	对应 1、2
2000<profit≤5000	对应 2、3、4、5
5000<profit≤10000	对应 5、6、7、8、9、10
10000<profit	对应 10、11、12、……

为解决相邻两个区间的重叠问题，最简单的方法是：利润 profit 先减 1（最小增量），然后再整除 1000 即可：

profit≤1000	对应 0
1000<profit≤2000	对应 1
2000<profit≤5000	对应 2、3、4
5000<profit≤10000	对应 5、6、7、8、9
10000<profit	对应 10、11、12……

程序代码：

```
#include <stdio.h>
main()
```

```
{
    long    profit;
    int    grade;
    float    salary=500;
    printf("Input    profit: ");
    scanf("%ld", &profit);
    grade= (profit – 1) / 1000;          /*将利润减1，再整除1000，转化成switch语句中的case标号*/
  switch(grade)
    {
    case    0:   break;                  /*profit≤1000 */
    case    1: salary += profit*0.1; break;    /*1000 < profit≤2000 */
    case    2:
    case    3:
    case    4: salary += profit*0.15; break;   /*2000 < profit≤5000 */
    case    5:
    case    6:
    case    7:
    case    8:
    case    9: salary += profit*0.2; break;    /*5000 < profit≤10000 */
    default: salary += profit*0.25;           /*10000 < profit */
    }
    printf("salary=%.2f\n", salary);
}
```

运行结果：

　　Input profit：3456↙
　　salary=1018.40

3.5　习题

一、基础知识题

1. 以下是if语句的基本形式：if（表达式）语句，其中表达式（　　　）。（2009年3月全国计算机等级考试二级C试题选择题第17题）

　　A. 必须是逻辑表达式　　　　　　B. 必须是关系表达式

　　C. 必须是逻辑表达式或关系表达式　　D. 可以是任意合法的表达式

2. 有以下程序：（2009年3月全国计算机等级考试二级C试题选择题第18题）

```
#include <stdio.h>
main( )
{
    int x;
        scanf("%d", &x);
    if(x<=3) ;
```

```
    else
        if(x!=10) printf("%d\n",x);
}
```

程序运行时，输入的值在哪个范围才会有输出结果（　　）？

    A. 不等于 10 的整数　　　　　　　　B. 大于 3 且不等于 10 的整数

    C. 大于 3 或等于 10 的整数　　　　　D. 小于 3 的整数

3. 有以下程序：（2009 年 3 月全国计算机等级考试二级 C 试题选择题第 19 题）

```
#include <stdio.h>
main()
{
    int a=1, b=2, c=3, d=0;
    if(a==1 && b++==2)
    if(b!=2||c--!=3)
    printf("%d, %d, %d\n", a, b, c);
    else printf("%d, %d, %d\n", a, b, c);
    else printf("%d, %d, %d\n", a, b, c);
}
```

程序运行后输出结果是（　　）。

    A. 1，2，3　　　　B. 1，3，2　　　　C. 1，3，3　　　　D. 3，2，1

4. 设有定义：int a=1，b=2，c=3。以下语句中执行效果与其他三个不同的是（　　）。（2009 年 9 月全国计算机等级考试二级 C 试题选择题第 17 题）

    A. if(a>b) c=a, a=b, b=c;　　　　　　B. if(a>b) {c=a, a=b, b=c; }

    C. if(a>b) c=a; a=b; b=c;　　　　　　D. if(a>b) {c=a; a=b; b=c; }

5. 以下程序段中，与语句 k=a>b?(b>c?1:0):0; 功能相同的是（　　）。（2009 年 9 月全国计算机等级考试二级 C 试题选择题第 19 题）

    A. if((a>b)&&(b>c)) k=1;　　　　　　B. if((a>b)||(b>c)) k=1;

        else k=0;　　　　　　　　　　　　else k=0;

    C. if(a<=b) k=0;　　　　　　　　　　D. if(a>b) k=1;

        else　　　　　　　　　　　　　　　else if(b>c) k=1;

        if(b<=c) k=1;　　　　　　　　　　　else k=0;

6. 若 a 是数值类型，则逻辑表达式（a==1）||（a!=1）的值是（　　）。（2010 年 3 月全国计算机等级考试二级 C 试题选择题第 17 题）

    A. 1　　　　　　　　　　　　　　　　B. 0

    C. 2　　　　　　　　　　　　　　　　D. 不知道 a 的值，不能确定

7. 以下选项中与 if(a==1)a=b; else a++; 语句功能不同的 switch 语句是（　　）。（2010 年 3 月全国计算机等级考试二级 C 试题选择题第 18 题）

    A. switch(a)　　　　　　　　　　　　B. switch(a==1)

        { case: a=b; break;　　　　　　　　{ case 0: a=b; break;

         default: a++;　　　　　　　　　　 case 1: a++;

        }　　　　　　　　　　　　　　　　}

C. switch(a)

    { defaul: a++; break;

      case 1: a=b; }

D. switch(a==1)

    { case 1: a=b; break;

      case0: a++; }

8. 有如下嵌套的 if 语句：（2010 年 3 月全国计算机等级考试二级 C 试题选择题第 19 题）

```
if(a<b)
  if(a<c)k=a;
  else k=c;
else
  if(b<c)k=b;
  else k=c;
```

以下选项中与上述 if 等价的语句是（　　　）。

A. k= (a<b)?a:b;k= (b<c)?b:c;

B. k= (a<b)?((b<c)?a:b):((b>c)?b:c);

C. k= (a<b)?((a<c)?a:c):((b<c)?b:c);

D. k= (a<b)?a:b;k= (a<c)?a:c;

9. 若变量已正确定义，在 if(W) printf("%d\n,k") ；中，以下不可替代 W 的是（　　　）。（2010 年 9 月全国计算机等级考试二级 C 试题选择题第 17 题）

A. a<>b+c

B. ch=getchar()

C. a==b+c

D. a++

10. 有以下程序：（2010 年 9 月全国计算机等级考试二级 C 试题选择题第 18 题）

```
#include<stdio. h>
main()
{
    int a=1, b=0;
    if(! a)  b++;
    else if(a==0)
    if(a) b+=2;
    else b+=3;
    printf("%d\n", b) ;
}
```

程序运行后的输出结果是（　　　）。

A. 0　　　　　B. 1　　　　　C. 2　　　　　D. 3

11. 若有定义语句 int a, b; double x; ，则下列选项中没有错误的是（　　　）。（2010 年 9 月全国计算机等级考试二级 C 试题选择题第 19 题）

A. switch(x%2)

    { case 0: a++; break;

     case 1: b++; break;

     default: a++; b++; }

B. switch((int) x/2.0

    { case 0: a++; break;

     case 1: b++; break;

     default: a++; b++; }

C. switch((int）x%2)

    { case 0: a++; break;

     case 1: b++; break;

     default: a++; b++; }

D. switch((int) (x) %2)

    { case 0.0: a++; break;

     case 1.0: b++; break;

     default: a++; b++; }

12. if 语句的基本形式是 if（表达式）语句，以下关于"表达式"值的叙述中正确的是（　　）。（2011年3月全国计算机等级考试二级C试题选择题第17题）

    A. 必须是逻辑值　　　　　　　　B. 必须是整数值

    C. 必须是正数　　　　　　　　　D. 可以是任意合法的数值

13. 有以下程序：（2011年3月全国计算机等级考试二级C试题选择题第27题）

```
#include <stdio.h>
main()
{
   int x=1, y=0;
   if(!x) y++;
   else
   if(x==0)
   if(x) y+=2;
   else y+=3;
   printf("%d\n",y);
}
```

程序运行后的输出结果是（　　　　）。

    A. 3　　　　　　　　　　　　　B. 2

    C. 1　　　　　　　　　　　　　D. 0

14. 有以下程序：（2011年9月全国计算机等级考试二级C试题选择题第18题）

```
#include <stdio.h>
main()
{
 int a=1，b=0;
 if(-a)  b++;
 else
     if(a=0)b+=2:
         else b+=3:
         printf("%d\n"，b);
     }
```

程序运行后的输出结果是（　　　　）。

    A. 0　　　　　　　　　　　　　B. 1

    C. 2　　　　　　　　　　　　　D. 3

15. 下列条件语句中，输出结果与其他语句不同的是（　　　　）。（2011年9月全国计算机等级考试二级C试题选择题第19题）

    A. if(a)printf("%d\n"，x);　　　　B. if(a=0)printf("%d\n"，y);
       else printf("%d\n"，y);　　　　　else printf("%d\n"，x);

    C. if(a! =0)printf("%d\n"，x);　　D. if(a=0)printf("%d\n"，x);
       else printf("%d\n"，y);　　　　　else printf("%d\n"，y);

16. 设 x 为 int 型变量，请写出一个关系表达式_____，用以判断 x 同时为 3 和 7 的倍数时，关系表达式的值为真。（2010年3月全国计算机等级考试二级C试题填空题第6题）

17. 有以下程序：（2010年3月全国计算机等级考试二级C试题填空题第7题）

```c
#include <stdio.h>
main()
{
    int a=1, b=2, c=3, d=0;
    if(a==1)
        if(b!=2)
            if(c==3) d=1;
            else    d=2;
        else
            if(c!=3)   d=3;
            else   d=4;
    else    d=5;
    printf（"%d\n"，d）;
}
```

程序运行后的输出结果是_____。

18. 在C语言中，当表达式值为0时表示逻辑值"假"，当表达式值为_____时表示逻辑值"真"。（2010年9月全国计算机等级考试二级C试题填空题第8题）

二、编程题

1. 输入一个字符，若是小写字母，则转换成大写字母输出；若是大写字母，则转换成小写字母输出。

2. 输入四个整数，要求按由小到大的顺序输出。

3. 从键盘输入年份和月份，试计算该年的该月共有几天。（注意二月份的天数与闰年有关）

第4章　循环结构程序设计

本章主要介绍循环的结构和用法。通过本章学习，要掌握 while、do-while、for 三种基本循环语句，掌握使用 break 语句和 contiune 语句提前结束循环，并开始尝试编写一些较复杂的程序。

循环结构是程序设计中一种很重要的结构。其特点是在给定条件成立时，反复执行某程序段，直到条件不成立为止。给定的条件称为循环条件，反复执行的程序段称为循环体。

4.1 三种循环结构

C 语言提供三种循环语句来实现循环结构，以简化并规范循环结构程序设计。

1）while 语句；

2）do-while 语句；

3）for 语句。

下面我们将分别介绍这三种循环语句。

4.1.1 用 while 语句实现循环

while 循环通过 while 语句实现。while 循环又称为"当型"循环。

一般格式：while (表达式) 语句；

其中，括号里的表达式为循环条件。

括号后面的语句可以是一条语句，也可以是复合语句，为循环体。

while 语句的执行过程如下。

1）计算并判断表达式的值。

2）若值为 0，则结束循环，退出 while 语句；若值为非 0，则执行循环体。

3）转步骤1。

while 循环语句的特点是：先判断循环条件，再执行循环体。

其执行过程可表示为图 4-1。

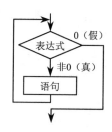

图 4-1　while 循环的执行过程

例4.1 用 while 语句计算 s =1+2+3+…+100。

```
#include <stdio.h>
void main()
{
    int i,s;
    i=1;s=0;
    while(i<=100) /* 循环控制 */
    {
     s=s+i;
     i=i+1;
    }
    printf("s=%d\n",s);
}
```

运行结果:

```
S=5050
```

思考: 如何用 while 语句求 1～100 间偶数的和及偶数个数?

例4.2 已知 s=1!+2!+3!+…+n!,求当 s 首次超过 2 000 000 时的 n 和 s 的值。

```
#include <stdio.h>
void main()
{
    int n=0;
    long    s=0 ,an=1;
    while(s<2000000)
    {
     n++;
     an=an*n;
     s=s+an;
    }
    printf("s=%ld n=%d\n",s,n);
}
```

运行结果:

```
s=4037913 n=10
```

4.1.2 用do-while语句实现循环

do-while 循环是通过 do-while 语句来实现,又称为"直到型"循环。

一般形式为:

```
do
{
    语句
} while(表达式);
```

其中，括号里的表达式为循环条件。

括号后面的语句可以是一条语句，也可以是复合语句，为循环体。

do-while 语句的执行过程如下。

1）执行循环体语句或语句组。

2）计算"循环继续条件"表达式。如果"循环继续条件"表达式的值为非 0（真），则转向步骤 1 继续执行；否则，转向步骤 3。

3）执行 do-while 的下一条语句。

do-while 循环语句的特点是：先执行循环体语句组，再判断循环条件。

其执行过程可表示为图 4-2。

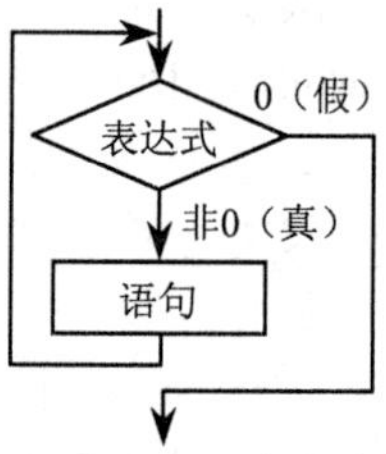

do-while 与 while 语句的区别是：do-while 总是要先做一遍循环体，再做表达式的判断，因此循环体中的语句肯定要做一次。在设计程序时，如果不知道重复执行的次数，而且第一次必须执行时，常采用 do-while 语句。

图 4-2　do-while 循环的执行过程

例4.3　用 do-while 语句计算 $s=1+2+3+\cdots+100$。

```c
#include <stdio.h>
void main()
{
    int i=1, sum=0;
    do
    {
        sum += i;
        i++;
    }
    while(i<=100);
    printf("sum=%d\n",sum);
}
```

运行结果：

```
sum=5050
```

例4.4　用 do-while 循环，把 26 个大写字母按顺序显示出来。

```c
#include <stdio.h>
void main ( )
{
    char   i = 'A';
    do
    {
     printf ("%c", i );
     i++;
    }
    while ( i<='Z');
}
```

运行结果：

ABCDEFGHIJKLMNOPQRSTUVWXYZ

注意 do-while 语句比较适用于处理不论条件是否成立、先执行一次循环体语句组的情况。

4.1.3 用 for 语句实现循环

在 C 语言中，for 语句使用最为灵活。

一般格式：

for (表达式 1; 表达式 2; 表达式 3)

语句；

其中：

表达式 1：初始化表达式。可用来设定循环控制变量或循环体中变量的初始值，可以是逗号表达式。

表达式 2：循环条件表达式。其值为逻辑量，为非 0 时继续循环，为 0 时循环终止。

表达式 3：增量表达式。用来对循环控制变量进行修正，也可用逗号表达式包含一些本来可放在循环体中执行的其他表达式。

上述表达式可以缺省，但分号不可缺少。

括号后面的语句可以是一条语句，也可以是复合语句，为循环体。

for 语句的执行过程如下。

1）计算表达式 1。

2）计算表达式 2，判断表达式 2 是否为"真"，若是"真"，执行循环体中的"语句"；若为"假"，循环结束，跳转到 for 语句下面的一个语句执行。

3）计算表达式3。

4）跳转到第2步执行。

其执行过程可表示为图 4-3。

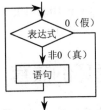

图 4-3　for 循环执行过程

例 4.5 用 for 语句计算 s=1+2+3+…+100。

```c
#include <stdio.h>
void main()
{
    int i,sum=0;
    for(i=1; i<=100; i++)
    sum += i;
    printf("sum=%d\n",sum);
}
```

运行结果：

sum=5050

思考：比较上述三种循环语句，求 1～100 的和的程序代码。

例 4.6　打印出所有的"水仙花数"。所谓"水仙花数"，是指一个三位正整数，其各位数字的立方和等于该数本身，例如：$153=1^3+5^3+3^3$。

```c
#include "stdio.h"
void main()
{
    int n,i,j,k;
    for( n=100; n<=999; n++ )
    {
        i = n /100;
        j = ( n / 10 ) % 10 ;
        k = n % 10 ;
        if ( n== i*i*i + j*j*j + k*k*k )
        printf("%d = %d^3 + %d^3 + %d^3\n",n,i,j,k);
    }
}
```

运行结果：

```
153 = 1^3 + 5^3 + 3^3
370 = 3^3 + 7^3 + 0^3
371 = 3^3 + 7^3 + 1^3
407 = 4^3 + 0^3 + 7^3
```

分析：本题采用了"穷举法"，即把所有的三位正整数 100～999 按题意一一进行判断，如果一个三位正整数 n 的百位、十位、个位上的数字分别为 i、j、k，则判断式为：

$n=i^3+j^3+k^3$

求解三位数 n 的百位、十位、个位：

百位：i=n/100;

十位：j=(n/10)%10;

个位：k=n%10。

4.2　循环的嵌套

在一个循环体内又完整地包含另一个循环，称为循环的嵌套。

C 语言中的三种循环语句（while、do-while、for）可以互相嵌套。在使用相互嵌套时，被嵌套的一定是一个完整的循环结构，两个循环结构不能相互交叉。要求如下。

1）内外循环不得交叉。

2）不允许从外循环转入内循环体，但允许从内循环转到外循环体。

3）每一层循环的循环变量名不能相同。

例 4.7　用如下格式输出九九乘法表。

*	1	2	3	4	5	6	7	8	9
1	1	2	3	4	5	6	7	8	9
2		4	6	8	10	12	14	16	18

3		9	12	15	18	21	24	27
4			16	20	24	28	32	36
5				25	30	35	40	45
6					36	42	48	54
7						49	56	63
8							64	72
9								81

```c
#include <stdio.h>
void main()
{
    int   i,j;
    /* 显示表头 */
    printf ("%4c", '*');
    for ( i=1; i<=9 ; ++i )
    printf ("%4d", i );
    printf ( "\n" );
    /* 显示表体 */
    for ( i=1; i<=9 ; ++i )
    {
        printf ("%4d", i );
        for ( j=1; j<=9 ; ++j )
        if ( j>= i )
        printf ("%4d", i * j );
        else
        printf ("    ");
        printf ( "\n" );
    }
}
```

分析：根据题目要求的输出格式，整个表分为表头（顶行）和表体（1～9 行）两部分，表体是二维结构，因而输出表体部分要用二重循环。

例4.8 输入 5 名学生 6 门课程的成绩，分别统计出每个学生 6 门课程的平均成绩。

```c
#define   N   5
#define   M   6
#include"stdio.h"
main()
{
    int   i,j;
    float   g,sum,ave;
    for ( i=1; i<=N ;i++ )
    {
        sum=0;
        for ( j=1; j<=M ;j++ )
```

```
        {
            scanf ("%f",&g);
            sum=sum+g;
        }
        ave=sum/M;
        printf ("No.%d    ave=%5.2f\n", i, ave );
    }
}
```

运行结果：

```
    60   65   70   75   80   85 ↙
    No.1   ave=72.50
    65   70   75   80   85   90 ↙
    No.2   ave=77.50
    70   75   80   85   90   95 ↙
    No.3   ave=82.50
    75   80   85   90   95   97 ↙
    No.4   ave=87.00
    80   85   90   95   97   99 ↙
    No.5   ave=91.00
```

分析：程序中需要用双重循环来处理。外层循环：每循环一次，输入一名学生的 6 门课程的成绩，并求出该学生的平均成绩，然后输出该学生的全部数据，外循环执行 5 次，可处理 5 名学生的数据。内层循环：读入第 i 位学生的 6 门成绩，并进行累加。

4.3 break 语句和 continue 语句

4.3.1 用 break 语句提前终止循环

在第 3 章的 switch 结构中，我们用 break 语句跳出结构去执行 switch 语句的下一条语句。实际上，break 语句也可以用来从循环体中跳出，终止最内层循环，即从包含它的最内层循环语句（while，do-while，for）中退出，执行包含它的循环语句的下面一条语句。常常和 if 语句配合使用。

例如：

```
for (i=1;i<100;i++)
    if (i>100)   break;      /*当变量 i>100 时退出循环*/
```

break 语句不能用于循环语句和 switch 语句之外的任何其他语句中。

例 4.9 求 3 到 100 之间的所有素数。

```
#include "stdio.h"
void main()
{
    int i,j;
```

```
        for (i=3;i<=100;i++)
        {
         for (j=2;j<=i-1;j++)
         if (i%j==0)break;
         if (i==j)
         printf("%4d",i);
        }
        printf("\n");
    }
```

运行结果:

```
 3    5    7    11    13    17    19    23    29
31   37   41   43    47    53    59    61    67    71
73   79   83   89    97
```

例 4.10 计算 r=1 到 r=10 时的圆面积,直到面积 area 大于 100 为止。

```
#define  PI  3.1415926
#include "stdio.h"
main()
{
    int r;
    float area;
    for (r=1; r<=10; r++)
    {
     area=PI*r*r;
     if (area>100)
     break;
     printf ("r: %d area is: %f\n", r, area);
    }
}
```

运行结果:

```
r: 1 area is: 3.141593
r: 2 area is: 12.566370
r: 3 area is: 28.274334
r: 4 area is: 50.265480
r: 5 area is: 78.539818
```

4.3.2 用 continue 语句提前结束本次循环

与 break 语句退出循环不同的是,continue 语句只结束本次循环,接着进行下一次循环的判断,如果满足循环条件,继续循环,否则退出循环。

continue 语句的作用是跳过循环本中剩余的语句而强行执行下一次循环。continue 语句只用在 for、while、do-while 等循环体中,常与 if 条件语句一起使用,用来加速循环。

例 4.11 求 100~200 之间的不能被 3 整除的数。

```c
#include "stdio.h"
main()
{
    int n;
    for(n=100;n<=200;n++)
    {
        if(n%3==0)
        continue;
        printf("%d ",n);
    }
}
```

运行结果:

```
100  101  103  104  106  107  109  110  112  113
115  116  118  119  121  122  124  125  127  128
130  131  133  134  136  137  139  140  142  143
145  146  148  149  151  152  154  155  157  158
160  161  163  164  166  167  169  170  172  173
175  176  178  179  181  182  184  185  187  188
190  191  193  194  196  197  199  200
```

例 4.12 输入 10 个整数,输出其中的正整数的个数及平均值。

```c
#include <stdio.h>
main()
{
    int a, i, k, x;
    printf(" input 10 numbers:\n");
    for ( a=0,i=0,k=0; i<10; ++i )
    {
     scanf("%d",&x );
     if (x<=0)
     continue;
     else{
     a+=x;
     ++k;
     }
    }
    if (k)
    printf ("numbers=%d , average =%f \n", k , 1.0*a/k );
}
```

运行结果:

```
input 10 numbers:
10  -20  -30  40  -50  60  70  80  90   -100  ↙
```

numbers= 6, average = 58.333333

注意 1.0*a/k 中 a 与 k 均为整数，1.0 的作用是使整数除运算变成实数除运算。

例4.13 输入任意一个大于或等于 2 的整数 n，判断该数是否为素数，并输出相应的结果。

```
#include <stdio.h>
#include <math.h>
main()
{
    int n,i,k,r;
    printf ("input n:\n");
    scanf("%d",&n);
    if (n= =2)
    printf ("2 is a prime\n");
    else if (n>2)
    {
     i=1;
     k=sqrt (n);
     do
     {
      ++i;
      r=n%i;
     }
     while (r && i<=k);
     if (r)
     printf ("%d is a prime\n",n);
     else
     printf ("%d isn't a prime\n",n);
    }
}
```

运行结果：

19 ✓

19 is a prime

分析： 根据数学定义，一个大于 2 的整数 n，如果除 1 和 n 外，不能被任何数整除（即 n 不含 1 和 n 以外的任何因子），则 n 是素数；此外，整数 2 不符合上述定义，但规定 2 是最小素数。为了确定 n 是否含有 1 和 n 以外的因子，只需用 2～n（也可以用 2～n–1）作除数除 n。如果均不能整除 n，则 n 是素数；否则（只要发现一个因子）n 不是素数。显然，用 2 至 n 作除数时所做的除法次数，比用 2 至 n–1 作除数时少得多。

例4.14 有以下程序：（2009 年 9 月全国计算机等级考试二级 C 试题填空题 10 题）

```
#include <stdio.h>
main()
{
    int f,f1,f2,i;
    f1=0;f2=1;
```

```
        printf("%d %d",f1，f2);
        for(i=3;i<=5;i++)
        { f=f1+f2;
        printf("%d",f);
         f1=f2;
          f2=f;
        }
        printf("\n");
    }
```

程序运行后的输出结果是_____。

分析：执行第一个输出语句时输出 0 1，然后执行 for 循环，总共循环 3 次，第一次输出 1（0+1），第二次输出 2（1+1），第三次输出 3（1+2）。所以输出结果为 0 1123。

说明：

① 填写答案时要注意输出格式对应。

② 本题和 Fibonacci 数列结构类似，Fibonacci 数列具有如下特点：第 1、2 个数为 1、1，从第 3 个数开始，该数是其前两个数之和，可采取 for 循环形式求该数列。

例 4.15 求两整数的最大公约数和最小公倍数。

```
#include <stdio.h>
main()
{
    int m,n,a,b,t,c;
    printf("Input two integer numbers:\n");
    scanf("%d%d",&a,&b);
    m=a;n=b;
    c=a%b;
    while(c!=0)    { a=b; b=c; c=a%b; }
    printf("The largest common divisor:%d\n",b);
    printf("The least common multiple:%d\n",m*n/b);
}
```

运行结果：

```
Input two integer numbers:
318 648
The largest common divisor:6
The least common multiple:34344
```

分析：求最大公约数算法：有两整数 a 和 b：①a%b 得余数 c；②若 c=0，则 b 即为两数的最大公约数；③若 c≠0，则 a=b，b=c，再回去执行①。例如求 27 和 15 的最大公约数的过程为：

27÷15　余　12　　　15÷12　余　3　　　12÷3　余　0

因此，3 即为最大公约数。

求最小公倍数算法：最小公倍数=两整数的乘积÷最大公约数

例 4.16 计算 s=11+22+33+…+nn，n 由终端输入。

```
#include <stdio.h>
main ()
```

```
{
    int   i, j, n;
    long   s, term;
    printf ("input n：\n");
    scanf ("%d",&n );
    for (s=0, i=1; i<=n; ++i)
    {
     term=1;
     j=1;
     do
     term = term * i;
     while (++j<=i)
     s=s+term;
    }
    printf ("s=%ld\n", s);
}
```

运行结果：

    input n:
    5 ✓
    s=3413

分析： 设每一项的底用整型变量 i 表示，i 从 1 开始每次增 1 直至 n。考虑到处溢出，ii 及各项之和分别用长整型 term 和 s 表示。计算 term 是用循环对同一个 i 累乘 i 次；计算 s 也是用循环对每个 term 累加 n 次；且计算 term 循环是嵌套在计算 s 循环体内的。

例4.17 输入一个字母，在屏幕正中输出由这个字母决定其高度的字符"金字塔"。例如，输入小写字母 d，则输出图 4-4 的左边图形，如果输入大写字母 D，则输出图 4-4 的右边图形。

```
        a                      A
      a b a                  A B A
    a b c b a              A B C B A
  a b c d c b a          A B C D C B A
```

图 4-4 例 4.17 完成图

```
# include <stdio.h>
main ()
{
    char   c, c1, c2, top;
    int   i;
    printf (" input a character：\n");
    top= isupper ( c=getchar ( ) )? 'A': ( islower (c) ? 'a':  '\0');
    if (top)
    {
      for (c1=top; c1<=c; ++c1)
      {
        for (i=1; i<=40-2*(c1-top); ++i )
        putchar ( ' ');
```

```
        for (c2=top ; c2<=c1; ++c2 )
        printf ("%2c", c2 );
        for (c2=c1-1 ; c2>=top; --c2 )
        printf ("%2c", c2 );
        printf (" \n" );
        }
      }
    }
```

分析：根据题意，要输出的图形是由行、列组成的二维图形。设输入字符用变量 c1 记录，则图形高度（即行数）为 c1-'a'或 c1-'A'。如果 c1 是小写字母，则输出图形由小写字母组成，如果 c1 是大写字母，则输出图形由大写字母组成，如果 c1 为非字母，则无输出。输出图形的过程是一个二重循环，外循环控制行数，外循环每执行一次输出一行。外循环语句包含了三个并列的内循环，分别完成一行中的左边空格、前半段字符、后半段字符和换行符的输出。

4.4 习题

一、基础知识题

1. 以下程序段中的变量已正确定义：（2009 年 3 月全国计算机等级考试二级 C 试题选择题 20 题）

```
for(i=0; i<4; i++, j++)
for(k=1; k<3; k++) printf("*");
```

程序段的输出结果是（　　）。

A. ********　　　B. ****　　　　　C. **　　　　　D. *

2. 设变量已正确定义，以下不能统计出一行中输入字符个数（不包含回车符）的程序段是（　　）。（2009 年 3 月全国计算机等级考试二级 C 试题选择题 22 题）

A. n=0; while((ch=getchar())!='\n')n++;

B. n=0; while(getchar()!='\n')n++;

C. for(n=0; getchar()!='\n'; n++);

D. n=0; for(ch=getchar(); ch!='\n'; n++);

3. 有以下程序：（2009 年 9 月全国计算机等级考试二级 C 试题选择题 18 题）

```
#include <stdio.h>
main()
{
    int c=0，k;
    for (k=1; k<3; k++)
    switch (k)
    {
    default: c+=k;
    case 2: c++; break;
    case 4: c+=2; break;
```

```
    }
    printf("%d\n"，c);
}
```

程序运行后的输出结果是（　　　）。

　　A. 3　　　　　　B. 5　　　　　　C. 7　　　　　D. 9

4. 有以下程序：（2009年9月全国计算机等级考试二级C试题选择题21题）

```
#include <stdio.h>
main()
{ int n=2，k=0;
  while(k++&&n++>2);
  printf("%d %d\n"，k，n);
}
```

程序运行后的输出结果是（　　　）。

　　A. 0 2　　　　　B. 1 3　　　　　C. 5 7　　　　　D. 1 2

5. 有以下程序：（2010年3月全国计算机等级考试二级C试题选择题20题）

```
#include<stdio.h>
main()
{
int i, j, m=1;
      for (i=1；i<3；i++)
        {for (j=3；j>0；j--)
            {
            if ( (i*j) >3) break;
            m=i*j;
            }
        }
  printf ("m=%d\n",m) ;
}
```

程序运行后的输出结果是（　　　）。

　　A. m=6　　　　B. m=2　　　　　C. m=4　　　　　D. m=5

6. 有以下程序：（2010年3月全国计算机等级考试二级C试题选择题21题）

```
#include<stdio.h>
main()
{
   int a＝1, b＝2;
   for (; a<8; a++)  {b+=a;  a+=2; }
   printf（"%d, %d\n", a, b) ;
}
```

程序运行后的输出结果是（　　　）。

　　A. 9，18　　　B. 8，11　　　　　C. 7，11　　　　D. 10，14

7. 有以下程序：（2010年9月全国计算机等级考试二级C试题选择题20题）

```
#include＜stdio. h＞
 main()
 {
int a=1, b=2;
  while (a<6)   {b+=a; a+=2; b%=10; }
  printf ("%d, %d\n", a, b) ;
 }
```
程序运行后的输出结果是（   ）。

    A．5，11   B．7，1   C．7，11   D．6，1

8．有以下程序（2010年9月全国计算机等级考试二级C试题选择题21题）
```
#include<stdio. h>
 main()
 {
int y=10;
  while (y--) ;
  printf ("y=%d\n", y) ;
      }
```
程序执行后的输出结果是（   ）。

    A．y=0   B．y=-1   C．y=1   D．while构成无限循环

9．有以下程序（2011年3月全国计算机等级考试二级C试题选择题19题）
```
#include<stdio.h>
main()
{ int s;
  scanf("%d", &s) ;
  while(s>0)
   { switch(s)
        {
            case1: printf("%d", s+5) ;
            case2: printf("%d", s+4) ; break ;
            case3: printf("%d", s+3) ;
            default: printf("%d", s+1) ; break ;
        }
       scanf("%d" , &s) ;
   }
}
```
运行时，若输入1 2 3 4 5 0<回车>，则输出结果是（   ）。

A．6566456   B．66656   C．66666   D．6666656

10．有以下程序段（2011年3月全国计算机等级考试二级C试题选择题20题）
```
main()
{ int i, n;
for(i=0; i<8; i++)
{ n=rand()%5;
```

```
switch (n)
    { case 1:
      case 3: printf("%d\n", n); break;
      case 2:
      case 4: printf("%d\n", n); continue;
      case 0: exit(0);
    }
    printf("%d\n", n);
}
```

以下关于程序段执行情况的叙述，正确的是（　　　　）。

　　A. for 循环语句固定执行 8 次

　　B. 当产生的随机数 n 为 4 时结束循环操作

　　C. 当产生的随机数 n 为 1 和 2 时不做任何操作

　　D. 当产生的随机数 n 为 0 时结束程序运行

11. 若 i 和 k 都是 int 类型变量，有以下 for 语句：（2011 年 3 月全国计算机等级考试二级 C 试题选择题 22 题）

```
for(i=0, k=-1; k=1; k++)
printf("*****\n");
```

下面关于语句执行情况的叙述中正确的是（　　　　）。

　　A. 循环体执行两次　　　　　　　B. 循环体执行一次

　　C. 循环体一次也不执行　　　　　D. 构成无限循环

12. 有以下程序（2011 年 3 月全国计算机等级考试二级 C 试题选择题 23 题）

```
#include <stdio.h>
main()
{ char b, c; int i;
        b='a'; c='A';
    for(i=0; <6; i++)
      { if(i%2)  putchar(i+b);
        else putchar(i+c);
      }
    printf("\n");
}
```

程序运行后的输出结果是（　　　　）。

　　A. ABCDEF　　　B. AbCdEf　　　　C. aBcDeF　　　D. abcdef

13. 有以下程序段：（2011 年 3 月全国计算机等级考试二级 C 试题选择题 26 题）

```
#include<stdio.h>
main()
{ ...
  while( getchar()!='\n');
        ...
}
```

以下叙述中正确的是（　　　　）

    A. 此 while 语句将无限循环

    B. getchar()不可以出现在 while 语句的条件表达式中

    C. 当执行此 while 语句时，只有按回车键，程序才能继续执行

    D. 当执行此 while 语句时，按任意键，程序就能继续执行

14. 有以下程序：（2011年9月全国计算机等级考试二级C试题选择题20题）

```
#include<stdio.h>
main()
{
int a=7;
  while(a—);
  printf("%d\n", a);
}
```

程序运行后的输出结果是（　　　　）。

    A. −1   B. 0   C. 1   D. 7

15. 有以下程序（2009年3月全国计算机等级考试二级C试题填空题8题）

```
#include <stdio.h>
main()
{
char c1, c2;
  scanf("%c", &c1);
  while(c1<65||c1>90)    scanf("%c", &c1);
  c2=c1+32;
  printf("%c, %c\n", c1, c2);
}
```

程序运行输入65回车后，能否输出结果，结束运行（请回答能或不能）_____。

16. 以下程序运行后的输出结果是_____。（2009年3月全国计算机等级考试二级C试题填空题9题）

```
#include <stdio.h>
main()
{ int k=1, s=0;
  do
  {
  if((k%2)!=0)    continue;
  s+=k; k++;
  }
  while(k>10);
  printf("s=%d\n", s);
}
```

17. 下列程序运行时，若输入 labcedf2df<回车>，输出结果为_____。（2009年3月全国计算机等级考试二级C试题填空题10题）

```
#include <stdio.h>
```

```
main()
{ char a=0, ch;
        while((ch=getch())!='\n')
   {   if(a%2!=0&&(ch>='a'&&ch<='z'))
        ch=ch-'a'+'A';
        a++; putchar(ch);
   }
    printf("\n");
}
```

18. 以下程序运行后的输出结果是_____。（2009年9月全国计算机等级考试二级C试题填空题9题）

```
#include <stdio.h>
main()
{ int a=1, b=7;
  do
    {
            b=b/2; a+=b;
    }
  while (b>1);
  printf("%d\n", a);
}
```

19. 有以下程序（2010年3月全国计算机等级考试二级C试题填空题8题）

```
#include <stdio.h>
main()
{ int m, n;
 scanf ("%d%d", &m, &n) ;
 while (m!=n)
      { while (m>n) m=m-n;
      while (m<n) n=n-m;
      }
      printf ("%d\n", m);
}
```

程序运行后，当输入14 63<回车>时，输出结果是_____。

20. 以下程序运行后的输出结果是_____。（2011年9月全国计算机等级考试二级C试题填空题8题）

```
#include<stdio.h>
main()
{
int i, j;
for(i=6; i>3; i—)    j=i;
printf("%d%d\n", i, j);
}
```

二、编程题

1. 输入一行字符，分别统计出其中英文字母、空格、数字和其他字符的个数。

2. 求 Fibonacci 数列的前 20 个数。这个数列的特点：第 1、2 两个数为 1、1，从第 3 个数开始，该数是其前面两个数之和。要求每行输出 4 个数。

3. 一个数如果恰好等于它的因子之和，这个数就称为"完数"。如 6 的因子为 1，2，3，而 6=1+2+3，因此 6 是"完数"。试求出 1000 之内的所有完数，并按下列格式输出：

6 its factor are 1，2，3

第5章 函　　数

学习目标　本章主要介绍库函数的使用、函数的定义和调用方法，然后介绍变量的作用域和存储方式，最后讲解内部函数和外部函数的概念。通过本章的学习，需要掌握函数的声明、定义、调用和参数传递，理解函数的递归调用过程，理解变量的作用域和生存期的概念，了解内部函数和外部函数的概念。

组装计算机时，人们会事先生产好各种部件（如电源、主板、硬盘驱动器、风扇等），在最后组装计算机时，用什么部件就调用什么部件，然后直接装上就可以了。

程序设计中也是如此，当程序的功能比较多，如果把所有的程序代码都写在一个主函数（main 函数）中，就会使主函数变得繁杂、冗长，使阅读和维护程序变得十分困难，因此我们往往会"生产"一些"部件"来分担主函数的工作，即事先编好一批常用的函数来实现各种不同的功能，这就是模块化的程序设计思路。图 5-1 是一个程序中函数调用的示意图。

例如：sqrt 函数用来求一个数的平方根，strlen 函数用来求一个字符串中字符的个数，把它们保存在函数库中，这些称为库函数。再比如，有的程序中要反复实现某一功能（例如打印欢迎信息、操作菜单等），就需要编写能实现这些功能的用户自定义函数，以减少重复编写程序段的工作量。图 5-2 是从用户角度对函数的分类。

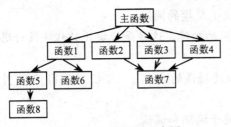

图 5-1　函数调用示意图

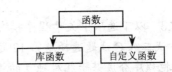

图 5-2　从用户角度对函数的分类

模块化的程序必须有一个且仅有一个以 main 为名的主函数，无论 main 函数位于程序的什么位置，程序都从这个主函数开始执行。函数与函数之间是相互独立的，主函数可以调用其他函数，但其他函数不能调用主函数。主函数外的其他函数可以相互调用，它们之间没有从属关系，也不能嵌套定义。

例5.1　输入两个整数，计算它们的和并输出运算结果。

```
#include <stdio.h>
void main()
{
    int add(int x,int y);        //声明 add 函数
```

```
        int a,b,sum;
        printf("请输入两个整数:\n");
        scanf("%d,%d",&a,&b);
        sum=add(a,b);                    //调用 add 函数
        printf("两数之和:sum=%d\n",sum);
    }
    int add(int x,int y)                 //定义 add 函数，完成求和运算
    {
        int s;
        s=x+y;
        return s;
    }
```

运行结果:

    请输入两个整数:
    8,7
    两数之和:sum=15

在例 5.1 中 add 函数是用户自定义函数，它在 main 主函数后面定义，这种情况下，应当在 main 函数之前或 main 函数的开头部分，对 add 函数进行"声明"。关于函数声明，将在 5.2.4 中详细介绍。主函数在执行过程中调用了 add 函数，实现求和运算。

例 5.2 以下关于结构化程序设计的叙述中正确的是（　　）。（2010 年 9 月全国计算机等级考试二级 C 试题选择题第 11 题)

A. 一个结构化程序必须同时由顺序、分支、循环三种结构组成

B. 结构化程序使用 goto 语句会很便捷

C. 在 C 语言中，程序的模块化是利用函数实现的

D. 由三种基本结构构成的程序只能解决小规模的问题

分析： 程序通过多个函数来实现各种不同的功能，这就是模块化的程序设计思路。正确的是 C。

例 5.3 以下选项中关于程序模块化得叙述错误的是（　　）。（2011 年 9 月全国计算机等级考试二级 C 试题选择题第 12 题）

A. 把程序分成若干相对独立的模块可便于编码和调试

B. 把程序分成若干相对独立，功能单一的模块，可便于重复使用这些模块

C. 可采用自底向上、逐步细化的设计方法把若干独立模块组装成所要求的程序

D. 可采用自顶向下、逐步细化的设计方法把若干独立模块组装成所要求的程序

分析： 程序模块化的设计方法是自顶而下、逐步细化。所以上述表述中错误的是 C。

5.1　库函数

5.1.1　标准库函数

标准库函数是由系统提供的，用户不必自己定义而直接使用它们，只需在程序前包含该

函数定义的头文件。

必须掌握或熟悉的库函数如下。

1）数学函数（头文件math.h）：abs()、fabs()、sin()、cos()、tan()、asin()、acos()、atan()、exp()、sqrt()、pow()、fmod()、log()、log10()。

2）字符串处理函数（头文件string.h）：strcmp()、strcpy()、strcat()、strlen()。

3）字符处理函数（头文件ctype.h）：isalpha()、isdigit()、islower()、isupper()、isspace()。

4）输入输出函数（头文件stdio.h）：getchar()、putchar()、gets()、puts()、fopen()、fclose()、fprintf()、fscanf()、fgetc()、fputc()、fgets()、fputs()、feof()、rewind()、fread()、fwrite()、fseek()。

5）动态存储分配函数（头文件stdlib.h）：malloc()、calloc()、realloc()、free()。

以上库函数部分会在相关章节中加以解释，其余请参看本书附录4。

5.1.2 include 命令行

在程序中调用库函数时，由于库函数并不是由用户在本文件中定义的，而是存放在函数库中的，因此要将调用库函数时所需的信息包含在#include 指令指定的"头文件"中。

格式：#include <文件名>

功能： 尖括号中的文件名即库函数的文件了，一般存在于编译器目录下面，在计算机中搜索"*.h"，就会找到库函数的文件了。将库函数包含到当前的程序内，将指定的文件与当前的源程序组成一个文件。

例5.4 输出 1 到 10 数字的平方根和立方值。

```
#include <stdio.h>
#include <math.h>
void main()
{
    int x=1;
    double squareroot , power;
    while(x <= 10)
    {
        squareroot=sqrt(x);              //调用 sqrt 平方根函数
        power=pow(x,3);                  //调用 pow 函数求 x 的立方
        printf("%d 的平方根:%3.2f\t%d 的立方:%5.0f\n",
                    x,squareroot,x,power);
        x++;
    }
}
```

运行结果：

```
1 的平方根:1.00    1 的立方:1
2 的平方根:1.41    2 的立方:8
3 的平方根:1.73    3 的立方:27
4 的平方根:2.00    4 的立方:64
5 的平方根:2.24    5 的立方:125
6 的平方根:2.45    6 的立方:216
```

7 的平方根:2.65　7 的立方:343
8 的平方根:2.83　8 的立方:512
9 的平方根:3.00　9 的立方:729
10 的平方根:3.16　10 的立方: 1000

例 5.5　用程序实现大小写字母转换。

```
#include<stdio.h>
#include<ctype.h>
void main()
{
    char msg1,msg2,toupper,tolower;
    printf("请输入一个小写字母：");
    msg1=getchar();
    toupper=toupper(msg1);          //调用 toupper 函数把小写转换为大写
    printf("转换为大写：%c\n",toupper);
    printf("请输入一个大写字母：");
    msg2=getchar();
    tolower=tolower(msg2);          //调用 tolower 函数把大写转换为小写
    printf("转换为小写：%c\n",tolower);
}
```

运行结果：

　　　请输入一个小写字母：r
　　　转换为大写：R
　　　请输入一个大写字母：Q
　　　转换为小写：q

说明：

①包含命令中的文件名可用尖括号括起来，也可用双引号括起来。

②当头文件名用双引号括起来时，系统首先在使用此命令的文件所在的目录中查找被包含的文件，找不到时，再按系统指定的标准方式检索其他目录；当头文件名用尖括号括起来时，则直接按系统指定的标准检索方式查找被包含的文件。

③一个 include 命令只能指定一个被包含文件,若有多个文件要包含,则须用多个 include 命令。

④文件包含允许嵌套，即在一个被包含的文件中又可以包含另一个文件。

注意　　include 命令行结尾不能加分号。

5.2 函数定义和调用

5.2.1 函数定义的语法

C 语言要求，在程序中使用的函数，必须"先定义，后使用"。程序设计者需要在程序中自己定义想用的而库函数并没有提供的函数，指定函数名字、函数返回值类型、函数实现的功能以及参数的个数与类型，将这些信息通知编译系统。

1．定义无参函数

无参函数是指函数名后面的括号是空的，没有任何参数。无参函数可以带回或不带回函数值，一般用来执行指定的一组操作。

格式：类型名　函数名()

```
    {
        函数体
    }
```

例如，函数 getchar()就是无参函数，它带回的函数返回值就是键盘输入的字符。

2．定义有参函数

在调用函数时，主调函数在调用被调用函数时，通过参数向被调用函数传递数据，一般情况下，执行被调用函数时会得到一个函数值，供主调函数使用。

格式：类型名 函数名（形式参数表列）

```
    {
        函数体
    }
```

例 5.6　编写求两个整数较大者的函数。

```
int max(int x,int y)
{
    int z ;
    z=x>y ? x :y ;
    return (z) ;
}
```

分析：这是一个函数定义的例子，int max(int x,int y)是函数的首部。int 是类型名，说明函数返回一个 int 类型的值；max 是函数名，是用户命名的标志符；函数名后面的括号里是形式参数表列（形参），这里有 x 和 y 两个，它们的类型是 int，注意形参要逐个定义，各形参之间用逗号分开。

max 函数首部之后的"{ }"内是函数体。函数体中的语句用来完成函数的功能，即求出 x 和 y 中较大的数，并用 return 语句返回函数值。如果函数无返回值，用户在定义此类函数时可指定它的类型为"空类型"，空类型的说明符为"void"。

函数体内可以为空，我们称为空函数，例如：

```
void dummy() {   }
```

这是一个什么都不做的函数，一般在程序中作为一个虚设的部分存在。

5.2.2 函数的返回值

通常，函数调用的目的是使主调函数获得一个确定的值，即函数的返回值。例如，我们在前面介绍的调用语句中有：

```
c=max(a,b);
```

这就是调用函数 max(a,b)，函数执行后返回一个函数值，并把值赋给变量 c。

函数的返回值是通过函数中的 return 语句获得的。如果需要从被调用函数带回一个函数值，则被调用函数中必须包含 return 语句。

对于函数的返回值有如下说明。

1）一个函数中可以有一个以上的return语句，但被执行的只有一个，即返回值只有一个，执行到哪一个return语句，哪一个return语句就起作用。

2）return语句的形式可以是：

return表达式;或return(表达式);或return;

例如：return(x>y? x:y);

3）函数返回值的类型，应当是定义函数时指定的函数类型。例如函数定义为：

```
float add(float x,float y)
{
    return (x+y);
}
```

函数类型为 float，则通过 return 语句返回的值类型也应为 float。如果函数类型和 return 语句中表达式的值类型不一致，则以函数类型为准。

4）对于不带回值的函数，定义函数为void类型。此时在函数体中不得出现return语句。

例5.7 以下关于 return 语句的叙述中正确的是（　　　）。（2010 年 3 月全国计算机等级考试二级 C 试题选择题第 24 题）

A. 一个自定义函数中必须有一条 return 语句

B. 一个自定义函数中可以根据不同情况设置多条 return 语句

C. 定义成 void 类型的函数中可以有带返回值的 return 语句

D. 没有 return 语句的自定义函数在执行结束时不能返回到调用处

分析：按照 return 语句的特点，正确的是 B。

5.2.3 函数调用形式

定义函数的目的是为了调用此函数，以实现所需的操作。

1. 函数调用

函数调用的一般形式：

格式：函数名(实际参数表)

说明：

① 对无参函数调用时无实际参数表，但括号不能省略。

② 实际参数表中的参数可以是常数、变量或其他构造类型数据及表达式。

③ 如果包含多个实参，则各参数间用逗号隔开。

例如：

```
m=getchar();        //调用无参函数
c=max(a,b);         //调用有参函数
```

2．函数调用的方式

按函数调用在程序中出现的形式和位置来分，可以用以下几种方式调用函数。

（1）函数表达式

函数调用出现在另一个表达式中，用函数的返回值参与表达式的运算。这种方式要求函数是有返回值的。例如：

c=max(a,b);

这是一个赋值表达式，把函数 max(a,b)的返回值赋予变量 c。

（2）函数调用语句

函数调用的一般形式加上分号即构成一个单独的语句。

例如：

printf("%d",a);

scanf("%d",&b);

（3）函数参数

函数调用作为另一个函数的实参。例如：

m=max(a,max(b,c));

其中 max(b,c)是一次函数调用，它的值作为 max()另一次调用的实参。经过赋值后，m的值是 a，b，c 三者中最大者。

例 5.8 有以下程序：（2009 年 9 月全国计算机等级考试二级 C 试题选择题第 24 题）

```c
#include <stdio.h>
void fun(int p)
{
    int d=2;
    p=d++;    printf("%d",p);
}
main()
{
    int a=1;
    fun(a);    printf("%d\n",a);
}
```

程序运行后的输出结果是（   ）。

A．3 2   B．1 2   C．2 1   D．2 2

分析：main()调用 fun()，将实参 a 的值，复制一份传递给形参 p，因此 p 也等于 1；fun()函数体内执行了 p=d++，自增运算符在 d 的后面，先取值后加 1，则 p=2，d=3，第一个打印结果为 2；函数调用结束，形参不影响实参的值，因此实参 a 保持原值，第 2 个打印结果为 1，选 C。

例 5.9 有以下函数：（2011 年 3 月全国计算机等级考试二级 C 试题填空题第 9 题）

```c
void prt(char ch,int n)
{  int i;
   for(i=1;i<=n;i++)
       printf(i%6!=0?"%c":"%c\n",ch);
}
```

执行调用语句 prt('*',24);后，函数共输出了_____行*号。

分析：调用语句 prt('*',24);传递参数，ch值为'*'，n值为24，所以for循环从1到24。而printf语句其实是一个条件语句，首先判断i%6!=0，如果i的值不能被6整除，则相当于执行printf("%c",ch)。如果i的值能被6整除，则相当于执行printf("%c\n",ch); ，那么，从1~24，只有4次被6整除，所以共换行4次，即函数共输出了 4 行*号。

5.2.4 函数说明

一般情况下，在使用用户自定义函数，并且被调函数与主调函数在同一个程序文件中时，应在主调函数中对被调函数作函数说明。函数说明的作用是向编译系统声明将要调用此函数，并将有关信息通知编译系统。

函数说明的一般形式：

格式：类型名 函数名(形式参数表列);

例如：int add(int x,int y);

或者   int add(int,int) ;

以上两种形式都可。第二种形式省略了参数名，因为编译系统不检查参数名，所以参数名可有可无。

例 5.10 输入两个整数，输出其中较大者。要求用函数来实现。

```c
#include <stdio.h>
void main()
{
    int max(int x,int y);          //在 main 中对 max 的函数说明
    int a,b,c;
    printf("请输入两个整数：");
    scanf("%d,%d",&a,&b);
    c=max(a,b);                    //调用 max 函数
    printf("较大的数是：%d\n",c);
}
int max(int x,int y)               //定义 max 函数
{
    int z;
    z=x>y? x:y;
    return z;
}
```

运行结果：

请输入两个整数：7,8
较大的数是：8

注意 函数说明与函数定义不是同一回事。函数定义是指对函数功能的确立，包括指定函数名、函数值类型、形参、函数体等，是一个完整的、独立的函数单位。而函数说明则是把函数名、函数值类型、形参类型、形参个数、形参顺序通知编译系统。在格式上，函数说明如 int max(int x,int y);后面多一个分号。

C语言在以下几种情况下时，可以省略函数说明。

1）当被调函数的函数定义出现在主调函数之前时，在主调函数中可以不对被调函数进行说明而直接调用。

2）如果在所有函数定义之前，即文件开头，已对各个函数进行了说明（称为外部声明），则在后面的主调函数中，可不再对被调函数作说明。

3）对库函数的调用不需要作说明，只需把该函数的头文件用include命令包含在源文件前面。

5.2.5 调用函数与被调用函数之间的数据传递

函数参数分为形式参数和实际参数，函数定义时出现的是形式参数。当主调函数调用有参函数时，调用语句中出现的是实际参数。形式参数和实际参数的功能是作数据传递。函数调用时，主调函数把实际参数的值传送给被调函数的形式参数，从而实现主调函数向被调函数的数据传递。实际参数与形式参数个数应相等，类型应一致。传递参数时，实际参数与形式参数按顺序对应，一一传递数据。

例5.11 有以下程序：（2009年3月全国计算机等级考试二级C试题选择题第24题）

```c
#include <stdio.h>
int f(int x,int y)
{
    return ((y-x)*x);
}
    main()
{
    int a=3,b=4,c=5,d;
    d=f(f(a,b),f(a,c));
    printf("%d\n",d);
}
```

程序运行后的输出结果是（   ）。

A. 10   B. 9   C. 8   D. 7

分析：main()调用 f 函数，实参是函数 f(a,b)和 f(a,c)的返回值，所以首先求 f(a,b)和 f(a,c)的函数值，f(a,b)又是将 a,b 作为实参传递给函数形参，返回函数值3；同样，f(a,c)返回函数值6；继续计算函数 f(3,6)，获得函数返回值9，赋值给变量 d。选 B。

例5.12 有以下程序：（2011年3月全国计算机等级考试二级C试题选择题第33题）

```c
#include <stdio.h>
int fun(int x,int y)
{
    if(x!=y) return ((x+y)/2);
    else    return (x);
}
main()
```

```
{
    int a=4,b=5,c=6;
    printf("%d\n",fun(2*a,fun(b,c)));
}
```

程序运行后的输出结果是（　　）。

    A．3   B．6   C．8   D．12

分析： 要输出 fun(2*a,fun(b,c)) 的值，首先求 fun(b,c) 的函数值，b、c 作为实参传递给函数形参，返回函数值 5，注意 fun 函数的类型定义为 int，所以返回值取整；继续计算函数 fun(8,5)，获得函数返回值 6。选 B。

例 5.13 有以下程序：（2011 年 9 月全国计算机等级考试二级 C 试题选择题第 24 题）

```
#include <stdio.h>
double f(double x);
main()
{   double a=0;
    int i;
    for(i=0;i<30;i+=10) a+=f((double)i);
    printf("%5.0f\n",a);
}
double f(double x) {return x*x+1;}
```

程序运行后的输出结果是（　　）。

    A．503   B．401   C．500   D．1404

分析： 本题通过 for 循环 3 次调用 f 函数。第 1 次调用 i=0，函数返回 1，则 a=1；第 2 次调用 i=10，函数返回 101，则 a=102；第 3 次调用 i=20，函数返回 401，则 a=503；循环条件已不成立，所以循环结束。选 A。

说明：

①形参变量只有在被调用时才分配内存单元，在调用结束时，即刻释放所分配的内存单元。因此，形参只有在函数内部有效。

②实参可以是常量、变量、表达式、函数等，无论实参是何种类型的量，在进行函数调用时，它们都必须具有确定的值，以便把这些值传送给实参。

③函数调用中发生的数据传送是单向的"值传递"。即只能把实参的值传送给形参而不能把形参的值反向地传送给实参。在内存中，形参与实参占用不同的单元，在函数调用时给形参分配存储单元，并将实参对应的值传递给形参，调用结束后形参单元被释放，实参单元仍保留原值。因此在函数调用过程中，形参的值发生变化，而实参中的值不会变化。

5.3 函数的嵌套调用和递归调用

5.3.1 函数的嵌套调用

    C 语言函数的定义是互相独立、互相平行的，函数之间不存在从属关系。一个函数内不能定义另一个函数，即不能嵌套定义，但可以嵌套调用函数，也就是说，在调用一个函数的过程中，又调用另一个函数。函数的嵌套调用过程如图 5-3 所示。

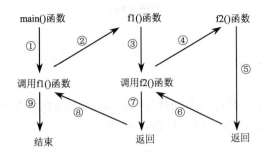

图 5-3 函数的嵌套调用

图 5-3 中所示的是两层嵌套，其执行过程如下。

① 执行 main 函数的开头部分。

② 在 main 函数中调用 f1 函数，程序转到 f1 函数。

③ 执行 f1 函数过程中，调用 f2 函数，程序转到 f2 函数。

④ 在 f2 函数执行完后，程序返回到 f1 函数中调用 f2 函数的位置。

⑤ 继续执行 f1 函数中未执行的部分，执行完后返回到 main 函数调用 f1 函数的位置。

⑥ 继续执行 main 函数直到程序结束。

例 5.14 输入 3 个整数，找出其中最大的数。用函数的嵌套调用来处理。

```c
#include <stdio.h>
void main()
{
    int max3(int a,int b,int c);        //对 max3 的函数说明
    int a,b,c,max;
    printf("请输入 3 个整数：");
    scanf("%d%d%d",&a,&b,&c);
    max=max3(a,b,c);                    //调用 max3 函数，找出 3 个数中最大数
    printf("最大的数是：%d\n",max);
}
int max3(int a,int b,int c)             //定义 max3 函数
{
    int max2(int a,int b);              //对 max2 的函数说明
    int m;
    m=max2(a,b);                        //调用 max2 函数，找出 a、b 中较大者，放在 m 中
    m=max2(m,c);                        //调用 max2 函数，找出 m、c 中较大者，即 3 个数中最大者
    return (m);
}
int max2(int a,int b)                   //定义 max2 函数
{
    if(a>=b)
        return a;                       //若 a 较大，则返回 a
```

```
        else
            return b;                    //否则返回 b
        }
```

运行结果：

  请输入 3 个整数：7 8 5

  最大的数是：8

分析： 从代码可以看到，程序由主函数、max3 函数、max2 函数组成。主函数调用 max3 函数，max3 函数调用 max2 函数，形成嵌套调用。

5.3.2 函数的递归调用

在调用一个函数的过程中又出现直接或间接地调用该函数本身，称为函数的递归调用。C 语言允许函数的递归调用。

在调用函数 f 的过程中，又要调用 f 函数，这是直接递归调用，如图 5-4 所示。

如果在调用 f1 函数过程中又要调用 f2 函数，而在调用 f2 函数过程中又要调用 f1 函数，就是间接递归调用，如图 5-5 所示。

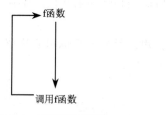
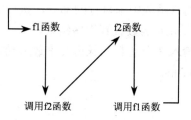

图 5-4　直接递归调用　　　　图 5-5　间接递归调用

可以看到，无论是直接递归调用还是间接递归调用，都会形成无终止的自身调用，这在程序中是不允许的。为了结束递归调用，可以用 if 语句来控制，只有在某一条件成立时才继续执行递归调用，否则就不再继续。

例 5.15 从键盘输入一个正整数 n，用递归方法求 n!。

分析： 由于 n!=n*(n-1)!，所以要计算 n!，就必须先计算(n-1)!，而要知道(n-1)!，必须先计算(n-2)!，以此类推，要求 2!，必须先知道 1!，而 1!=1。以上关系可用下面的递归公式表示：

$$n!=\begin{cases} n!=1 & (n=0,1) \\ n*(n-1)! & (n>1) \end{cases}$$

程序代码如下：

```c
#include <stdio.h>
void main()
{
    int fac(int n);                      //fac 函数声明
    int n;
    int y;
    printf("请输入一个正整数：");
```

```
        scanf("%d",&n);                    //输入要求阶乘的数
        y=fac(n);
        printf("%d!=%d\n",n,y);
    }
    int fac(int n)                         //定义 fac 函数
    {
        int f;
        if(n<0)                            //n 不能小于 0
            printf("n<0,错误!");
        else if(n==0||n==1)                //n=0 或 1 时，n!=1，结束递归
            f=1;
        else f=fac(n-1)*n;                 //n>1 时，n!=n*(n-1)!
        return (f);
    }
```

运行结果:

    请输入一个正整数：5
    5! =120

例5.16 设有如下函数定义:

```
int fun(int k)
{ if(k<1) return 0;
  else if(k==1) return 1;
  else return fun(k-1)+1;
}
```

若执行调用语句: n=fun(3)，则函数 fun 总共被调用的次数是（　　　）。（2011 年 3 月全国计算机等级考试二级 C 试题选择题第 32 题）

A. 2   B. 3   C. 4   D. 5

分析: 这是一个函数递归调用的例题。当执行 fun(3)时，形参 k 的值为 3，执行函数语句，由于不满足 k<1 或 k==1，则递归调用 fun(2)；同样的情况，再次递归调用 fun(1)，这时返回函数值 1，所以总共调用 fun 函数 3 次。选 B。

例5.17 有以下程序:

```
#include <stdio.h>
void fun(int x)
{ if(x/5>0) fun(x/5);
    printf("%d ",x);
}
main()
{ fun(11); printf("\n"); }
```

程序运行后的输出结果是_____。（2011 年 9 月全国计算机等级考试二级 C 试题填空题第 11 题）

分析: 这也是函数递归调用的程序。当执行 fun(11)时，因为 11/5=2>0，所以递归调用 fun(2)，这时不再满足 if 条件，则执行 printf 语句，输出 2；接着回到上一层调用点，继续后面语句的执行，输出 11，所以程序运行的结果是 2_11。这里 2_11 之间的 "-" 表示输出时的

空格。printf()函数是格式输出函数，输出时应注意它的格式要求。

5.4 局部变量和全局变量

在C语言中，一个变量能够起作用（被引用）的程序范围，称为变量的作用域，即一个变量定义之后，在何处能够使用该变量。若变量在整个程序范围内的各个函数中均可被访问，称其为全局变量。如果变量仅在特定的函数或程序块内可被访问，不能被其他函数或程序访问，则称其为局部变量。

变量的作用域是由变量的定义位置决定的，不同位置定义的变量，其作用域是不同的。

5.4.1 局部变量

上面提过，变量的作用域决定于变量的定义位置。在一个函数内部定义的变量只在本函数范围内有效，在此函数以外是不能使用这些变量的；在复合语句内定义的变量只在本复合语句范围内有效，只有在本复合语句内才能引用它们。这些都是局部变量。例如：

```
float f1(int a)                //a,b,c 在 f1 函数中有效
{   int b,c;
    ...
}
int f2(int x,int y)            //x,y,i,j 在 f2 函数中有效
{   int i,j ;
    {
      int c;                   //c 在复合语句中定义，只在此语句范围内有效
      c=i+j;
    }
    ...
}
void main()                    //m,n 在 main 函数中有效
{   int m,n;
    ...
}
```

说明：

① 主函数中定义的变量也只在主函数中有效，并不因为在主函数中定义而在整个文件或程序中有效。主函数也不能使用其他函数中定义的变量。

② 不同函数中可以使用相同的变量名，但它们代表不同的对象，互相无联系，对应不同的存储单元，不会发生冲突。

③ 形式参数也是局部变量。例如上面 f1 函数中的形参 a，也只在 f1 函数中有效。

④ 复合语句是程序块，在复合语句中定义的变量只在该复合语句中有效。

5.4.2 全局变量

全局变量也称为外部变量，它是在函数之外定义的变量。全局变量不属于某一个特定的函

数,它可以为本文件中其他函数所共用,它的有效范围为从定义变量的位置开始到本源文件结束。

```
int a,b;                              //定义外部变量 a,b,全程序有效
float f1()                            //定义 f1 函数
{
    ...
}
float x,y;                            //定义外部变量 x,y,从定义到程序结束都有效
int f2()
{
    int i;                            //i 在 f2 函数中定义,是局部变量
    ...
}
void main()                           //定义 main 函数
{
    ...
}
```

设置全局变量的作用是增加函数间数据联系。由于全局变量是各个函数都能引用的变量,因此如果在一个函数中改变了全局变量的值,就能影响到其他函数中全局变量的值,相当于各个函数间有直接的传递通道。

例 5.18 输入正方体的长宽高 l,w,h,求其体积及三个面的面积。

```
#include <stdio.h>
int s1,s2,s3;                         //定义全局变量 s1,s2,s3
int vs(int a,int b,int c)             //定义求体积及面积的函数 vs
{
    int v;
    v=a*b*c;
    s1=a*b;                           //函数可访问全局变量
    s2=b*c;                           //为 s1,s2,s3 赋值
    s3=a*c;
    return v;                         //返回体积值
}
void main()
{
    int v,l,w,h;
    printf("请输入正方体的长宽高: ");
    scanf("%d%d%d",&l,&w,&h);
    v=vs(l,w,h);                      //调用 vs 函数求体积、面积
    printf("正方体的体积 v=%d, 各面面积 s1=%d,s2=%d,s3=%d\n", v,s1,s2,s3);
}
```

运行结果:

请输入正方体的长宽高: 3 4 5

正方体的体积 v=60, 各面面积 s1=12,s2=20,s3=15

分析: 本例通过函数来计算正方体的体积及三个面的面积,但函数只能返回一个值,所

以把三个面积定义为全局变量，这样一般函数和主函数都可以访问，我们在函数中计算出面积值，赋给全局变量，主函数也访问这些变量来获取它们的值。这也反映出全局变量是实现函数之间数据通信的有效方法。

说明：

① 全局变量虽然可加强函数之间的数据联系，但是又使函数要依赖这些变量，因而使函数的独立性降低；而且每个函数都可以改变全局变量的值，程序容易出错。所以，不必要时尽量不要使用全局变量。

② 如果同一个源文件中，全局变量与局部变量同名，那么在局部变量的作用域内，全局变量不起作用。

例5.19 分析下面程序。

```c
#include <stdio.h>
int a=3,b=5;                        //定义全局变量a,b
void main()
{
    int add(int a,int b);           //函数声明
    int a=8;                        //定义局部变量a
    printf("两数之和：%d\n",add(a,b));  //调用add函数，a,b为实参
}
int add(int x,int y)
{
    return (x+y);                   //求两数之和
}
```

运行结果：

两数之和：13

分析： 在本例中，既定义了全局变量a、b，也定义了同名局部变量a。局部变量a是在主函数中定义的，其作用域为主函数，在此范围内，全局变量a就失去作用，所以当调用函数add(a,b)时，传递的实参a是局部变量a，而不是全局变量a。所以输出结果为13。

例5.20 有以下程序：

```c
#include <stdio.h>
int a=5;
void fun(int b)
{ int a=10;
  a+=b;
  printf("%d",a); }
main()
{ int c=20;
  fun(c); a+=c;
    printf("%d\n",a); }
```

程序运行后的输出结果是_____。（2009年9月全国计算机等级考试二级C试题填空题第11题）

分析： 程序首先定义了全局变量a=5。当执行主函数main时，会调用fun函数，fun函

数中定义了局部变量 a=10，则全局变量 a 失去作用，所以输出 30。返回到主函数调用点继续执行，主函数中的 a 是全局变量 a，所以输出 25，因此程序运行的结果是 3025。

5.5 变量的存储方式和生存期

5.5.1 动态存储方式与静态存储方式

在C语言中，变量不仅有确定的数据类型定义，还有存储方式的定义。变量的存储方式是其存储属性，即变量在内存中的存储方法，不同的存储方法，将影响变量值存在的时间（即生存期）。

变量的生存期是指程序在运行期间，从给变量分配存储单元，到所分配的存储单元被系统收回的那段时间。有的变量在程序运行的整个过程都是存在的，始终占有固定的存储单元；而有的变量则是在调用其所在的函数时才临时分配存储单元，而在函数调用结束后该存储单元就马上释放了，变量也就不存在了。

在 C 语言中，变量的存储有两种方式：静态存储方式和动态存储方式。静态存储方式是指在程序运行期间由系统分配固定的存储空间的方式，而动态存储方式则是在程序运行期间根据需要进行动态的分配存储空间的方式。

内存中提供给程序的存储空间通常分为三部分，如图 5-6 所示。

程序区
静态存储区
动态存储区

图 5-6　程序占用的内存空间

程序的数据分别存放在静态存储区和动态存储区中。全局变量全部存放在静态存储区中，在程序开始执行时就给全局变量分配存储区，程序执行完毕立即释放。在程序执行过程中它们占据固定的存储单元，而不是动态地进行分配和释放。

在动态存储区中则存放以下数据。

1）函数形式参数，在调用函数时给形参分配存储空间。

2）函数调用时的现场保护和返回地址等。

以上数据在函数调用开始时分配动态存储空间，函数结束时释放这些空间。注意在两次调用同一函数时，每次分配给局部变量的存储空间不一定相同。

在定义和声明变量时，一般应同时指定其数据类型和存储类别。如果不指明存储类别，表示采用默认方式（即系统隐含指定的某一种存储类别）。所以变量的完整定义形式为：

格式：存储类别 数据类型 变量名；

C的存储类别包括四种：自动（auto）、静态（static）、寄存器（register）、外部（extern）。不同的存储类别，将影响到变量的生存期以及作用域。

5.5.2 局部变量的存储类别

1. 自动变量（auto）

在函数内或复合语句中定义的变量，如果不指定其存储类别为 static，那么就是自动存储变量，其关键字为 auto。自动存储变量都是动态地分配存储空间的，数据存储在动态存储区中，即调用函数时，系统会给这些变量分配存储空间，在函数调用结束时就自动释放这些存储空间。例如：

```
int fun()
{
    auto int num;                //定义 num 为自动变量
    …
}
```

实际上，我们在定义这类局部变量时，往往省略其存储类别，因为关键字"auto"可以省略，不写 auto 则隐含指定为自动存储类别。所以以上函数定义可写为：

```
int fun()
{
    int num;                     //定义 num 为自动变量
    …
}
```

2. 静态局部变量（static）

有时需要函数中局部变量的值在函数调用结束后不消失，即其占用的存储单元在整个程序运行期间都不释放，那么可以将该局部变量定义为静态局部变量，用关键字 static 进行声明。例如：

```
static int m,n;
```

说明：

① 虽然静态局部变量在函数调用结束后仍然存在，但它还是局部变量，其作用域是在定义它的函数内部，其他函数不能访问。

② 静态局部变量是在编译时赋初值的，即只赋初值一次，在程序运行时它已有初值。以后每次调用函数时不再重新赋初值而只是保留上次函数调用结束时的值。

③ 如果定义局部变量时不赋初值，则默认初值为 0 或空字符'\0'。

例 5.21 静态局部变量与自动局部变量的比较。

```
#include <stdio.h>
void main()
{
    void test();                 //test 函数声明
    int i,a=0;                   //自动局部变量 a，在主函数中定义
    for(i=0;i<3;i++)
    test();                      //调用 test()
    {
```

```
        int a=10;                    //自动局部变量a，在复合语句中定义
        a=a*10;
        printf("复合语句中：a=%d\n",a);
    }
    a=a+10;
    printf("主函数中：a=%d\n",a);
}
void test()
{
    static int a=5;                  //静态局部变量a，赋初值一次
    printf("静态变量：a=%d\n",a);
    a=a+10;
}
```

运行结果：

```
        静态变量：a=5
        静态变量：a=15
        静态变量：a=25
        复合语句中：a=100
        主函数中：a=10
```

分析：首先在主函数中循环调用 test()函数，函数中的静态局部变量a，在每次函数调用结束后，它的值并不消失，所以循环调用时其值能够保持连续性。复合语句和主函数中定义了同名自动局部变量a，注意其不同的作用域。

例5.22 若函数中有定义语句 int k; 则（　　）。（2009 年 3 月全国计算机等级考试二级 C 试题选择题第 12 题）

A. 系统将自动给 k 赋初值 0

B. 这时 k 中的值无定义

C. 系统将自动给 k 赋初值-1

D. 这时 k 中无任何值

分析：函数中定义 int k; ，则 k 应是自动存储变量，它不同于静态存储变量，系统不会自动给 k 赋值，所以这时 k 中的值无定义。选 B。

例5.23 有以下程序：

```
#include <stdio.h>
int fun()
{
    static int x=1;
    x*=2;
    return x;
}
main()
{
    int i,s=1;
```

```
    for(i=1;i<=3;i++)  s*=fun();
        printf("%d\n",s);
        }
```

程序运行后的输出结果是（   ）。（2011年3月全国计算机等级考试二级C试题选择题第34题）

    A. 0   B. 10   C. 30   D. 64

    分析： 主函数中通过循环，共 3 次调用 fun() 函数。在 fun() 函数中，定义了静态局部变量 x=1。第一次调用 fun()，返回 x 值为 2；第二次调用 fun()，由于静态变量保留上一次函数调用的结果，所以乘以 2 后返回 x 值为 4；第三次调用 fun()，返回 x 值为 8，所以在主函数中，s=2*4*8=64。选 D。

    例 5.24 有以下程序：

```
    #include <stdio.h>
    int f(int n);
    main()
    {
    int a=3,s;
      s=f(a);
      s=s+f(a);
      printf("%d\n",s);
    }
    int f(int n)
    {
    static int a=1;
      n+=a++;
      return n;
    }
```

程序运行以后的输出结果是（   ）。（2009年9月全国计算机等级考试二级C试题选择题第34题）

    A. 7   B. 8   C. 9   D. 10

    分析： 在函数 f() 中定义了静态变量 a，第 1 次调用 f 函数，返回 4，同时在函数中静态变量 a 的值自增为 2；第 2 次调用函数 f()，静态变量会保留上一次的结果，所以返回 5，则 s=9。选 C。

    例 5.25 有以下程序：

```
    #include<stdio.h>
    int f(int m)
    {
    static int n=0;
      n+=m;
      return n;
    }
    main()
    {
```

```
    int n=0;
      printf("%d,",f(++n));
      printf("%d\n",f(n++));
    }
```

程序运行后的输出结果是（　　　）。（2011年9月全国计算机等级考试二级C试题选择题第33题）

　　A．1,2　　　　　　　B．1,1　　　　　　　C．2,3　　　　　　　D．3,3

　　分析： 主函数中定义 n=0，调用函数 f(++n)，即 f(1)，在函数 f 中定义静态变量 n，加 1 后返回 1；主函数再次调用 f(n++)，++运算符在变量的后面，所以还是 f(1)，函数中的静态变量保留上一次的值，所以在原值 1 的基础上加 1，返回 2，最终输出 1,2。选 A。

3．寄存器变量（register）

　　一般情况下，变量值是存放在内存中的，但我们也知道，计算机的CPU内部包含若干个通用寄存器，硬件在对数据进行操作时，常常是先把数据取到寄存器（或一部分取到寄存器），然后进行操作。而且，计算机对寄存器中数据的操作速度要远远快于对内存中数据的操作速度。为提高程序的运行速度，可将使用十分频繁的局部变量说明为寄存器变量，将其存储在CPU的寄存器中。寄存器变量定义的关键字是register，例如：

　　register　int　n;

　　目前的计算机编译系统能够识别使用频繁的变量，从而自动地将这些变量放在寄存器中，而不需要程序设计者指定。所以，现在实际上定义register变量的意义已不大。

　　说明：

　　① 只有局部自动变量和形式参数可以作为寄存器变量，其他（如全局变量）不行。

　　② 寄存器变量的数据类型只能是char、short int、unsigned int、int，不能是long、float、double等类型，因为这些数据类型的长度超过了寄存器本身的长度。

　　③ 一个计算机系统中的寄存器数目是有限的，不能定义任意多个寄存器变量。

5.5.3 全局变量的存储类别

　　全局变量（即外部变量）是在函数的外部定义的，它的作用域从变量定义处开始，到本程序文件的末尾。全局变量都存放在静态存储区中，占有固定的存储单元，生存期为程序的整个运行过程。

1．在一个文件内声明外部变量

　　如果外部变量不在文件的开头定义，其有效的作用范围只限于定义处到文件结束。如果想在定义点之前引用该外部变量，解决的方法是在引用之前用关键字 extern 对该变量作"外部变量声明"。表示该变量是一个已经定义的外部变量。有了此声明，就可以从"声明"处起，合法地使用该外部变量。

　　例5.26 求两数中较大者。

```
#include <stdio.h>
    void main()
    {
        int max(int x,int y);                          //函数声明
```

```
        extern int A,B;                      //全局变量声明
        printf("两数中较大的是：%d\n",max(A,B));    //使用全局变量作为实参
    }
    int max(int x,int y)                     //函数定义
    {
        int z;
        z=x>y?x:y;
        return (z);
    }
    int A=15,B=-8;                           //定义全局变量 A,B
```
运行结果：
    两数中较大的是：15

分析：在本程序文件的最后定义了外部变量 A、B，其作用域是从定义处开始的，那么在主函数 main 中不能引用外部变量 A、B。现在 main 函数中用 extern 对 A 和 B 进行"外部变量声明"，所以从"声明"处起，可以合法地使用该外部变量 A 和 B。

用 extern 声明外部变量时，类型名可以写，也可以不写。例如，"extern int A,B;"也可以写成"extern A,B;"。

2. 在多文件的程序内声明外部变量

一个 C 程序可以由一个或多个源程序文件组成。如果程序由多个源程序文件组成，那么在一个文件中想引用另一个文件中已定义的外部变量，有什么办法呢？

实现的方法是：在其中一个文件中定义外部变量，而在另一文件中用 extern 对这个变量作外部变量声明。在编译和连接时，编译系统会由此知道这个变量是一个已在别处定义的外部变量，并将在另一文件中定义的外部变量的作用域扩展到本文件，在本文件中就可以合法地引用该外部变量。

例 5.27 输入 A 和 m，求 A^m 的值。

文件 file1.c:
```
#include <stdio.h>
int A;                      //定义外部变量
void main()
{
    int power(int);          //函数声明
    int b,m;
    printf("请输入一个整数和它的方次：");
    scanf("%d%d",&A,&m);
    b=power(m);
    printf("%d**%d=%d\n",A,m,b);
}
```
文件 file2.c:
```
extern A;                    //在 file2 中声明 file1 定义的外部变量 A，使其在本文件中有效
int power(int n)
```

```
    {
        int i,y=1;
        for(i=1;i<=n;i++)
            y*=A;
        return (y);
    }
```

运行结果：

请输入一个整数和它的方次：3 2

3**2=9

注意　　如例5.27，这样使用全局变量应十分慎重，因为在执行一个文件中的函数时，可能会改变该全局变量的值，它会影响到另一文件中的函数执行结果。

3. 用 static 声明外部变量

有时在程序设计中希望某些外部变量只限于被本文件引用，而不能被其他文件引用。这时可以在定义外部变量时加一个 static 声明。例如：

```
static int A;
void main()
{
    …
}
```

上述定义了一个全局变量 A，但它用 static 声明，因此只能用于本文件。这种加上 static 声明、只能用于本文件的外部变量称为静态外部变量。

需要指出，对外部变量加 static 声明，并不意味着这时才是静态存储（存放在静态存储区中），而不加 static 的是动态存储（存放在动态存储区）。两种形式的外部变量都是静态存储方式，只是作用范围不同而已，都是在编译时分配内存的。

5.5.4 存储类别小结

对一个变量的定义，需要指定两种属性：数据类型和存储类别。例如：

```
static int a;                    //静态的整型变量
auto double b;                   //自动的双精度型变量，auto 可以省略
register int c;                  //寄存器类别的整型变量
```

此外，可以用 extern 声明已定义的外部变量，例如：

```
extern d;                        //声明外部变量
```

变量的有效范围称为变量的作用域，在此作用域内可以引用该变量，我们也称变量在此作用域内"可见"；变量从分配存储单元，到所分配的存储单元被系统收回的那段时间称为变量的生存期，在其生存期内，我们也称该变量"存在"。下面从这两个方面对各种类型变量的情况作一个小结，如表 5-1 所示。

表 5-1　各种类型变量的作用域和生存期的情况

变量存储类别	函　数　内		函　数　外	
自动变量	可见	存在	不可见	不存在
寄存器变量	可见	存在	不可见	不存在
静态局部变量	可见	存在	不可见	存在
静态外部变量	可见	存在	可见（限本文件中）	存在
外部变量	可见	存在	可见	存在

从表中可以看出，不论什么类型的变量，在相关函数内都是存在且有效的；但在函数外部，只有外部变量（即全局变量）是存在且有效的了，静态局部变量虽然存在，但由于是局部变量，在函数外是不可见，即不可引用的。

5.6　内部函数和外部函数

变量有作用域的问题，在 C 语言中，函数也有同样的情况。有的函数可以被本文件中的其他函数调用，也可以被其他文件中的函数调用，但有的函数只能被本文件中的其他函数调用，不能被其他文件中的函数调用。

如果不加声明，函数默认是全局的，既可以被本文件中其他函数调用，也可以被其他文件中的函数调用。但如果不希望函数被其他文件调用，可以进行指定。

根据函数能否被其他源文件调用，将函数区分为内部函数和外部函数。

5.6.1　内部函数

一个函数如果只能被本文件中其他函数调用，则称为内部函数。在定义内部函数时，使用 static 关键字进行指定，所以它又称为静态函数。声明的一般格式为：

static　类型名　函数名(形参表);

例如：

static int fun(int x,int y);

内部函数主要使函数的作用域限制在本文件中，这样，在不同的文件中即使有同名的内部函数，也互不影响。通常，一个大程序往往分工由不同的人分别编写不同的文件模块，在各人编写自己的文件模块时，不必担心所用函数是否会与其他文件模块中的函数同名。

5.6.2　外部函数

如果定义函数时，在函数的首行加关键字 extern，则此函数称为外部函数。它既可以被本文件中其他函数调用，也可以被其他文件中的函数调用。声明的一般格式为：

extern　类型名　函数名(形参表);

例如：

extern int fun(int x,int y);

在 C 语言中，函数定义时可以省略 extern，默认为外部函数。所以本章前面所用的函数都是外部函数。

在需要调用此函数的其他文件中，需要对此函数作声明，加关键字 extern，表示该函数是在其他文件中定义的函数。

例 5.28 设 main()在文件 file1.c 中，自定义函数 fun()在文件 file2.c 中，程序如下。

文件 file1.c：

```
#include<stdio.h>
void main()
{
    extern int fun(int x,int y);          //声明外部函数
    int m,n;
    printf("请输入两个整数：");
    scanf("%d%d",&m,&n);
    printf("较大的数是：%d\n",fun(m,n));    //调用外部函数
}
```
文件 file2.c：
```
int fun(int x,int y)                       //函数定义在 file2.c 中
{
    int z;
    z=x>y? x:y;
    return (z);
}
```

运行结果：

请输入两个整数：8 12

较大的数是：12

5.7 习题

一、基础知识题

1. 以下叙述中错误的是（   ）。（2011年9月全国计算机等级考试二级C试题选择题第11题）

    A. C语言编写的函数源程序，其文件名后缀可以是C

    B. C语言编写的函数都可以作为一个独立的源程序文件

    C. C语言编写的每个函数都可以进行独立的编译并执行

    D. 一个C语言程序只能有一个主函数

2. 以下叙述正确的是（   ）。

    A. C语言程序是由过程和函数组成的

    B. C语言函数可以嵌套调用，例如：fun(fun(x))

    C. C语言函数不可以单独编译

    D. C语言中除了main函数，其他函数不可作为单独文件形式存在

3. 有以下程序：

```
#include<stdio.h>
int   f(int   x);
```

```
main()
{
int  n=1,m;
 m=f(f(f(n)));printf("%d\n",  m);
}
int  f(int  x)
{
return  x*2;
}
```

程序运行后的输出结果是（　　　　）。（2010年9月全国计算机等级考试二级C试题选择题第24题）

    A. 1　　　　　　　B. 2　　　　　　　C. 4　　　　　D. 8

4. 有以下程序：

```
#include<stdio.h>
void  fun(int x)
{
if(x/2>1)  fun(x/2);
printf("%d",x);
}
main()
{
fun(7);
printf("\n");
}
```

程序运行后的输出结果是（　　　　）。（2010年9月全国计算机等级考试二级C试题选择题第35题）

    A. 1 3 7　　　　　B. 7 3 1　　　　　C. 7 3　　　　D. 3 7

5. 有以下程序：

```
#include <stdio.h>
fun(int x)
{
if(x/2>0)  fun(x/2);
printf("%d",x);
}
main( )
{
fun(6);
printf("\n");
}
```

程序运行后的输出结果是_____。（2009年9月全国计算机等级考试二级C试题填空题第15题）

6. 设函数中有整型变量n，为保证其在未赋初值的情况下初值为0，应该选择的存储类

别是（　　　　）。（2009年3月全国计算机等级考试二级C试题选择题第34题）

    A．auto   B．register   C．static   D．auto或register

7. 以下选项中叙述错误的是（　　　　）。（2011年9月全国计算机等级考试二级C试题选择题第39题）

    A．C程序函数中定义的赋有初始值的静态变量，每调用一次函数，赋一次初值

    B．在C程序的同一函数中，各复合语句内可以定义变量，其作用域仅限本复合语句内

    C．C程序函数中定义的自动变量，系统不能自动赋确定的初值

    D．C程序函数的形参不可以说明为 static 型变量

8. 有以下程序：

```
#include<stdio.h>
int fun()
{
static int x=1;
  x*=2;
return x;
}
main()
{
int i,s=1,
for(i=1;i<=2;i++) s=fun();
printf("%d\n",s);
}
```

程序运行后的输出结果是（　　　　）。（2010年3月全国计算机等级考试二级C试题选择题第34题）

    A．0   B．1   C．4   D．8

9. 有以下程序：

```
#include<stdio.h>
int fun()
{
static int x=1;
x+=1;
return x;
}
main()
{
int i;s=1;
for(i=1;i<=5;i++)   s+=fun();
printf("%d",s);
}
```

程序运行后的输出结果是（　　　　）。（2010年9月全国计算机等级考试二级C试题选择题第36题）

A.1 1   B.2 1   C.6   D.1 2 0

10. 有以下程序：

```c
#include <stdio.h>
int fun(int x,int y)
{
if(x==y) return (x);
else
return((x+y)/2);
}
main()
{
    int a=4,b=5,c=6;
    printf("%d\n",fun(2*a,fun(b,c)));
}
```

程序运行后的输出结果是（   ）。（2009年3月全国计算机等级考试二级C试题选择题第33题）

A. 3   B. 6   C. 8   D. 12

二、编程题

1. 编写一个函数 sabc()，根据给定的三角形三条边长 a，b，c，判断是否构成三角形，如果是，则返回三角形的面积。三边长在主函数中输入。

2. 编写一个函数，计算并返回给定正整数 m 与 n 的最大公约数。

3. 写一个判定素数的函数，在主函数中输入一个整数，输出是否为素数的信息。

4. 编写一个函数，计算 s=1!+2!+3!+…+n!。n 的值在主函数中输入，由函数计算出结果后返回给主函数，并在主函数中输出。

5. 编写一个程序，利用函数的递归调用求 x 的 n 次方的值，其中 n 为正整数。

第6章 数　　组

本章主要介绍一维数组、二维数组及字符数组的定义、引用、初始化和应用，并介绍了字符串的定义和相关字符串处理函数。通过本章的学习，需要掌握一维数组、二维数组、字符数组的定义、引用、初始化和应用，掌握字符串的定义，熟悉主要的字符串处理函数。

C 语言中除了支持基本类型（如整型、浮点型、字符型）的数据外，还提供构造类型的数据。例如，对某班学生成绩进行排序、求某单位职工的平均工资等，由于人数众多，如果用基本类型的简单变量来实现，就需要定义许多的变量来保存数据，解决起来十分烦琐。

为了便于处理这类问题，C 语言提供了数组数据类型。数组是一组具有相同类型的数据的有序集合，用统一的数组名来表示，这些数据被称为数组元素，每一个元素用下标来区分。数组元素又称为下标变量，而前面所讲述的变量称为简单变量。数组元素可以与简单变量一样赋值、输入输出和进行运算；另一方面，由于数组元素存储单元连续、下标有序，可以通过下标访问数组元素。

只有一个下标的数组被称为一维数组，有两个下标的数组被称为二维数组，依此类推。C 语言允许使用任意维数的数组。在实际应用中，当需要处理大量同类型的数据时，利用数组是很方便的。

6.1 一维数组

任何数组在使用之前都必须定义，即指定数组的名字、大小、维数和元素类型。只有定义了数组，系统才为它在内存中分配一个相应大小的存储空间。

当数组中的每个元素只带一个下标时，这样的数组称为一维数组。

6.1.1 一维数组的定义

定义一维数组的一般格式是：

类型说明符　数组名[常量表达式];

其中，类型说明符是定义数组中各元素的数据类型，数组名指定数组的名字，常量表达式是说明数组的大小，即数组中元素的个数。

例如：

int a[10];

这是定义了一个一维整型数组 a，共包含 10 个元素（a[0]～a[9]），数组中的每一个元素均为整型。

说明：

① 数组名的命名规则和变量名相同。

② 在定义数组时，方括号中的常量表达式用来指定元素的个数，即数组长度。例如，指定 a[10]，表示 a 数组有 10 个元素。必须注意，数组的下标是从 0 开始的，这 10 个元素是：a[0]，a[1]，a[2]，……，a[9]，其中并不包含 a[10]。

③ 说明数组大小的常量表达式中可以包含符号常量，但不能是变量。例如，下面的数组定义是允许的：

```
#define N 20
main()
{
int c[N];          //定义包含 20 个元素的整型数组
…
}
```

④ 按照以上的定义，C 语言编译系统将在内存中为数组开辟一片连续的存储空间，存放这 10 个整型元素，而数组的名字就表示这片存储空间的首地址。

对数组定义以后，就可以在程序中引用它。在 C 语言中，只能逐个引用数组元素，不能一次引用数组中的全部元素。因为是一维数组，所以引用数组元素时只带一个下标。数组元素的引用形式如下：

数组名[下标表达式];

例如：

a[0]，a[2*3]，a[i]（i=0～9）这些都是合法的元素引用形式。

例 6.1 数组定义和数组元素的引用。

```
#include <stdio.h>
#define N 5
void main()
{
    int a[N];
    int i,sum=0;
    for(i=0;i<N;i++)
        a[i]=i*i;
    for(i=0;i<N;i++)
        printf("a[%d]=%d ",i,a[i]);
    for(i=0;i<N;i++)
        sum+=a[i];
    printf("\nsum=%d\n",sum);
}
```

运行结果：

    a[0]=0 a[1]=1 a[2]=4 a[3]=9 a[4]=16
    sum=30

分析：在这个程序中，首先定义了一个长度为 5 的整型数组 a，第一个 for 循环对数组元素 a[0]～a[4]进行赋值，第二个 for 循环按 a[0]～a[4]的顺序输出各元素的值，第三个 for 循环对所有数组元素进行求和，最后输出和值。

注意 for 循环的条件如果换成 i<=N 就错了，这样会导致访问 a[5]，而 a[5]不是该数组的元素。数组的下标值超出了 0～N-1 这个范围，即下标的越界。

例 6.2 下列选项中，能正确定义数组的语句是（   ）。（2010 年 3 月全国计算机等级考试二级 C 试题选择题第 25 题）

    A. int num[0..2008];   B. int num[];
    C. int N=2008; int num[N];   D. #define N 2008 int num[N];

分析：在定义数组时，方括号中的常量表达式用来指定元素的个数，必须是正整数，可以使用符号常量，但不能是变量。定义数组时如果初始化，方括号中才可以为空，否则不能为空。所以正确的定义语句是 D。

6.1.2 一维数组的初始化

在定义数组的同时就给各数组元素赋值，称为数组的初始化。一维数组的初始化有以下几种方式。

1）在定义数组时对全部元素初始化。例如：

int a[8]={0,1,2,3,4,5,6,7};

将数组元素的初值依次放在一对花括号内，并用逗号分开，系统会按这些数值的排列顺序，从 a[0]元素开始依次给数组 a 中的元素赋初值。经过上面的定义和初始化，a[0]=0，a[1]=1，a[2]=2，a[3]=3，a[4]=4，a[5]=5，a[6]=6，a[7]=7。

对数组元素全部赋值时，可以不指定数组的长度。例如：

int a[5]={1,2,3,4,5};

等价于

int a[ ]={1,2,3,4,5};

2）只给数组中的部分元素赋初值。例如：

int a[10]={1,2,3,4,5};

数组 a 有 10 个元素，但花括号内只提供 5 个初值，这表示只给前面 5 个元素赋初值，系统自动给后面的元素补 0。

3）如果想使数组中全部元素值为0，可以写成：

int a[10]={0};

例 6.3 若要定义一个具有 5 个元素的整型数组，以下错误的定义语句是（   ）。（2010年 9 月全国计算机等级考试二级 C 试题选择题第 28 题）

A.　int a[5]={0};　　　　　　　　　　B.　int b[]={0,0,0,0,0};

C.　int c[2+3];　　　　　　　　　　　D.　int i=5,d[i];

分析：在定义数组时，方括号中不能是变量。所以定义错误的是 D。

注意　当初值的个数多于数组元素的个数时，编译系统会给出出错信息。

例 6.4　求数组元素的最大值和最小值。

```
#include <stdio.h>
void main()
{
    int a[10];
    int i,max,min;
    printf("请输入 10 个整数：\n");
    for(i=0;i<10;i++)
        scanf("%d",&a[i]);
    max=a[0];
    min=a[0];
    for(i=1;i<10;i++)              //通过循环将数组中元素依次与 max 和 min 比较
    {
        if(a[i]>max)
            max=a[i];             //记录下比 max 大的
        if(a[i]<min)
            min=a[i];             //记录下比 min 小的
    }
    printf("数组中最大数为%d\n",max);
    printf("数组中最小数为%d\n",min);
}
```

运行结果：

请输入 10 个整数：

8 27 24 100 16 43 51 63 29 10↙

数组中最大数为 100

数组中最小数为 8

分析：在本例中，首先将数组的第一个元素赋给变量 max 和 min，作为它们的初值。然后通过循环语句将数组剩下的元素依次分别与 max 和 min 进行比较，max 保留两者中较大的数，而 min 保留两者中较小的数。在比较完所有的数组元素后，max 和 min 中保存的就是数组所有元素中最大和最小的数。

例 6.5　对数组元素进行排序：冒泡排序法。

分析：排序方法是一种重要的、基本的算法。这里我们介绍一下冒泡排序法的基本思路：将相邻两个数进行比较，如果前一个元素大于后一个元素，则交换这两个元素的值，即将较小的数放在前面，较大的一个数放在后面。假设定义如下数组：

int a[ ]={ 11, 9,17,27,15, 6};

第1次先将最前面的两个数11和9交换，第2次将第2个数和第3个数（11和17）比较，这时不用交换，如此继续……第1轮比较完毕，得到9，11，17，15，6，27的元素顺序（见图6-1），可以看到：最大的数27已"沉底"，而小的数"上升"了。

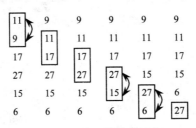

图6-1 第1轮排序过程

然后进行第2轮比较，对余下的前5个数（9，11，17，15，6）再比较，同样使其中最大的数"沉底"。重复上述过程，对6个数总共要比较5轮。第1轮中两数比较5次，第2轮中两数比较4次……第5轮只须比较1次。

程序如下：

```c
#include <stdio.h>
void main()
{
    int a[]={11,9,17,27,15,6};
    int i,j,t;
    printf("排序前的数组为：\n");
    for(i=0;i<6;i++)
        printf("%d ",a[i]);
    printf("\n");
    for(j=0;j<5;j++)                //5 次循环实现 5 轮比较
        for(i=0;i<5-j;i++)          //在每一轮中进行 5-j 次比较
            if(a[i]>a[i+1])         //相邻两个数比较
            { t=a[i];
              a[i]=a[i+1];
              a[i+1]=t; }
    printf("排序后的数组为：\n");
    for(i=0;i<6;i++)
        printf("%d ",a[i]);
    printf("\n");
}
```

运行结果：

排序前的数组为：
11 9 17 27 15 6
排序后的数组为：
6 9 11 15 17 27

例6.6 以下程序运行后的输出结果是_____。（2011年3月全国计算机等级考试二级

C 试题填空题第 13 题）

```
#include <stdio.h>
main()
{
    int i,n[5]={0};
    for(i=1;i<=4;i++)
    {
    n[i]=n[i-1]*2+1;
    printf("%d",n[i]);
    }
    printf("\n");
}
```

分析：定义数组时初始化所有元素为 0。在 for 循环中，n[1]~n[4]重新赋值并输出，n[1]=n[0]*2+1=1，继续计算，n[2]=n[1]*2+1=3，n[3]=n[2]*2+1=7，n[4]=n[3]*2+1=15，所以输出结果是 13715。

例6.7 有以下程序：

```
#include <stdio.h>
main()
{
int a[5]={1,2,3,4,5},b[5]={0,2,1,3,0},i,s=0;
for(i=0;i<5;i++) s=s+a[b[i]]);
printf("%d\n", s);
}
```

程序运行后的输出结果是（　　　）。（2010 年 3 月全国计算机等级考试二级 C 试题选择题第 29 题）

A. 6　　　　　　　　　　　　　B. 10
C. 11　　　　　　　　　　　　　D. 15

分析：首先定义数组 a 和 b，进入 for 循环，当 i=0 时，s=s+a[b[0]]=s+a[0]=1；当 i=1 时，s=s+a[b[1]]=s+a[2]=1+3=4；当 i=2 时，s=s+a[b[2]]=s+a[1]=4+2=6；依此继续计算，最后 s=11。选 C。

例6.8 以下程序运行后的输出结果是_____。（2011 年 9 月全国计算机等级考试二级 C 试题填空题第 13 题）

```
#include <stdio.h>
main()
{
int n[2],i,j;
for(i=0;i<2;i++) n[i]=0;
for(i=0;i<2;i++)
for(j=0;j<2;j++)   n[j]=n[i]+1;   printf("%d\n",n[i]);
}
```

分析： 这里的后两个 for 循环形成循环嵌套。当 i=0 时，j=0，n[0]=n[0]+1=1，j=1，n[1]=n[0]+1=2；当 i=1 时，j=0，n[0]=n[1]+1=3，j=1，n[1]=n[1]+1=3。执行 printf("%d\n",n[i]); 时，输出的是 n[1] 的值，结果为 3。

例 6.9 有以下程序：

```c
#include <stdio.h>
main()
{
    int a[]={2,3,5,4},i;
    for(i=0;i<4;i++)
    switch(i%2)
    {case 0:switch(a[i]%2)
      {case 0: a[i]++;break;   case 1:a[i] --;}break;
      case 1:a[i]=0;    }
    for(i=0;i<4;i++) printf("%d",a[i]); printf("\n");
}
```

程序运行后的输出结果是（   ）。（2009 年 9 月全国计算机等级考试二级 C 试题选择题第 29 题）

A．3 3 4 4   B．2 0 5 0

C．3 0 4 0   D．0 3 0 4

分析： 程序进入 for 循环，要根据 i%2 的值来选择 case 语句。当 i=0，i%2==0，选择 case 0，则再进入 switch 语句，又 a[0]%2==0，则执行 a[0]++，即 a[0]=3；当 i=1，i%2==1，选择 case 1，则执行 a[1]=0；依此规律，求得 a[2]=4，a[3]=0。选 C。

6.2 二维数组

具有两个下标的数组称为二维数组，其中一个是行下标，一个是列下标。C 语言虽然允许定义和使用任意维数的数组，但超过二维以上的数组在实际的程序设计中应用较少。本节主要介绍二维数组的使用，二维以上数组的使用是类似的。

6.2.1 二维数组的定义

定义二维数组的一般格式是：

类型说明符 数组名[常量表达式1][常量表达式2];

类型说明符是指数组中每个元素的数据类型，常量表达式1表示二维数组的行数，常量表达式2表示二维数组的列数。例如：

int a[2][3];   //定义了一个 2 行 3 列的整型数组，共 6 个元素

各数组元素排列的逻辑结构如图 6-2 所示。

	0	1	2
0	a[0][0]	a[0][1]	a[0][2]
1	a[1][0]	a[1][1]	a[1][2]

图 6-2　二维数组的逻辑结构

说明：

① 二维数组的行、列下标均从 0 开始，在引用二维数组元素时一定注意下标值不能越界。例如按照上面的定义，对元素 a[2][2]、a[1][3] 等的引用都是错误的。

② 定义一个二维数组，系统就在内存中为其分配一系列连续的存储空间，元素的排列顺序是"按行存放"的。比如 int a[2][3]; 其在内存中的存储形式如图 6-3 所示。

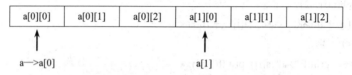

图 6-3　系统为 a 数组分配的内存空间

③ 我们可以把数组 a 看作一个一维数组，它包含两个元素 a[0]、a[1]，而 a[0] 和 a[1] 本身又是一个有 3 个元素的一维数组，a[0] 由 a[0][0]、a[0][1]、a[0][2] 组成；a[1] 则是由 a[1][0]、a[1][1]、a[1][2] 组成的一维数组。

引用二维数组元素时必须带有两个下标，引用的一般形式为：

数组名[行下标表达式][列下标表达式]

其中，行下标表达式和列下标表达式可以是整型常量或整型表达式。例如，若有以下定义语句 int a[3][4]; ，则 a[0][1]，a[1+1][3]，a[i][j]，a[i+1][i+k] 等都是合法的引用形式。但要注意，行下标和列下标都不得超越数组定义的上、下界，行下标的取值范围是 0~2，列下标的取值范围是 0~3。

6.2.2　二维数组的初始化

1）按行对二维数组进行初始化。例如：

int a[2][3]={{1,2,3},{4,5,6}};

全部初值括在一对花括号中，每一行的初值又分别括在一对花括号中，之间用逗号隔开，即按行赋初值。赋值后数组各元素的值为：

a[0][0]=1,a[0][1]=2,a[0][2]=3

a[1][0]=4,a[1][1]=5,a[1][2]=6

如果没有按行用花括号分隔开，系统会按数组元素在内存中的排列顺序，将数据一一对应地赋给各元素。例如：

int a[2][3]={1,2,3,4,5,6};

其初始化结果与前面相同。

2）所赋初值个数少于数组元素个数，即只对部分元素赋初值。例如：

int a[2][3]={{1,2},{4,5}};

则赋值以后数组中各元素的值为：

a[0][0]=1,a[0][1]=2,a[0][2]=0

a[1][0]=4,a[1][1]=5,a[1][2]=0

也可以对部分行的部分元素赋初值，则没有对应赋值的数组元素自动为 0。例如：

int a[3][3]={{1},{4,5}};

则赋值以后数组中各元素的值为：

a[0][0]=1,a[0][1]=0,a[0][2]=0

a[1][0]=4,a[1][1]=5,a[1][2]=0

a[2][0]=0,a[2][1]=0,a[2][2]=0

又如：

int a[3][3]={{1},{ },{7,8}};

则数组中第 2 行元素初值都为 0，其他行一一对应赋值。初始化结果为：

a[0][0]=1,a[0][1]=0,a[0][2]=0

a[1][0]=0,a[1][1]=0,a[1][2]=0

a[2][0]=7,a[2][1]=8,a[2][2]=0

3）如果对全部元素赋初值，则定义数组时可以省略第一维的长度，但不能省略第二维的长度。例如：

int a[ ][3]={{1,2,3},{4,5,6}};

编译系统根据初值的个数和第二维的长度可以计算出第一维长度为 2。在按行给数组的部分元素赋初值时，也可以省略第一维的长度。例如：

int a[ ][3]={{1},{2,3},{4,5,6}};

此时，C 编译系统也会根据初值的行数确定数组的第一维长度为 3。

注意 如果二维数组没有在定义时初始化，则在定义时必须给出所有维的长度。即第一维和第二维的长度值都不能省略。

例6.10 以下定义数组的语句中错误的是（　　　）。（2011 年 9 月全国计算机等级考试二级 C 试题选择题第 26 题）

    A. int num[]={1,2,3,4,5,6};   B. int num[][3]={{1,2},3,4,5,6};

    C. int num[2][4]={{1,2},{3,4},{5,6}};   D. int num[][4]={1,2,3,4,5,6};

分析：定义 int num[2][4]={{1,2},{3,4},{5,6}}时，二维数组行数为 2，但初始化值是按 3 行给出的。错误的定义语句是 C。

例6.11 把一个二维数组的行列互换。

$$a = \begin{pmatrix} 1 & 2 & 3 \\ 4 & 5 & 6 \end{pmatrix} \quad b = \begin{pmatrix} 1 & 4 \\ 2 & 5 \\ 3 & 6 \end{pmatrix}$$

分析：把一个二维数组的行列互换即原数组的第 i 行上的元素成为新数组的第 i 列上的元素，对于数组 a 和数组 b，只要把数组 a 的元素 a[i][j]存放到数组 b 的 b[j][i]元素中即可。

用嵌套的 for 循环来实现此操作，程序如下：

```c
#include <stdio.h>
void main()
{
    int i,j;
    int a[2][3]={{1,2,3},{4,5,6}};
    int b[3][2];
    printf("The old array:\n");
    for(i=0;i<2;i++)              //a 数组中的行
    {
        for(j=0;j<3;j++)          //a 数组中的列
        {
            printf("%5d",a[i][j]);    //输出 a 数组的各元素
            b[j][i]=a[i][j];          //将 a 数组的元素值赋给 b 数组的相应元素
        }
        printf("\n");
    }
    printf("The new array:\n");   //输出 b 数组的各元素
    for(i=0;i<3;i++)
    {
        for(j=0;j<2;j++)
            printf("%5d",b[i][j]);
        printf("\n");
    }
}
```

运行结果：

```
The old array:
1    2    3
4    5    6
The new array:
1    4
2    5
3    6
```

例6.12 从键盘为一个 5 行 5 列整型数组输入数据，并找出主对角线上元素的最大值及其所在的行号。

分析： 主对角线上的元素其行下标和列下标相同，通过循环来一一比较，找出其中最大值，并记下行号。程序如下：

```c
#include <stdio.h>
void main()
{
    int a[5][5],i,j,max,row;
```

```
        for(i=0;i<5;i++)
            for(j=0;j<5;j++)
                scanf("%d",&a[i][j]);
        max=a[0][0];
        row=0;
        for(i=0;i<5;i++)
            if(max<a[i][i])
            {
                max=a[i][i];
                row=i;
            }
        printf("对角线上最大值为%d，其行号为%d\n",max,row);
    }
```

运行结果:

```
1    2    3    4    5
6    7    8    9    10
11   12   13   14   15
16   17   18   19   20
21   22   23   24   25
```

对角线上最大值为 25，其行号为 4

例6.13 有以下程序：

```
#include <stdio.h>
main()
{
int a[3][3]={{1,2,3},{4,5,6},{7,8,9}};
int b[3]={0},i;
for(i=0;i<3;i++) b[i]=a[i][2]+a[2][i];
for(i=0;i<3;i++) printf("%d ",b[i]);
printf("\n");
}
```

程序运行后的输出结果是_____。（2010 年 3 月全国计算机等级考试二级 C 试题填空题第 11 题）

分析： 本题首先定义了数组并初始化。进入第一个 for 循环，当 i=0 时，b[0]=a[0][2]+a[2][0]=3+7=10；当 i=1 时，b[1]=a[1][2]+a[2][1]=6+8=14；当 i=2 时，b[1]=a[2][2]+a[2][2]=9+9=18。第二个 for 循环输出数组 b 的各元素值，所以输出结果是 10 14 18。

例6.14 有以下程序：

```
#include <stdio.h>
main()
{
int b[3][3]={0,1,2,0,1,2,0,1,2} ,i,j,t=1;
```

```
for(i=0;i<3;i++)
for(j=i;j<=i;j++)   t+=b[i][b[j][i]];
printf("%d\n",t);
}
```

程序运行后的输出结果是（　　　）。（2010年3月全国计算机等级考试二级C试题选择题第30题）

A. 1　　　　　　　B. 3　　　　　　　C. 4　　　　　　　D. 9

分析： 本题定义了一个二维数组并初始化，接着两个for循环形成循环的嵌套。当i=0时，且j=0，t+=b[0][b[0][0]]，即t+=b[0][0]，t=1；由于内循环条件j<=0，所以本轮循环结束。当i=1时，且j=1，t+=b[1][b[1][1]]，即t+=b[1][1]，t=2；本轮循环结束。当i=2时，且j=2，t+=b[2][b[2][2]]，即t+=b[2][2]，t=4，循环结束。选C。

6.3　字符串

6.3.1　字符数组的定义

用来存放字符数据的数组是字符数组，它的每一个元素都是一个字符。同其他类型的数组一样，字符数组既可以是一维的，也可以是多维的。

一维字符数组就是元素类型为字符型的一维数组，它的定义与初始化和一维数组完全相同。一维字符数组的定义形式为：

char　数组名[常量表达式]；

例如：

char c[10];

它定义了一个数组名为c的一维字符数组，共包含10个字符元素。

二维字符数组的定义形式如下：

char　数组名[常量表达式1] [常量表达式2]；

例如：

char ch[5][5];

它定义了ch是一个二维字符数组，共5行5列，有25个元素。

6.3.2　字符数组的初始化

字符数组可以在定义时为其元素赋初值，即字符数组的初始化。

1）直接用字符常量赋初值。例如：

char c[6]={'s','t','r','i','n','g'};

它为数组元素赋以下初值：

c[0]= 's',c[1]= 't',c[2]= 'r', c[3]= 'i', c[4]= 'n', c[5]= 'g'

如果花括号中提供的字符个数小于数组长度，则只将这些字符赋给数组中前面那些元素，其余的元素自动定为空字符（即'\0'）；如果字符个数大于数组长度，则会出现语法错误。例如：

char c[8]={'s','t','r','i','n','g'};

则 c[6]='\0'，c[7]='\0'。

同样的方法也可以初始化二维字符数组，例如：

char ch[3][5]={{ 'h','o','w'},{'a','r','e'},{'y','o','u','?'}};

二维字符数组的行列结构如图6-4所示。

ch[0]	h	o	w	\0	\0
ch[1]	a	r	e	\0	\0
ch[2]	y	o	u	?	\0

图 6-4　二维字符数组的行列结构

2）初始化时如果省略数组长度，系统会自动根据初值个数确定数组长度。例如：

char c[ ]={'h','a','p','p','y'};

数组 c 的长度自动定为 5。用这种方式可以不必人工去数字符的个数，尤其在赋初值的字符个数较多时，比较方便。

例6.15 下面是有关 C 语言字符数组的描述，其中错误的是（　　）。（2009 年 9 月全国计算机等级考试二级 C 试题选择题第 31 题）

A. 不可以用赋值语句给字符数组名赋字符串

B. 可以用输入语句把字符串整体输入给字符数组

C. 字符数组中的内容不一定是字符串

D. 字符数组只能存放字符串

分析： 比如定义字符数组 char c[6]={'s','t','r','i','n','g'}，由于初始化时没有元素赋值为'\0'，所以字符数组里存放的不是字符串（字符串都以'\0'作为结束标志）。选 D。

6.3.3 字符数组元素的引用

引用字符数组的一个元素，可以得到一个字符。字符数组的元素也通过下标进行区分，例如 c[0]、c[1]、c[2]……

例6.16 对字符数组 a 赋'a'～'z'，并输出数组 a 中的数据。

```c
#include <stdio.h>
void main()
{
    char a[26];                 //定义字符数组 a
    int i;
    for(i=0;i<26;i++)           //通过循环对数组元素赋值
        a[i]=i+'a';             //从'a'开始，字符的 ASCII 码逐个递增
    for(i=0;i<26;i++)           //输出字符数组的各元素
        printf("%c",a[i]);
    printf("\n");
}
```

运行结果：

abcdefghijklmnopqrstuvwxyz

6.3.4 字符串和字符串结束标志

字符串常量是用双引号括起来的一个字符序列，比如"hello"，除了组成字符串的字符外，编译系统会自动在字符串末尾添加一个隐含的串结束标志'\0'，它在内存中的存储结构如图6-5所示。

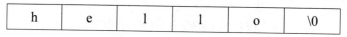

图6-5　字符串常量的存储结构

说明：'\0'代表ASCII码为0的字符，从ASCII码表中可以查到，ASCII码为0的字符不是一个可以显示的字符，而是一个"空操作符"，即它什么也不做。用它来作为字符串结束标志不会产生附加的操作或增加有效字符，只起一个供辨别的标志。

C语言没有提供"字符串"这种数据类型，但从图6-5可以看出，字符串元素数目固定、数据类型相同（均为字符型）、依次有序排列，完全符合我们对数组的定义，所以可以把字符串看作一个字符数组，借助字符数组来处理字符串。

在对字符数组初始化时可以用字符串常量进行初始化。例如：

    char c[7]={"string"};

或

    char c[7]= "string" ;

这时元素初值为：c[0]='s'，c[1]='t'，c[2]='r'，c[3]='i'，c[4]='n'，c[5]='g'，c[6]='\0'。注意，因为字符串常量的最后由系统加上了一个串结束标志'\0'，此时数组c的长度不是6，而是7。数组长度可以省略，所以上面的初始化可以等价为：

    char c[ ]={"string"};

或

    char c[ ]= "string";

同样也等价于

    char c[ ]={'s','t','r','i','n','g','\0'};

需要特别指出的是，虽然利用字符串常量可以对字符数组进行初始化，但不能用字符串常量为字符数组赋值。例如：

    char c[10]= "string";   //正确

但下面的用法是错误的：

    char c[10];
    c[10]= "string";   //错误

注意　字符串的长度与字符数组的长度是不相同的。

设有如下定义：

    char a[10]= "hello";

这里字符数组a的长度为10，数组a内存放的字符串"hello"的长度为5，但字符串中实际有6个字符，字符串末尾为结束符'\0'。

例6.17 有以下程序：

```
#include <stdio.h>
 main()
{
    char s[]="012xy\08s34f4w2";
    int i,n=0;
    for(i=0;s[i]!=0;i++)
    if(s[i]>='0'&&s[i]<='9') n++;
    printf("%d\n",n);
}
```

程序运行后的输出结果是（   ）。（2011年3月全国计算机等级考试二级C试题选择题第21题）

A．0

B．3

C．7

D．8

分析： 对于字符串来说，'\0'是其结束标志，它的ASCII码值为0。本题首先用字符串进行初始化，然后通过for循环来依次判断字符串中有多少个数字字符（'0'~'9'），当判断到'\0'时，根据循环条件，循环终止，所以只有'0'、'1'、'2'，n=3。选B。

需要补充说明的是，\0后面是8，不符合八进制表示字符的规则，所以是结束符\0。大家可以思考一下，如果\0后面不是8而是7，输出结果会是多少？

例6.18 以下程序用以删除字符串所有的空格，请填空。（2010年3月全国计算机等级考试二级C试题填空题第14题）

```
#include <stdio.h>
main()
{
    char s[100]={"Our teacher teach C language!"};
    int i,j;
    for(i=j=0;s[i]!='\0';i++)
    if(s[i]!=' ') {s[j]=s[i]; j++;}
    s[j]=_____
    printf("%s\n",s);
}
```

分析： 本题通过for循环一一判断字符数组中各元素，如果不是空格，则仍保留在字符数组中。变量i，j分别表示原数组元素下标和变化后的数组元素下标，最后应在新串的末尾添加结束标志'\0'。s[j]='\0' ;。

6.3.5 字符数组的输入和输出

字符数组的输入和输出有两种方法，一种是对数组中的每一个字符元素逐个进行输入或输出，采用"%c"格式说明符；另一种是将数组中的所有字符作为一个字符串进行输入或输出，采用"%s"格式说明符。

1. 逐个字符输入输出，格式符为%c

例6.19 输入字符数组各元素值，并输出。

```c
#include <stdio.h>
void main()
{
        char c[5];
        int i;
        for(i=0;i<5;i++)
                scanf("%c",&c[i]);                //用%c 格式符逐个输入
        for(i=0;i<5;i++)
                printf("%c",c[i]);                //用%c 格式符逐个输出
}
```

运行结果：

abcde✓

abcde

2. 整个字符串一次输入输出，格式符为%s

在用格式符%s 进行输入时，其输入项为数组名，由于数组名代表了该数组在内存中的存储首地址，所以输入时不能在数组名前再加取地址符&。例如：

```c
char ch[6];
scanf("%s",&ch);                //错误
scanf("%s",ch);                //正确
```

如果输入多个字符串，相邻两个字符串之间用空格分隔，系统会自动在字符串最后加结束符\0；输出字符串时，\0 是结束标志。

例6.20 用%s 格式符输入和输出字符串。

```c
#include <stdio.h>
void main()
{
        char a[6],b[6];
        scanf("%s%s",a,b);                //用%s 输入字符数组 a 和 b
        printf("a=%s,b=%s\n",a,b);                //用%s 输出字符数组 a 和 b
}
```

运行结果：

abc def✓

a=abc,b=def

分析：在输入的"abc"与"def"之间有一个空格分隔，因此，系统将"abc"作为一个字符串赋给数组 a，并且在后面自动添加字符中结束标志\0; 而将"def"作为另一个字符串赋给数组 b，并且也在后面添加结束标志\0。所以输出结果为：

a=abc, b=def

在用格式符%s 输出时，有如下几点说明。

说明：

① 输出的字符中不包括结束符\0。

② 与输入时相同，printf 函数中的输出项也是字符数组名，不能是数组元素。例如：

```
printf("%s",c[0]);              //错误
printf("%s",c);                 //正确
```

③ 输出字符串时，从字符数组起始地址开始顺序输出各元素中的字符，遇到第一个\0 为止。例如：

```
char c[10]= "hello";
printf("%s",c);
```

输出字符串"hello"，并不输出 10 个字符，这是因为字符串后面有结束符'\0'，所以输出时到\0 即止。

例 6.21 有以下程序：

```
#include <stdio.h>
main()
{ char a[20]="How are you?",b[20];
  scanf("%s",b);printf("%s %s\n",a,b); }
```

程序运行时从键盘输入：

How are you?<回车>

则输出结果为_____。（2009 年 9 月全国计算机等级考试二级 C 试题填空题第 13 题）

分析： 在用%s 输入字符串时，系统把空格作为字符串之间的分隔符，出现空格则认为该字符串输入结束，并在其后面添加结束标志'\0'。本题中用%s 格式符输入字符数组 b，键盘输入 How are you?，由于 How 后面出现空格，所以字符数组 b 中存放的是 How。则输出结果为 How are you? How。

例 6.22 有以下程序：

```
#include<stdio.h>
main()
{ char ch[3][5]={"AAAA","BBB","CC"};
printf("%s\n",ch[1]); }
```

程序运行后的输出的结果是（　　　）。（2011 年 9 月全国计算机等级考试二级 C 试题选择题第 34 题）

A. AAAA　　　　B. CC　　　　　C. BBBCC　　　D. BBB

分析： 在用字符串初始化二维字符数组时，也是按行赋值，即每一个字符串作为二维数组的一行，所以用格式符%s 输出 ch[1]得到的是"BBB"。选 D。

6.3.6　字符串处理函数

在 C 语言的函数库中提供了一些用于处理字符串的函数，使用方便。由于其函数原型在头文件<string.h>中说明，所以使用时需要用#include 命令将<string.h>头文件包含到源文件中。下面介绍几种常用的函数。

1. gets 函数（字符串输入函数）

gets 函数的调用形式为：

gets(str)

其中 str 是存放输入的字符串的首地址，通常是字符数组名、字符指针（指针相关知识将在第 7 章介绍）。gets 函数的作用是从终端读入一个字符串，直到读入一个回车符为止，系统会自动在字符串后加上\0。例如：

char str[50];

gets(str);

如果从键盘输入：

computer program✓

则输入的字符串会依次存放到字符数组 str 中，系统自动在后面加上串结束符'\0'。

例6.23 有以下程序：

```
#include <stdio.h>
  main()
{ char a[30],b[30];
scanf("%s",a);
gets(b);
printf("%s\n %s\n",a,b);      }
```

程序运行时若输入：

how are you?   I am fine✓

则输出结果是（   ）。（2011 年 3 月全国计算机等级考试二级 C 试题选择题第 31 题）

A. how are you?   B. how are you?
   I am fine   I am fine
C. how are you? I am fine   D. how are you?

分析： 在用%s 输入字符串时，空格是系统认可的分隔符，出现空格则认为该字符串输入结束，并在其后面添加结束标志\0；gets()函数在读入字符串时则以回车符作为结束标志。本题中输入 how are you? I am fine，how 后面有空格，所以 a 字符数组中存放的就是 how，其余的存放到了 b 字符数组中。输出时换行，结果就是 B。

2. puts 函数（字符串输出函数）

puts 函数的调用形式为：

puts(str)

其中 str 是存放输出的字符串的首地址，可以是存放字符串的字符数组名或字符串常量。puts 函数的作用是将一个字符串输出到终端。例如：

char str[ ]= "good!";

puts(str);

运行输出：

good!

注意 用 gets 和 puts 函数只能输入或输出一个字符串，不能写成 gets（str1,str2）或 puts（str1,str2）。

3．strcat 函数（字符串连接函数）

strcat 函数的调用形式为：

strcat(str1,str2);

此函数的作用是将 str2 所指字符串的内容连接到 str1 所指字符串的后面，结果放在字符串 str1 中。函数返回 str1 的地址值。例如：

char str1[30]= "I am a ";

char str2[ ]= "student."

strcat(str1,str2);

则 str1 中的值是：I am a student.

说明：

① 字符数组 str1 必须足够大，以便容纳连接后的新字符串。

② 连接前两个字符串后面都有\0，连接时会自动覆盖 str1 串末尾的\0，只在新串的最后保留\0。

例6.24 有以下程序：

```
#include <stdio.h>
#include <string.h>
main()
{
char a [20] ="ABCD\0EFG\0",b[]="IJK";
strcat（a,b）;
printf（"%s\n",a）;
}
```

程序运行后的输出结果是（ ）。（2010 年 9 月全国计算机等级考试二级 C 试题选择题第 33 题）

A．ABCDE\OFG\OIJK   B．ABCDIJK

C．IJK   D．EFGIJK

分析：\0 是字符串的结束标志，在字符数组 a 中，字符串"ABCD"后面有\0，系统认为 a 字符串到这里结束，所以在它的后面连接 b 字符串，输出"ABCDIJK"。选 B。

4．strcpy 函数（字符串复制函数）

strcpy 函数的调用形式为：

strcpy(str1,str2);

此函数的作用是将 str2 所指字符串的内容复制到 str1 所指的存储空间中，函数返回 str1 的地址值。

char str1[10],str2[ ]= "Beijing";

strcpy(str1,str2);

执行后 str1 中的值为：Beijing。

说明：

① 字符数组 str1 应有足够的空间容纳被复制的字符串 str2。

② 复制时 str1 必须是字符数组名形式，str2 可以是字符数组名，也可以是字符串常量。例如：

```
strcpy(str1, "Beijing");                    //执行结果与前面相同
```

③ 不能用赋值符将一个字符串常量或字符数组直接赋给另一个字符数组，只能用 strcpy 函数将一个字符串复制到另一个字符数组中去。例如：

```
str1=str2;                    //错误
strcpy(str1,str2);            //正确
```

5. strcmp 函数（字符串比较函数）

strcmp 函数的调用形式为：

格式：strcmp(str1,str2);

此函数的作用是比较字符串 str1 和字符串 str2。其执行规则是：自左到右逐个比较对应字符的 ASCII 码值，直到发现了不同字符或字符串结束符\0，如果全部字符相同，则认为两个字符串相等；若出现不同的字符，则以第一对不相同的字符的比较结果为准。

函数的执行结果如下。

若字符串 str1=字符串 str2，则返回 0。

若字符串 str1>字符串 str2，则返回一个正整数。

若字符串 str1<字符串 str2，则返回一个负整数。

例如有如下代码段：

```
main()
{char str1[ ]= "computer";
char str2[ ]= "compare";
if(strcmp(str1,str2)>0)
    printf("yes");
else
    printf("no");
}
```

则执行结果为：yes。

注意 对两个字符串进行比较，不能使用数值型比较符。即（str1>str2）这种写法是错误的。

例6.25 下列选项中，能够满足"若字符串 s1 等于字符串 s2,则执行ST"要求的是(   )。
（2010年9月全国计算机等级考试二级 C 试题选择题第 31 题）

A. if(strcmp(s2,s1)==0)ST;   B. if(sl==s2)ST;
C. if(strcpy(sl ,s2)==1)ST;   D. if(sl-s2==0)ST;

分析：比较两个字符串应使用函数 strcmp()，不能使用数值比较符或运算符。选 A。

6. strlen 函数（求字符串长度函数）

strlen 函数的调用形式为：

strlen(str)

此函数的作用是计算字符串的长度，该长度不包括串尾的结束符\0。例如：

```
char str[10]= "hello";
printf("%d",strlen(str));
```

输出结果是 5，即字符串的自身长度。

例6.26 有以下程序：

```
#include <stdio.h>
#include <string.h>
main()
{
    char a[10]="abcd";
    printf("%d,%d\n",strlen(a),sizeof(a));
}
```

程序运行后的输出结果是（　　　　）。（2009 年 9 月全国计算机等级考试二级 C 试题选择题第 30 题）

　　A．7,4　　　　　　B．4,10　　　　　　C．8,8　　　　　　D．10,10

分析：strlen()函数是测试字符串的实际长度，sizeof()则是测试数组长度，所以输出结果为 4,10。选 B。

7．strlwr 函数（转换为小写的函数）

strlwr 函数的调用形式为：

strlwr(str)

此函数的作用是将字符串大写字母转换成小写字母。

8．strupr 函数（转换为大写的函数）

strupr 函数的调用形式为：

strupr(str)

此函数的作用是将字符串小写字母转换成大写字母。

例6.27 编写一个程序，输入一个字符串并逆序输出。

分析：输入字符串可以使用 gets()函数；逆序输出的实现：先计算出字符串的长度，然后通过 for 循环从字符串尾开始逐个输出串中的数据。

程序如下：

```
#include <stdio.h>
#include <string.h>
main()
{
    char str[50];
    int i;
    printf("请输入字符串：\n");
    gets(str);
    printf("逆序输出：\n");
    for(i=strlen(str);i>=0;i--)          //通过 for 循环从字符串尾开始逆序输出
        putchar(str[i]);
    printf("\n");
}
```

运行结果：

> 请输入字符串：
>
> hello
>
> 逆序输出：
>
> olleh

例 6.28 统计输入的字符串中数字、大小写字母和其他字符的个数。

分析：依据字符的 ASCII 码值，逐个判断输入的字符是否为数字、小写字母、大写字母或其他字符。

程序如下：

```c
#include <stdio.h>
main()
{
    char c;
    int nint=0,nupchar=0,nlowchar=0,nother=0;
    printf("请输入字符串： \n");
    while((c=getchar())!='\n')
        if(c>='0' && c<='9')
            ++nint;
        else if(c>='a' && c<='z')
            ++nlowchar;
        else if(c>='A' && c<='Z')
            ++nupchar;
        else
            ++nother;
        printf("统计结果为： \n");
        printf("数字：%d，大写字母：%d，小写字母：%d，其他字符：%d\n",
nint,nupchar,nlowchar,nother);
}
```

运行结果：

> 请输入字符串：
>
> Ab123MntWWq-=f,y45↙
>
> 统计结果为：
>
> 数字：5，大写字母：4，小写字母：6，其他字符：3

例 6.29 有以下程序：

```c
#include<stdio.h>
main()
{
int c[3]={0},k,i;
    while((k=getchar())!='a') c[k-'A']++;
    for(i=0;i<3;i++)   printf("%d",c[i]);
    printf("\n"); }
```

若程序运行时从键盘输入 ABCACC<回车>，则输出结果为_____。（2011 年 9 月全国计算机等级考试二级 C 试题填空题第 12 题）

分析：循环中通过 getchar()函数输入字符，输入的第一个字符为'A'，则执行 c['A'-'A']++，即 c[0]++，为 1；第 2 个字符'B'，则 c['B'-'A']++，c[1]++，为 1；第 3 个字符'C'，即 c[2]++，为 1；依此推算，c[0]=2，c[1]=1，c[2]=3。所以输出结果为 <u>213</u>。

6.4 习题

一、基础知识题

1. 下列定义数组的语句中，正确的是（   ）。（2010 年 9 月全国计算机等级考试二级 C 试题选择题第 27 题）

    A．int N=10; int x[N];   B．#define N 10   int x[N];

    C．int x[0..10];   D．int x[ ];

2. 以下程序运行后的输出结果是_____。（2011 年 9 月全国计算机等级考试二级 C 试题填空题第 9 题）

```
#include<stdio.h>
main()
{   int i,n[]={0,0,0,0,0};
    for(i=1;i<=2;i++)
    {n[i]=n[i-1]*3+1;   printf("%d",n[i]);}
    printf("\n");   }
```

3. 有以下程序：

```
#include＜stdio.h>
main()
{ int i,n[]={0,0,0,0,0};
  for (i=1;i<=4;i++)
  { n[i]=n[i-1]*3+1;     printf("%d ",n[i]);  }  }
```

程序运行后的输出结果是_____。（2010 年 9 月全国计算机等级考试二级 C 试题填空题第 9 题）

4. 有以下程序：

```
#include＜stdio.h>
main()
{ int n[2],i,j;
  for(i=0;i<2;i++)   n[i]=0;
  for(i=0;i<2;i++)
  for(j=0;j<2;j++)   n[j]=n[i]+1;
  printf("%d\n"，n[1]);     }
```

程序运行后的输出结果是_____。（2010 年 9 月全国计算机等级考试二级 C 试题填空题第 13 题）

5. 若有以下定义和语句：

```
char s1[10]="abcd!" ,*s2="\n123\\";    //*s2 是指针表示形式，指向字符串首地址
printf("%d %d\n", strlen(s1),strlen(s2));
```

则输出结果是（　　　）。（2010年3月全国计算机等级考试二级C试题选择题第31题）

    A．5 5　　　　　　B．10 5　　　　　　　C．10 7　　　　　D．5 8

  6．有以下程序：

```
#include <stdio.h>
main()
{ char s[]={"012xy"}; int i,n=0;
  for(i=0;s[i]!=0;i++)
  if(s[i]>= 'a' && s[i]<= 'z')   n++;
     printf("%d\n",n);        }
```

程序运行后的输出结果是（　　　　）。（2009年9月全国计算机等级考试二级C试题选择题第20题）

    A．0　　　　　　B．2　　　　　　　C．3　　　　　　D．5

  7．有以下程序：

```
#include＜stdio.h＞
#include＜string.h＞
 main()
{ char x[ ]="STRING";
   x[0]=0;  x[1]='\0';   x[2]='0';
   printf("%d %d\n", sizeof(x), strlen(x)); }
```

程序运行后的输出结果是（　　　）。（2010年9月全国计算机等级考试二级C试题选择题第23题）

    A．6 1　　　　B．7 0　　　　　C．6 3　　　　D．7 1

  8．有以下程序：

```
#include<stdio.h>
#include<string.h>
 main()
{ char a[5][10]={ "china","beijing","you","tiananmen","welcome"};
  int i,j; char t[10];
  for(i=0;i<4;i++)
  for(j=i+1;j<5;j++)
  if(strcmp(a[i],a[j])>0)
  { strcpy(t,a[i]);   strcpy(a[i],a[j]);   strcpy(a[i],t); }
  puts(a[3]); }
```

程序运行后的输出结果是（　　　）。（2011年9月全国计算机等级考试二级C试题选择题第32题）

    A．beijing　　　　B．china　　　　C．welcome　　　D．tiananmen

二、编程题

1．编写一个程序，将两个一维数组中的对应元素的值相减后显示出来。

2. 用筛选法求 100 以内的素数。

3. 有一个已排好序的数组，要求输入一个数，按原来排序的规律将它插入到数组中。

4. 输出杨辉三角形（要求输出 10 行）。

```
      1
      1   1
      1   2   1
      1   3   3   1
      1   4   6   4   1
      1   5  10  10   5   1
      ……
```

5. 求一个 3×3 的整型矩阵对角线元素之和。

6. 编写一个程序，将两个字符串连接起来，不要用 strcat 函数。

第7章 指针、函数和数组

本章先介绍指针的声明、定义、使用方法，然后讨论指针与数组、指针与函数以及函数指针等概念与用法。通过本章的学习，需要掌握指针的基本概念、掌握一维数组与指针联用时的操作方法、掌握一维数组在函数中的使用、掌握字符串与指针的联用方法。理解二维数组与指针的联用方法、理解二维数组作为函数参数的使用方法、理解指向函数的指针与函数返回为指针值的方法。了解二级指针的概念。

理解C语言的关键之一在于理解C语言的指针概念。C语言中的指针是一类特殊变量，称为指针变量。该指针变量存储的内容为某个内存单元的地址。指针变量占用4个字节的内存单元来存放某个内存单元的地址。C语言中的指针属于简单数据类型，程序中使用指针的优势在于方便地对内存进行直接操作，提供更灵活的变量访问方式。但是缺点在于容易造成程序对内存的误访问、内存泄露等程序不稳定问题。因此在使用指针的时候要尤其注意其赋值与访问等操作。

7.1 变量的地址和指针

C语言程序任何一个变量都必须占用一定的存储空间。变量的存储空间依变量的类型而决定。下面举例说明。

例7.1 不同类型变量的存储空间。

```c
#include <stdio.h>
main ()
{
    int i;
    long l;
    char c;
    float f;
    double d;

    printf ("int变量占用的存储空间为：%d\n",sizeof (i));
    printf ("long变量占用的存储空间为：%d\n",sizeof (l));
    printf ("char变量占用的存储空间为：%d\n",sizeof (c));
    printf ("float变量占用的存储空间为：%d\n",sizeof (f));
    printf ("double变量占用的存储空间为：%d\n",sizeof (d));
    printf ("\n");
}
```

运行结果：

int变量占用的存储空间为：4

long变量占用的存储空间为：4
char变量占用的存储空间为：1
float变量占用的存储空间为：4
double变量占用的存储空间为：8

分析：int型变量的存储空间为4个字节。long型变量的存储空间为4个字节，char型变量的存储空间为1个字节，float型变量的存储空间为4个字节，double型变量的存储空间为8个字节。

那么如何取得某个变量的地址？可以采用"&变量名"的方法。

&变量名

采用&变量名的方法取得变量的地址也是一个值，下面举例说明该内存地址值实际占用的存储空间。

例7.2 变量地址的存储空间。

```c
#include <stdio.h>
main ()
{
        int i;
        long l;
        char c;
        float f;
        double d;

        printf ("int变量占用的存储空间为：%d\n",sizeof (&i));
        printf ("long变量占用的存储空间为：%d\n",sizeof (&l));
        printf ("char变量占用的存储空间为：%d\n",sizeof (&c));
        printf ("float变量占用的存储空间为：%d\n",sizeof (&f));
        printf ("double变量占用的存储空间为：%d\n",sizeof (&d));
        printf ("\n");
}
```

运行结果：

int变量占用的存储空间为：4
long变量占用的存储空间为：4
char变量占用的存储空间为：4
float变量占用的存储空间为：4
double变量占用的存储空间为：4

分析：从上面的例子可以看到，基本数据类型变量在系统中使用4个字节来表示该变量的内存地址。那么考虑是否有一种方式直接通过地址来访问该变量，而无须使用该变量的名字？答案是肯定的，那就是指针变量。而变量的内存地址通常被称为指针。

说明：

① 一般int型为2或4个字节，例7.1使用的编译系统为Visual C++ 6.0环境，编译器将int类型变量的存储空间翻译为4个字节。如果采用TC2.0编译器，同样的程序编译器将int型变量翻译为2个字节，则输出结果将不同。请读者自行试验。

② 例7.2中基本数据类型的变量地址占用4个字节的存储空间，事实上，无论何种类型变量的地址均占用4个字节的存储空间。即指针均占用4个字节的存储空间。

> **注意** "&变量名"仅仅用于取得该变量的地址。&变量名=5；这种操作原因很简单：内存地址是不能被改变的。内存单元都是从低到高顺序编号，这个编号是计算机默认的一个内存编号，相当于门牌号码，如果改变了这个号码，就无法找到对应该号码的内存单元格。因此，编译系统中内存地址被定义为一个不可改变值的常量。

7.2 指针变量

7.2.1 指针变量的定义

由7.1节的介绍可以了解到，指针就是某个变量的内存地址。如果有一种特殊变量能够存储各种类型变量的内存地址，则在使用当中通过改变这种特殊变量的值就可以达到变换不同内存地址的目的。那么当然有可能通过该特殊变量来访问对应的内存。这样就提供了一种更加灵活的途径来完成对内存的访问。这种变量就是指针变量。

指针变量：定义为存储变量内存地址的一种特殊变量。

指针变量的声明方法比较简单，且任何一种类型的变量都可以声明指针变量。

格式：类型 *指针变量名;

例7.3 指针的声明。

```
int    *p;        //p被声明为整型变量的指针
char   *pc;       //pc被声明为字符变量的指针
long   *pl;       //pl被声明为长整型变量的指针
float  *pf;       //pf被声明为浮点型变量的指针
double *pd;       //pd被声明为双精度浮点类型变量的指针
                  //也可以声明为无类型的指针：
void   *pv;       //pv被声明为任意类型变量的指针
```

说明：声明为无类型的指针void *pv的方式，可以将任意类型的变量地址赋值给该指针变量。C语言是弱类型语言，允许这种操作方式。

既然指针是某个内存的地址，指针变量是一种特殊变量，就可以使用图7-1所示的指针类型示意图来表达上面的例子。

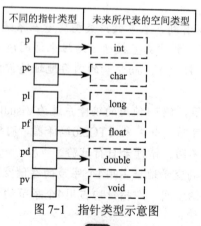

图 7-1 指针类型示意图

7.2.2 怎样引用指针变量

指针是一种特殊类型的变量，任何一种类型的变量都可以把其所在的内存地址赋给指针变量。赋值的方法如下：

指针变量名 = &变量名;

如下的例子清楚地说明了指针类型的赋值方法与指针类型变量所占用的存储空间。

例7.4 指针类型的赋值与占用的存储空间。

```c
#include <stdio.h>
main ()
{
    int i,*pi;
    long l,*pl;
    char c,*pc;
    float f,*pf;
    double d,*pd;

    pi = &i;
    pl = &l;
    pc = &c;
    pf = &f;
    pd = &d;

    printf ("int变量的指针占用的存储空间为：%d\n",sizeof (pi));
    printf ("long变量的指针占用的存储空间为：%d\n",sizeof (pl));
    printf ("char变量的指针占用的存储空间为：%d\n",sizeof (pc));
    printf ("float变量的指针占用的存储空间为：%d\n",sizeof (pf));
    printf ("double变量的指针占用的存储空间为：%d\n",sizeof (pd));

    printf ("\n");
}
```

运行结果：

    int变量的指针占用的存储空间为：4
    long变量的指针占用的存储空间为：4
    char变量的指针占用的存储空间为：4
    float变量的指针占用的存储空间为：4
    double变量的指针占用的存储空间为：4

分析： 从上面例子可见，赋值给指针变量的方法很简单，只需要取得变量的地址就可以把该地址赋值给对应类型的指针变量了。那么如何使用该指针变量？使用指针变量的目的在于使用另外一条途径对变量进行操作。

例如：int i,*p=&i; ，则此时变量i所对应的内存有两个名称，第一个名称为i，第二个名称为*p。那么i=5与*p=5两个赋值具有相同的效果。其深层次的含义就是：把变量i所对应的内存单元的内容变为整数5。

注意 数据类型是int型，所以这里说是整数5。

由此可以了解到，指针变量的引用方法如下：

*指针名=表达式;

注意 请特别注意："指针名=&变量名;"与"*指针名=表达式;"的区别，"指针名=&变量名;"这个语句表达了：把变量的地址存放到指针变量中。"*指针名=表达式;"这个语句表达了：将表达式的计算结果值存储到指针变量所存放的内存地址所代表的内存单元中去。

下面来看一个引用指针变量的例子。

例7.5 引用指针变量。

```
#include <stdio.h>
main ()
{
    int i,*pi=&i;
    long l,*pl=&l;
    char c,*pc=&c;
    float f,*pf=&f;
    double d,*pd=&d;

    i=1;
    printf ("i变量的值为：%d\n",i);
    *pi = 10;
    printf ("i变量的值改变为：%d, *pi的值为：%d\n",i,*pi);



    l=16;
    printf ("l变量的值为：%ld\n",l);
    *pl = 10;
    printf ("l变量的值改变为：%d, *pl的值为：%ld\n",l,*pl);

    c='a';
    printf ("c变量的值为：%c\n",c);
    *pc = 'D';
    printf ("c变量的值改变为：%c, *pc的值为：%c\n",c,*pc);

    f=1.5;
    printf ("f变量的值为：%f\n",f);
    *pf = 55.5;
    printf ("f变量的值改变为：%f, *pf的值为：%f\n",f,*pf);
```

```
        d=123.456;
        printf ("d变量的值为：%lf\n",d);
        *pd = 654.321;
        printf ("d变量的值改变为：%lf， *pd的值为：%lf\n",f,*pd);


        printf ("\n");
    }
```

运行结果：

    i变量的值为：1

    i变量的值改变为：10，*pi的值为：10

    l变量的值为：16

    l变量的值改变为：10，*pl的值为：10

    c变量的值为：a

    c变量的值改变为：D，*pc的值为：D

    f变量的值为：1.500000

    f变量的值改变为：55.500000，*pf的值为：55.500000

    d变量的值为：123.456000

    d变量的值改变为：654.321000，*pd的值为：654.321000

分析： 例子清楚地说明了指针变量是变量的别名，通过指针变量获得了变量的另外一种操作方式，给变量的赋值提供了另一种操作方法。但是，应该注意到，由于优先级与结合性等问题，指针的合理使用非常关键，看下面的例子。

例7.6 若定义语句int year=2009,*p=&year;，以下不能使变量year中的值增至2010的语句是（ ）。（2011年9月全国计算机等级考试二级C试题选择题第25题）

  A. *p+=1;   B. (*p)++;   C. ++(*p);   D. *p++;

分析：

  答案A *p+=1; 可理解为：*p=*p+1，即2009+1=2010。

  答案B (*p)++; 语句同A答案只是明确了优先级为（*p）的内容自加一。

  答案C ++(*p); 同答案B。

  答案D *p++; 由于++的优先级高于*，故此先做加法，即先把p的值增加一，这样做的结果是：指针变量p中保存的year变量地址被改变了（p变量的内容加一之后，保存的内容就已经不是year变量的地址了，具体是什么地址是不确定的），则*p的内容也就无法预知。

由例7.6可见，指针的使用应该注意这些隐含的错误，尤其是涉及优先级与结合性时，因此比较安全的做法可以采用例7.6中答案B和答案C的写法。

7.2.3 指针变量作为函数参数

C语言中的指针变量具有高度的灵活性，它可以作为函数的参数来使用。将指针作为函数的参数使用方法如下：

函数返回值 函数名 (…, 类型名 *指针名, …)

也就是简单地将指针（地址）赋给函数作为函数的参数即可。特别需要注意的是：当函数的形参为指针，若实参为变量时提供的是变量的地址，需要使用：&变量名。同样，当函数的形参为指针，若实参为数组时，提供的是数组名（数组名就是数组的首地址），即：数组名。关于数组名就是数组的首地址问题在下一节中会详细介绍。下面首先来看指针变量为为函数的参数。

例7.7 指针作为参数传递。（2010年3月全国计算机等级考试二级C试题选择题第26题）

```c
#include <stdio.h>

//定义了函数fun，其中参数c是一个指针变量，而d不是指针变量
void fun(char *c,int d)
{
    *c=*c+1;
    d=d+1;
    printf ("%c,%c",*c,d);
}
main()
{
    char b='a',a='A';

    fun(&b,a);
    printf ("%c,%c\n",b,a);
}
```

程序运行后的输出结果是（　　　　）。

A. b，B，b，A   B. b，B，B，A

C. a，B，B，a   D. a，B，a，B

分析： 首先应尤其注意到fun(&b，a)语句，变量b的地址传递给函数fun中的参数c。而a传递的是变量a的值，不是地址。上面的例子说明了一个问题：当变量b的地址作为指针参数传递给函数fun时，如果函数内部存在改变值的操作（本例中的*c=*c+1；语句），则该变量（变量b）的值会被改变。而变量a则不然，因为变量a没有作为地址传递（注意到为了匹配参数的类型，变量a只能传递值，而不能传递地址，因为函数的定义为：void fun(char *c,int d)，则调用该函数的时候，第一个参数匹配字符型指针变量c，第二个参数匹配整型变量d）。因此变量a的值在返回主函数的时候是没有发生任何改变的。

7.3 一维数组和指针

前面7.2.3节中曾经提到：数组名就是数组的首地址。因指针变量存储的内容就是一个地址，故理论上就可以直接把数组名赋值给指针变量。由于C语言的编译系统对于数组中某个元素的表示与指向数组的指针表示某个数组元素的时候是同等对待的，因此对于指向数组的指针是对数组操作的另外一种表现形式。

7.3.1 数组首地址

本章前面曾提到："*指针名"的表达方式是变量的另外一个名字，由此可知，数组也可以使用指针来表达。这里首先对比一下变量的地址赋值给指针变量与数组名赋值给指针变量。

```
int    i,*p=&i;         //变量使用取地址"&"符号来取得其地址值，赋值给指针
int    a[10],*p=a;      //数组直接将其名字赋值给指针
```

可以看到，数组的首地址是可以赋值给指针变量的。数组的声明方式通常为：

类型名　数组名[长度];

上述的声明实际上产生了一种内存结构，如图7-2所示。

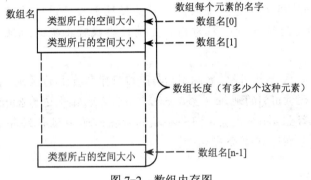

图 7-2　数组内存图

从上图可以清晰地了解到，数组中任何一个元素的引用方式都是使用"数组名[下标编号]"的方式来引用的。数组名作为整个数组的表示，表达为某类型整个数组空间的首地址，以便于使用下标引用方式逐一访问。

7.3.2 数组元素的指针

既然数组名即为数组的首地址，且7.3.1也说明了使用指针可以接受数组名（数组首地址地址）作为值的方式，这即产生一种使用指针访问数组的方式：指向数组的指针。语句int a[10],*p=a;即声明了一个指向具有十个整型元素数组a的指针。

同变量一样，指针也可以直接指向数组元素。这里有几种典型的方式。

方式一：普通方式

可以使用如下方式来给指针赋值，使得该指针指向数组中的某个元素。

例7.8 给数组元素赋值的普通方式。

```
int    a[10],*p;
…
p=&a[5];
…
p=&a[0];
…
```

分析：语句int a[10],*p; 声明了一个数组a，它有10个整型元素，并声明了一个整数指针变量。语句p=&a[5]; 如果希望访问数组a的第6个元素，则给它制造一个新名字*p，也就是将数组的第6个元素的地址(&a[5])直接赋值给整型指针变量p。语句p=&a[0]; 如果希望访问数组a的第1个元素，可以使用上述的办法。这个用法完全等价于p=a，这是因为第1个元素的地址就是整个数组的首地址。

说明：

① 数组元素的指针的确切含义是指：某个指针变量（与数组元素具有相同的数据类型）被赋值为该元素的存储地址。

② 例7.8中的用法p=&a[5]与p=&变量名的用法完全一致，实际上可以简单理解数组的某个元素就是一个变量，这样取得变量的地址赋值给指针变量就可以统一理解了。

③ p=&a[5]与p=a的用法没有显著的区别，关键区别在于赋的地址不同，只要赋值号右边的表达式计算的是地址就行。因为指针变量只要找对正确的地址就能访问到对应的变量。

> **注意** 尤其要注意一个问题：p=&a[5]与p=a[5]有本质上的区别。p=&a[5]是取得数组a的第6个元素a[5]的地址（第6个元素a[5]的地址表达为&a[5]），而p=a[5]的含义是：把数组第6个元素a[5]中存放的数据作为地址值给指针变量p，那么很明显这个语句在运行中会有问题。

方式二：递加方式

假设对指针的定义如下：

```
int   a[10],*p=a;
```

则a数组的任意一个元素可以使用下面的方式来表达。

数组a中的第i个元素的名称是a[i]，也可以是*(p+i)。这种方式提供了更加灵活的数组访问方法。

上述两种用法可以通过一张图来对比，如图7-3所示。

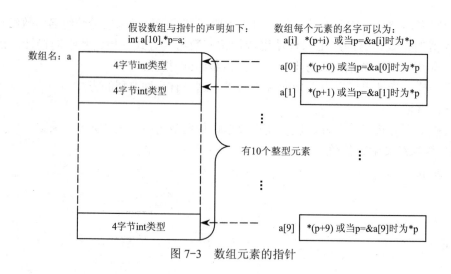

图7-3　数组元素的指针

7.3.3 通过指针引用数组元素

在7.3.2中使用了两种不同的方法实现了数组元素的指针，而通过指针引用数组元素就相对较简单。主要有以下两种方法来引用数组元素。

方法一：普通引用法

当对数组的某个元素直接访问时，可以使用这种方法。

例7.9 数组元素的普通引用。

```
int a[20],*p;
p = &a[5];        //取得第六个元素的地址
*p = 34;          //给第六个元素赋值为整数34
```

分析：上述代码的功能为访问数组的第6个元素。语句p = &a[5]; 的作用是取得第6个元素的地址。语句*p = 34; 是给第6个元素赋值为整数34。

很明显，上述的方法只能给数组中的某一个元素赋值，如果希望利用指针给数组中所有元素赋值，则可以如下编写代码。

例7.10 使用指针给数组全部元素赋值为1。

```
int a[20],*p;
int i;
p = a;
for(i=0;i<20;i++,p++) *p= 1;
```

分析：注意到，上述代码中语句p=a; 与语句p=&a[0]; 等价。该语句的作用为取得数组的首地址。

方法二：递加引用

当引用数组元素的时候也可以采用固定首地址,而改变其增量来实现普通方法的赋值方式。

例7.11 数组某一个元素的递加引用。

```
int a[20],*p;
int i;
p = a;
*(p+5) = 34;
```

分析：上述代码的功能为访问数组的第6个元素。语句p = a; 与语句p=&a[0]; 等价。该语句的作用为取得数组的首地址。语句*(p+5) = 34; 作用为给第6个元素赋值为整数34。

例7.12 使用指针给数组全部元素赋值为1。

```
int a[20],*p;
int i;
p = a;
for(i=0;i<20;i++,p++) *(p+i)= 1;
```

分析：语句p = a; 与语句p=&a[0]; 等价，该语句的作用为取得数组的首地址。

由例可见，使用指针对数组元素引用的方法比较灵活、多变。可以根据需要选择引用元素的方法，也可以依照实际应用的要求来使用其他方法。

7.4 一维数组和函数

在很多情况下，数组和指针通常是成对出现的。当作为函数的参数时，可以是数组的某

个元素、数组名以及指针等。

7.4.1 数组元素作为函数参数

在函数的参数当中，可以使用普通变量（自动变量）。这种用法与使用数组的元素作为函数参数的用法完全一致。即：

例7.13 函数参数使用普通变量与数组元素作为函数参数。

int   i=5,a[3]={5,5,5};
fun(i); 或者使用fun(a[2]);

说明: 对于语句fun(i); 也可以使用fun(a[0])，fun(a[1])对本例来说具有相同的功能。

分析: 上述两个语句实现了完全相同的功能。就是将值为5的变量传递给函数fun，从传递的参数值、传递方式、传递后的处理机制来看，fun(i)与fun(a[2])没有本质上的区别。这是因为希望传递的参数值为5，变量i与数组的三个元素的值都是5；第二，参数传递时都没有用到&符号来取得地址；第三，都只使用了变量本身。这说明了一个问题：数组中任意一个元素在实质上就是一个普通变量。因此如果不考虑变量名的情况下，上例中的两个语句完全等价。

还应该特别看到：在调用函数fun时，调用的机制也是完全一样的。即进入fun函数时，产生变量的副本（数组元素作为变量来产生副本），然后进入函数，完成函数功能，退出函数时将产生的副本删除，其存储空间交还给系统。例7.13中fun(i)与fun(a[2])的调用流程如图7-4所示。

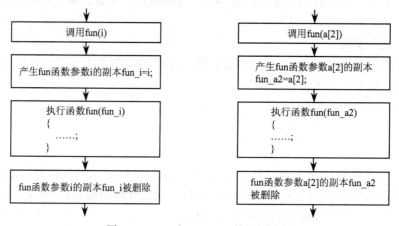

图 7-4   fun(i)与 fun(a[2])的调用流程

从上图不难看出，数组元素本身的值与变量i的值完全没有改变。这是由于在进入fun函数后由于产生了副本的结果。如果希望在函数内部改变某个数组元素的值，需要传递该元素的地址，或者是传递数组名。

7.4.2 数组名作为函数参数

数组的中元素作为函数参数的传递过程中传递的是该元素的值。在这个传递过程中，进入函数后为了保证该值不能被改变，故函数为该参数生成了一个副本。在函数退出时，删除该副本的存储空间。这样参数的值既能被函数所使用，又能保证在函数执行过程中参数的值不会变化。理解这个过程类似于理解我们数学上的函数运算。

例7.14 数学的运算关系。

y = 2x+6

当 x = 1时，有：

y=2*1+6=8

注意到，此时的x仍然等于1。

那么很多时候需要改变数组中的元素值，则此时可以使用两种方式来解决这个问题，第一种方式就是传递数组的首地址，也就是数组名作为函数的参数。

例7.15 有下程序（函数fun只对下标为偶数的元素进行操作）：（2010年9月全国计算机等级考试二级C试题选择题第30题）

```
#include <stdio.h>
void fun(int *a,int n)
{
    int i,j,k,t;
    for (i=0;i<n-1;i+=2)
    {
        k=i;
        for(j=i;j<n;j+=2)
            if(a[j]>a[k]) k=j;
        t=a[i];
        a[i]=a[k];
        a[k]=t;
    }
}
main()
{
    int aa[10]={1,2,3,4,5,6,7},i;
    fun(aa,7);                            //调用fun函数
    for(i=0;i<7;i++) printf("%d,",aa[i]); //打印执行之后的数组值
    printf("\n");
}
```

程序运行后的输出结果是（　　　）。

A. 7,2,5,4,3,6,1　　　　　B. 1,6,3,4,5,2,7

C. 7,6,5,4,3,2,1　　　　　D. 1,7,3,5,6,2,1

分析： 选A。程序用于将下标为偶数的数组元素依照降序排序，下标为奇数的元素不变。函数调用时，fun(aa,7); 语句中的两个参数分别为数组aa的首地址，aa和数组的有效数据个数为7个。进入fun函数后的第一个for语句仅仅在数组的偶数下标中寻找元素，控制方式为语句i+=2。在进行降序搜索的时候使用的方法是在后续偶数下标的元素中选择一个最大数据。控制方式语句为j+=2。当找到最大值的时候，就记录其下标，并保存在变量k中。然后将该最大值a[k]与当前的元素a[i]进行交换。当循环继续的情况下，i不停地前移，由此重复上述操作，

直至第一个for循环执行完成。

在程序调用fun函数的时候，由于需要改变数组内元素的值，因此不能仅仅传递值，而应该传递地址，所以这里传递的是数组名。因数组名就是数组的首地址，故函数fun的参数必须声明为指针，即void fun(int *a,int n)中的int *a指针。函数执行过程中对传递过来的参数fun(aa,7);，语句中的aa和数据7分别生成两个副本。由于数据aa是一个地址，故此生成的副本为地址副本。而数组是通过首地址来访问的，即使函数执行完毕退出，地址副本被删除，该数组的首地址仍然在aa中记录。因此在fun函数中对数组元素值的修改实际上就是改变main函数中aa数组元素的值。

7.4.3 数组元素地址作为函数参数

我们通过7.4.2的例7.15知道对数组元素的修改可以通过直接传递该数组的首地址来实现。但是某些时候仅仅只需要访问数组中的一个元素，通常无须传递首地址，仅仅只须传递该元素地址即可。

例7.16 访问数组的某一个元素。

```c
#include <stdio.h>
void fun(int *p)
{
  *p = 6;
}
main ()
{
  int a[10]={1,2,3,4,5,6,7,8,9,10};
  int i;
  printf ("\na数组原来的值为：\n");
  for (i=0;i<10;i++)printf (" %d ",a[i]);
  fun(&a[2]);
  printf ("\na数组现在的值为：\n");
  for (i=0;i<10;i++)printf (" %d ",a[i]);
  printf ("\n");
}
```

运行结果：

a数组原来的值为：

1 2 3 4 5 6 7 8 9 10

a数组现在的值为：

1 2 6 4 5 6 7 8 9 10

分析： 上述程序的功能是将数组的第3个元素值由原来值3改为6。

特别注意到，即便是传递数组中的一个元素地址，也可以访问数组中其他的元素。因为该元素地址已经帮指针定位到了数组的某一个元素的位置，可以通过这个位置推断其他元素的位置。下面来看一个例子。

例7.17　通过元素访问数组。（2011年9月全国计算机等级考试二级C试题第27题）

```c
#include <stdio.h>
void fun(int *p)
{
        printf("%d\n",p[5]);
}
main()
{
        int a[10]={1,2,3,4,5,6,7,8,9,10};
        fun(&a[3]);
}
```

程序运行后的输出结果是（　　　）。

      A. 5　　　　　　　　B. 6　　　　　　　　C. 8　　　　　　　　D. 9

分析：语句 fun(&a[3]); 的作用是把数组第4个元素的首地址传递给函数fun。语句 printf("%d\n",p[5]); 的作用是根据当前地址算起，打印第6个元素。程序调用函数fun的时候，传递的是数组a的第4个元素的首地址&a[3]，故函数fun的指针参数p接受的是数组的第4个元素的首地址&a[3]。而在打印语句printf中打印的是p[5]，也就是从a[3]元素开始数6个（包含a[3]元素自己）。即a[3+5]=a[8]，也就是数据9。故此打印出来的结果是9。选D。

> **注意**　自己编写C语言程序的时候不要模仿上例的做法，而尽可能传递数组的首地址，以免在程序中出现不希望的错误。在初学的时候，很多隐含的错误都是由于不严格控制地址出现的，而且在调试的时候难于发现问题。

7.4.4　函数的指针形参和函数体中数组的区别

当函数把指向数组的指针作为形参的时候和函数体中的数组是有本质区别的。当指向数组的指针作为函数的参数时，事实上对于实参是一个副本。因此将指向数组的指针参数传递给函数并不改变该参数的具体数值，也就是无法改变该参数。即使函数体中对该形参有赋值等操作，也是改变该形参的副本。但是对于函数体中的数组，无论是进入函数体还是分配空间，函数执行结束时都要被系统收回。因此两者具有显著的区别。

1. 指向数组元素的指针作为函数的形参

这里来看一个指向数组元素的指针作为函数的形参的情况：例7.17中的语句fun(&a[3]);。实际上传递给函数的实参是数组a的第4个元素的地址。在函数中使用该地址作为指针p，并且在函数看来，p所代表（或p所指向）的那个地址才是数组的首地址，从那个地址开始算起，以整数大小为单位，数到第6个整型元素并输出。在此过程中，p使用的仅仅是数组a的第4个元素的地址。这里的&a[3]使用方法是：取得数组a第4个元素地址，并将其作为常量来赋值给函数fun的变量p来使用。在例7.15中，语句fun(aa,7);使用的是数组的首地址aa（数组名aa），并将数组名值赋值给指针变量a，然后将指针作为数组来使用。事实上这也是可行的。但是注意到，这种使用方法仅仅是fun函数中的指针变量a与main函数中的数组aa建立了一个临时联系而已，在fun函数中通过这种临时联系来访问main函数中的aa数组。当fun函数执行完毕时，指针变量a的空间会交还给操作系统（注意到此时main函数尚未执行完），这个联系被切断，但是并未将main函数中的aa数组空间交还给操作系统。将数组地址作为参数时，改变的是该地址对应的数组内容，当函数执行完毕，修改会保存。

2．函数体中的数组

函数体中的数组与参数不同，函数体中数组的作用范围仅限于本函数（声明为静态除外）。因此在函数执行完毕之后，该数组空间将不复存在。下一次在调用此函数时，则重新生成一个该函数的调用副本，函数中的数组空间也重新分配。当然，执行结束时，数组空间仍然会还给操作系统，即函数中的数组仅在本函数内部有效。

7.5 二维数组和指针

7.5.1 二维数组首地址

同一维数组一样，二维数组的数组名就是二维数组的首地址。首地址表达了二维数组的基本访问位置。C语言中，对于数组的实现而言，多维数组与一维数组是一样的，也就是说在实现方法上只有一维数组。因此，其二维数组是作为多个一维数组来对待的。

例7.18 多维数组分解。

        int a[3][5];

a数组的第一维有3个元素，每个元素是一维数组，其中一维数组的元素个数是5个。下面用一张图来表达这个概念，如图7-5所示。

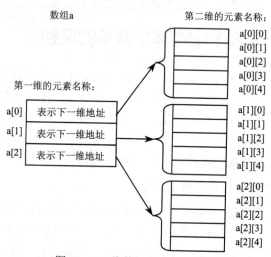

图 7-5　二维数组内存示意图

这里唯一需要关心的问题就是最终访问的元素是右边第二维的元素a[i][j]，直接访问时直接使用元素的名称a[i][j]，而不能使用a[i]方式，因为a[i]表示的是一维数组的首地址。由此我们知道二维数组的第一维仅仅表达的是第二维的首地址，即图7-5中左边第一维的元素名称。其实多维数组也是类似的，只是访问其中某一个元素时，需要写出全部的维数，而上一维表达的是本维的地址。例如，三维数组中某个元素可以表达为a[i][j][k]，而a[i][j]表达的是第三维数组的首地址。

7.5.2 二维数组元素的地址

二维数组的关键问题在于如何表达和计算二维数组元素的地址,找到其地址的目的是访问某个元素。当声明或定义一个二维数组时,其某个元素的地址可以依照如下公式来计算:

某元素的地址=首地址+某元素的行下标*行元素个数+列下标

例7.19 数组元素地址的计算。

int a[5][7];

分析: 上述定义了5行7列的二维数组(二维数组可以直接理解为一个行乘以列形式的方阵)。假设我们希望找到上述方阵中元素a[2][3]的地址,则可以如下计算:

元素a[2][3]的地址=元素a[0][0]的地址+2*7+3=元素a[0][0]的地址+17

注意到上面的地址公式计算中行元素个数为7个。这里我们计算的元素a[2][3]的地址是用来给指针变量用的。假设有个指针变量被赋值为a数组的首地址的话,实际上如果仅仅使用数组访问的时候,我们是不需要该地址的。因为a[2][3]这个写法已经表达了该变量。

另外一种方法就是直接取得数组元素a[2][3]的地址:&a[2][3]。

7.5.3 二维数组元素的指针变量

在7.5.2节中已经提到,计算地址是给指针变量用的,因此指针变量对二维数组的访问是需要研究的关键问题。这里有几点需要重点讨论:指针变量如何赋值、指针变量如何访问二维数组中的某个元素。

指针变量的赋值与一维数组完全一致,仅仅数组是二维而已。下面来看一个例子。

例7.20 用指针访问二维数组中最后一个元素。

```c
#include <stdio.h>
main ()
{
    int a[3][2]={{0,0},{0,0},{0,0}},*p;

    p=a[0];
    *(p+2*2+1)=9;

    printf ("\n %d \n",a[2][1]);
}
```

运行结果:

9

为了防止读者混淆,最好在编程时依照如下步骤来使用指针访问二维数组。

第一步:定义指针变量与二维数组。例如,int a[3][2],*p;。

第二步:将数组的首地址赋值给指针变量。例如,p=&a[0][0]或者是p=a[0]。

> **注意**
> 由于 C 语言是一种弱类型语言，故此在使用 p=a; 时也可以把二维数组的首地址赋值给指针 p，在程序中也可得到正确的结果，但是编译器会报一个指针类型不匹配的警告。所以在实际中，如果需要将二维数组的首地址赋值给一级指针，请使用上面第二步介绍的两种方法。

第三步：使用指针来访问二维数组的第i行与第j列的某个元素。

a[i][j]对应*(p+行下标i*行元素个数+列下表j)，则例7.20对应的指针表达方式如下：

a[0][0]对应*(p+0*2+0) 即*(p+0)；

a[0][1]对应*(p+0*2+1) 即*(p+1)；

a[1][0]对应*(p+1*2+0) 即*(p+2)；

a[1][1]对应*(p+1*2+1) 即*(p+3)；

a[2][0]对应*(p+2*2+0) 即*(p+4)；

a[2][1]对应*(p+2*2+1) 即*(p+5)。

通常依照上述三步的做法，就可以简单地实现指针变量对二维数组元素的访问。只需要搞清楚地址就可以了。

例7.21 使用一级指针访问二维数组。

```c
#include <stdio.h>
main ()
{
        int a[3][2]={{0,1},{10,11},{20,21}},*p;
        int i,j;

        p=a[0];

        for (i=0;i<3;i++)
                for (j=0;j<2;j++)
                        printf (" %d ",*(p+i*2+j));
        printf ("\n");
}
```

运行结果：

0 1 10 11 20 21

7.5.4 指向第一维数组的指针变量

数组与指针的一个重要用法是：指向多维数组的指针。指向数组的指针说明如下：

类型名   (*指针名) [数组长度];

解释为：说明了一个指针，该指针只存储了二维数组的第一维的地址，其第二维的元素个数为数组长度。比如，int(*p)[3]; 解释为：p是一个指针，该指针记录一个二维数组的第一维的地址，其第二维的元素为int类型，第二维的元素个数为3。

可见，事实上指向一个二维数组的第一维的指针（上面的指针说明形式）就是定义了一个存放二维数组的首地址的指针变量。下面来看一个例子。

例7.22 若有定义int(*pt)[3];，则下列说法正确的是（　　　）。（2010年3月全国计算机等级考试二级C试题选择题第27题）

A. 定义了基类型为int的三个指针变量

B. 定义了基类型为int的具有三个元素的指针数组pt

C. 定义了一个名为*pt、具有三个元素的整型数组

D. 定义了一个名为pt的指针变量，它可以指向每行有三个整数元素的二维数组

分析： 根据题意，pt实际上是一个整型指针，而且是一个指向指针的指针，它指向的是一个有3个元素的整型数组的首地址，因此相对于二维数组的数组名。选D。

可见，指针与二维数组名属于同等级别，因此在赋值的时候只需要将数组名直接赋值给指针即可。下面来看一个赋值的例子。

例7.23 若有定义语句char s[3][10],(*k)[3],*p;，则以下赋值语句正确的是（　　　）。（2011年3月全国计算机等级考试二级C试题选择题第28题）

A. p=s;　　　　　B. p=k;　　　　　C. p=s[0];　　　　　D. k=s;

分析： 选项A的含义是将二维数组的首地址赋值给一个指针，选项B的含义是将一维数组的指针赋值给一个指向变量的指针，选项C的含义是将一个一维数组首地址赋值给一个指针，选项D的含义是将二维数组赋值给指向一维数组的指针。选C。

对于其调用方式同二维数组，比如上例中若需对数组s中元素s[2][7]赋值为A，则只需使用语句p[2][7]='A';即可。也即在使用指向第一维数组的指针变量来访问二维数组时，其访问方式同二维数组。且语句p[2][7]= 'A';可以等价地写作 (*(p+2))[7] = 'A'; 或(*(p+2)+7)= 'A';。可见，使用指向第一维数组的指针方式来访问数组对二维数组而言提供了更加灵活的访问方式。

7.6 二维数组和函数

同一维数组一样，二维数组也可以作为函数的参数传递给函数使用。当然，传递的时候还是会产生一个该参数的副本。所以，如果传递函数名的话则可以在函数中修改数组元素的值。如果直接传递二维数组的某个元素，则会产生该元素的一个副本，该数组元素的值是不会在调用后改变的。

7.6.1 二维数组名作为函数参数

将二维数组名作为函数的参数来传递，关键在于函数的参数必须定义为指针类型或者二维数组。此时，由于数组名代表了数组的首地址，则函数中对数组元素的访问就改变了调用函数中数组元素的值。

例7.24 有以下程序：

```
#include<stdio.h>
#define N 4
void fun(int a[][N],int b[])
{
```

```
        int i;

        for(i=0;i<N;i++) b[i]=a[i][i]-a[i][N-1-i];
}
main()
{
        int x[N][N]={{1,2,3,4},{5,6,7,8},{9,10,11,12},{13,14,15,16}}, y[N],i;
            fun(x,y);
        for(i=0;i<N;i++) printf("%d,",y[i]);

        printf("\n");
}
```

程序运行后的输出结果是（　　　）。（2011年9月全国计算机等级考试二级C试题选择题第28题）

    A. -12, -3,0,0,   B. -3, -1,1,3,   C. 0,1,2,3,   D. -3, 3, -3, -3,

分析：fun函数的关键语句是b[i]=a[i][i]-a[i][N-1-i];，该语句完成了将4*4矩阵中对角线上的元素值减去本行的第N-1-i个元素的值，并将它保存到数组b中。具体功能如图7-6所示。

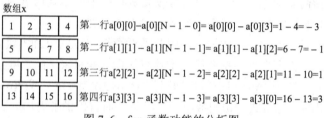

图7-6　fun函数功能的分析图

从上面的例子可以发现，函数fun(int a[][N],int b[])的参数声明中，a数组的写法为a[][N]，这是一个类似指针的用法，但是不能作为指针来用（即不能写成*a[N]的形式）。当访问二维数组元素的时候必须写成a[i][j]的方式。选B。

7.6.2 指向第一维数组的指针变量作为函数参数

    指向第一维数组的指针变量（实际上就是二维数组的首地址）也可以作为函数的参数。由于进入函数时对每个参数产生一个副本，如果将指向一维数组的指针变量作为函数的指针，则会产生该指针参数的副本。由于指针本身的特点是通过指针访问对应的地址，所以即便是产生地址副本，也能够完全访问相应地址所对应的内存。

> **注意**　即便是其他函数，在函数参数这部分的理解，最好把参数理解为"函数名_参数名"的形式，以便于区别（事实上编译器就是这么做的，原因还是那一条：形参是实参的副本）。

    一般有两种方式来将指向第一维数组的首地址作为参数。第一种方式是形参说明为数组的指针，实参为数组名。第二种方式是形参说明为数组的指针，实参为指向第一维数组的指针变量。比如数组a和函数fun声明如下，且函数的参数为指向第一维数组的指针变量。例如：

int a[2][9],(*p)[9];

语句int fun (int (*q)[9]); 的等价语句为int fun (int (*)[9]);，则调用函数fun时就可以使用两种方式：

第一种方式作为函数的参数时，调用函数的语句为：

fun(a);.

第二种方式作为函数的参数时，调用函数的语句为：

p = a;

fun(p);

使用第二种方式时，注意到p是数组类型的指针变量，类型与形参的类型int (*q)[9]相同。赋值表达式p=a; 使p指向二维数组a的第0行（即a数组的首地址，那么（p+1）表示第一行）。

7.7 字符串和指针

将指针指向字符串，则形成一个较为灵活的字符串指针操作方法。使用指针指向字符串同指针指向数组的操作方式基本一致。唯一一个不同点在于如何判断指针指向数组或字符串的结束位置。当指针指向数组时判断哪里是数组的结束是由用户来控制，即由数组的长度来决定。而字符串则更加有优势，可以直接使用字符串结束标志'\0'来判定字符串结束。

7.7.1 字符串的引用方式

使用指针来引用字符串的方法与使用指针引用数组变量基本一致。必须看到引用字符串时的优势，可以使用标准库函数相对比较方便地操作整个字符串。注意到使用指针引用数组时，不能方便地操作整个数组。如果需要逐个操作数组元素，则通常需要使用循环来进行。

例7.25 使用指针操作字符串。

```
#include <stdio.h>
#include <string.h>
main ()
{
    char s[10]="hello";
    char *p=s;

    printf ("%s\n",s);
    strcpy (p,"HI");
    printf ("%s",s);

    printf ("\n");
}
```

运行结果：

hello

HI

从上面的例子可以发现，熟练使用系统库函数对于字符串的操作完全可以简化。当然，也可以使用指针来逐个操作字符串中的每个字符。

例7.26 有以下程序：（注：字符a的ASCII码值为97）

```c
#include <stdio.h>
main()
{
    char *s={"abc"};

    do{
        printf("%d",*s%10);
        ++s;
    }while(*s);

    printf("\n");
}
```

程序运行后的输出结果是（　　　　）。（2011年9月全国计算机等级考试二级C选择题22题）

A. abc B. 789 C. 7890 D. 979898

分析： 选B。程序使用了s作为字符指针来存储字符串"abc"的首地址。注意到这种写法是默认有\0这个结束符的写法。首先，do-while循环执行了4次。

第一次：s指针指向字符串首地址，*s表达了字符'a'，*s%10语句实际上是使用字符'a'的ASCII码来运算，即：*s%10='a'%10=97%10=7，故输出为7。

第二次：s指针指向字符串第二个元素，*s表达了字符'b'，*s%10语句实际上是使用字符'b'的ASCII码来运算，即：*s%10='b'%10=98%10=8，故输出为8。

第三次：s指针指向字符串第三个元素，*s表达了字符'c'，*s%10语句实际上是使用字符'c'的ASCII码来运算，即：*s%10='c'%10=99%10=9，故输出为9。

第四次：s指针指向字符串第四个元素，*s表达了字符'\0'，*s%10语句实际上是使用字符'\0'的ASCII码来运算，即：*s%10='\0'%10=0%10=0，故无输出。

说明： 例7.26中字符串s的实际占用空间为4个字节（包含'\0'），而字符串的串长为3。

7.7.2 字符指针作为函数参数

同前述数组，指向字符串首地址的字符指针也可以作为函数参数。下面来看一个例子。

例7.27 指针作为函数的参数。

```c
#include<stdio.h>
#include<string.h>
void fun(char *u,int n)
{
    char x,*y1,*y2 ;

    y1=u ;
    y2=u+n-1 ;
    while(y1<y2)
    {
```

```
            x=*y1 ;
            *y1=*y2 ;
            *y2=x ;
            y1++ ;
            y2-- ;
        }
    }
    main()
    {
        char a[]="1,2,3,4,5,6";

        fun(a,strlen(a));
        puts(a);
    }
```

程序运行后的输出结果是（　　　　）。（2011年9月全国计算机等级考试二级C试题选择题35题）

A．654321　　　　　B．115611　　　　　C．153525　　　　　D．123456

答案： A

分析： 程序执行fun函数时，两个实参分别为字符串a的首地址和字符串a的串长。在进入fun函数之后：

首先：y1=u；即将指针y1定位到字符串a的第一个字符位置。

第二步：y2=u+n-1；即将指针y2定位到字符串a的最后一个字符位置。

第三步：while循环只执行了5次。这是由于while的条件y1<y2仅仅比较了5次。注意到字符串的串长为11。

下面用一幅图来解释while循环体内的执行过程。（见图7-7）

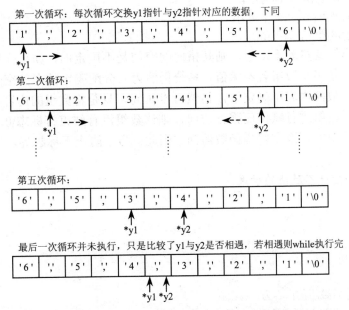

图7-7　fun函数中的while循环功能分析

7.7.3 字符指针变量和字符数组的比较

字符指针变量与字符数组是有差别的，这两个概念必须明确。

首先，由例7.4可以知道指针只占用4个字节的存储空间，字符指针也是这样。而字符数组占用的存储空间为数组长度乘以数组字符类型大小。即：

1）字符指针占用4字节存储空间；

2）字符数组占用的存储空间字节数=（数组长度+1）×sizeof（char）。

实际上，字符数组占用的存储空间字节数就等于数组长度加一。那是因为字符类型只占用一个字节的存储空间，上式sizeof（char）就等于1。并且注意到，（数组长度+1）中的那个"1"就是字符的结束符'\0'。

例7.28 字符指针变量与字符数组各自占用的空间。

```
#include <stdio.h>
main ()
{
    char *p,a[10];

    printf ("字符指针类型变量占用的空间为：%d",sizeof(p));
    printf ("\n字符指针所指向的内存占用的空间为：%d",sizeof(*p));
    printf ("\n字符数组变量占用的空间为：%d",sizeof(a));
    printf ("\n");
}
```

运行结果：

字符指针类型变量占用的空间为：4

字符指针所指向的内存占用的空间为：1

字符数组变量占用的空间为：10

其次，字符指针变量若不赋值，则其指向的空间是不确定的，如果强行访问，则必将导致内存泄露。但是字符数组若不赋值，系统仍然为其分配确定的存储空间，即使不予赋值（数组中具体存放的内容不确定），仍然可以访问，只是将数组的内容作为字符而已。注意到，如果不对数组进行赋值而强行访问，则该数组没有结束符标志\0，访问的时候就不能使用string.h库中的标准字符串函数访问。因此，为了防止下标越界，访问的时候使用循环即可。

例7.29 字符指针不赋值的后果。

```
#include <stdio.h>
main ()
{
    char *p,a[10];

    printf ("\n字符数组的内容为：%s",a);
    printf ("字符指针类型变量所表示的内容为：%c",*p);
```

```
    printf ("\n");
}
```

以上的例子就是内存泄露的效果，请读者自行上机实验。在使用Visual C++ 6.0及更高版本编译器程序调试时，如果出现上述情况的时候，就应该知道是内存泄露，通常问题出在地址、指针有关的语句操作上。

7.8 指向函数的指针

指针不仅能表示变量、表示数组与作为函数的参数，而且可以定义为指向函数的指针。指向函数的指针就是函数指针。函数指针是存放函数入口地址的指针变量。一个函数的入口地址由函数的函数名表示，它是函数在内存中的首条语句的入口地址。由于函数名是函数的入口地址，因此如果将函数名赋值给一个指针变量，则该指针称为指向该函数的函数指针。

7.8.1 函数指针的定义和使用

在定义函数指针的时候，函数指针的类型必须与函数名的类型一致。函数指针的定义形式如下：

类型说明 (*标志符) (参数表)

比如定义一个返回值为整型函数的指针可以写成：int(*p)(int a);。该语句可以说明为：p是一个指针，该指针指向具有一个整型参数且返回值为整型的函数。

使用函数指针也比较简单，即将函数名赋值给同类型的函数指针即可。

例7.30 函数指针的定义与使用。

```
#include <stdio.h>
void fun (int a)
{
    printf ("\n这是fun函数，带入的参数是：%d",a);
}
main ()
{
    void (*p) (int a);

    p = fun;
    (*p) (5);

    printf ("\n");
}
```

运行结果：

这是fun函数，带入的参数是：5

分析： 由main函数中第一条语句可见函数指针的声明比较简单，类型为void，指针变量名为p，参数为int a，特别注意，指针p需要写成 (*p) 的形式。赋值只需要将函数名赋值给函数指针即可。第二条语句将fun函数的函数名直接赋给指针p。使用起来也很简单，只需要使用(*p)(5);代替语句fun(5);即可。

7.8.2 用函数指针变量调用函数

函数指针提供了一种十分灵活的方式来调用函数。这里函数指针的用法类似于变量指针的用法。注意到程序运行的时候是将程序装入内存，则函数是存在内存入口地址的，因此若将函数名赋给指针变量，在类型匹配的前提下，通过相应的指针变量访问内存是完全可行的，并且可以通过指针的变化来调用不同的函数。

例7.31 使用函数指针实现对不同函数的访问。

```c
#include <stdio.h>
int sub (int x,int y)
{
    return x-y;
}
int add (int x,int y)
{
    return x+y;
}
main ()
{
    int (*p) (int a,int b);
    int a,b,result;

    printf("\n请输入两个整数（两个整数之间用一个空格隔开）: ");
    scanf("%d%d",&a,&b);
    if (a>b)
    {
        p = sub;                    //语句1
        result = (*p)(a,b);
    }
    else
    {
        p = add;                    //语句2
        result = (*p)(a,b);
    }
    printf ("\n最终的结果为: %d",result);

    printf ("\n");
}
```

运行结果1：

请输入两个整数（两个整数之间用一个空格隔开）: 1 3

最终的结果为：4

运行结果2：

请输入两个整数（两个整数之间用一个空格隔开）：3 1

最终的结果为：2

分析：如果输入的整数a大于b，则调用减法函数，否则调用加法函数。上述代码仅仅是作为一个调用函数指针的实例，通常情况下并不会这样使用。在实际的使用当中会使用到的方式就是将函数指针作为函数的参数，只有这样才能真正做到"按需"灵活调用必需的函数。注意到，例子7.31的缺点在于语句1和语句2我们使用了两次赋值，这完全等于使用原来的函数，函数指针基本上变成了临时变量。所以下面介绍使用的方法：用指向函数的指针作为函数的参数。

7.8.3 用指向函数的指针作函数参数

调用函数时，通常会用指向函数的指针作函数参数。这样做是希望根据应用来调用所需要的函数，那么只要将所调用的函数作为另外一个函数的参数就可以解决问题，完全可以根据实际需求灵活调用。下面改写例子7.31。

例7.32 将函数指针作为参数使用改写例7.31。

```c
#include <stdio.h>
int sub (int x,int y)
{
    return x-y;
}
int add (int x,int y)
{
    return x+y;
}
//定义一个处理器函数，其第三个参数定义为函数指针
int    proccessor(int x,int y,int (*p) (int a,int b))
{
    return (*p)(x,y);
}
main ()
{
    int a,b;

    printf("\n请输入两个整数（两个整数之间用一个空格隔开）: ");
    scanf("%d%d",&a,&b);

    printf("\n最终的结果为：%d",
a>b?proccessor(a,b,sub):proccessor(a,b,add));
```

```
        printf ("\n");
    }
```

运行结果1:

　　请输入两个整数（两个整数之间用一个空格隔开）：1 3

　　最终的结果为：4

运行结果2:

　　请输入两个整数（两个整数之间用一个空格隔开）：3 1

　　最终的结果为：2

分析： 很明显，这个代码就大大简化了，完全实现了例7.31的效果，而且代码非常简洁。那么这里对于函数指针作为函数参数的用法仅仅作一般性介绍。希望读者自行试验，多编程练习，在实用中掌握其用法。下面来看一个实用的例子。

例7.33 请将以下程序中的函数声明语句补充完整。（2009年3月全国计算机等级考试二级C语言填空题第12题）

```c
#include <stdio.h>
int _____;
main()
{
    int x, y, (*p)();

    scanf("%d%d", &x, &y);
     p=max;
    printf("%d\n", (*p)(x,y));
}
int max(int a, int b)
{
    return(a>b?a:b);
}
```

分析： 从指针p的调用方式(*p)(x,y)与变量x，y为整型可知空白处应当填写一个函数的定义，且函数有两个整型参数，再由printf("%d\n", (*p)(x,y)); 的格式字符串%d可知该函数应有一个整数返回值，再由p=max语句知道该函数名为max。综合分析与下面max的函数定义即不难得出答案：max(int a, int b)。那么，假设给出的输入为1，3时，输出为3。

7.9 返回指针值的函数

　　本章主要介绍了指针可以作为函数的参数，也可以使用函数的指针，并可以将函数指针作为其他函数的参数，而本节主要了解一个新的概念，这个概念是基于函数的返回值的。函数可以返回任意类型的值，那么其中一个特殊的值就是函数可以返回指针值。函数可以返回的那个指针值其实就是函数返回一个地址。因此返回指针值的函数就是返回地址的函数。编程者必须充分清楚一点，只需要知道返回的值是什么地址即可，无须知道具体地址值的数值是多少。

　　那么返回地址的函数有什么用途呢？读者可以直接理解为：指针函数就是一个函数，该函数的功能可以返回某个地址。

指针函数的说明形式：

类型说明　　*标志符 (参数)；

说明：C语言规定：函数的返回值有两类，第一类可以是任意指针（例如，变量指针、数组指针、函数指针、结构的指针、联合的指针等），第二类是抛开数组与函数之外的任意数据类型与复合类型。

> **注意**　请将指针函数与函数指针区别开。第一，函数指针是一个变量，该变量存储函数的首地址；而指针函数是一个函数，除了返回值为指针（或地址）外，其他写法完全与其他函数一样。第二，函数指针的说明形式为：
>
> 类型说明 (*标志符) (参数表)
>
> 而指针函数的说明形式为：
>
> 类型说明　　*标志符 (参数)

下面通过改写例7.33来了解指针函数的使用。这个例子是使用指针函数来判断两个整数的大小，并输出一个较大的整数值。

例7.34 指针函数及其用法。

```c
#include <stdio.h>
int *p (int a,int b)
{
    return a>b?&a:&b;
}
main ()
{
    int a,b;

    printf ("\n请输入两个整数：");
    scanf("%d%d",&a,&b);

    printf ("\n输入的两个数中较大的那个是：%d",*(p(a,b)));
    printf ("\n");
}
```

运行结果：

请输入两个整数：3 5

输入的两个数中较大的那个是：5

我们改写两个数比较大小的例子使用了指针函数、指针调用等方式，并非蓄意将简单问题复杂化，而是说明了解决一个问题的方法有很多，并说明了指针函数的使用方法。在实际的程序设计当中，指针函数通常用于寻找字符串的某个地址。比如我们需要对三个字符串进行操作，每个字符串从寻找到的第一个小写字母"s"开始到字符串尾的所有字符打印出来，则可以按例7.35编写代码。

例7.35 打印每个字符串中从小写字母"s"开头到字符串尾的所有字符。

```c
#include <stdio.h>
char *find_s (char *p)
{
```

```
        char *s─p;

        while (*s!='\0' && *s!='s')s++;
        return s;
    }


main ()
{
        char   s[3][20]={"sfirst","cdegsecond","no"};
        int i;

        for (i=0;i<3;i++)
            printf ("%s\n",find_s(s[i]));
}
```
运行结果:
```
    sfirst
    second
```

7.10 指针数组和二级指针

前面讨论了指向数组的指针、函数指针、指针函数等基本指针及与之有关的操作和用法，本小节主要讨论两个问题：①关于一种特殊的数组，指针数组；②希望使用更加复杂的指针来完成特定功能，二级指针。

7.10.1 指针数组的定义和使用

首先来看指针数组，该数组的每个元素都是指针。指针数组的定义如下：
类型名 *数组名 [数组长度];
例如，可以定义一个整型指针数组int *s[10]。该数组解释为：s是一个具有10个元素的指针数组，每个元素可以存储一个指向整型变量的指针（如果被赋值的话，就可能是指向某个整型变量的指针）。

例7.36 有以下程序：
```
#include <stdio.h>
main()
{
        int a[]={1,2,3,4,5,6},*k[3],i=0;
        while(i<3)
        {
            k[i]=&a[2*i];
            printf("%d",*k[i]);
            i++;
```

```
        }
        printf ("\n");
    }
```

程序运行后的输出结果是：_____（2010年3月全国计算机等级考试二级C语言填空题第10题）

答案：135

分析：例7.36的语句int a[]={1,2,3,4,5,6},*k[3],i=0；中声明了一个指针数组k，其说明方式为int *k[3]，解释为：k是一个具有三个整型指针元素的指针数组。在while循环内部，首先将数组a下标为2*i的元素所在的地址赋值给指针数组k的第i个元素，然后main函数中的第四条语句使用打印语句访问该指针数组。实际上就是通过指针数组间接地访问了数组a。

7.10.2 指向指针数据的指针

指针还有一个使用方式就是多级指针。典型的多级指针就是二级指针。多级指针就是指向指针的指针。所谓"指向指针的指针"，实际上就是存储指针变量地址的变量（只不过这个变量也是一个指针变量而已）。下面来看二级指针的说明：

类型声明 **指针名；

比如定义一个整型的二级指针int **p;，解释为：p是一个二级指针，其第一级指针*p指向某个整数变量的地址；而**p则表达了该整型变量。当然，这必须是p在被赋值的情况下。

例7.37 二级指针的声明与访问。

```c
#include <stdio.h>
main()
{
    int *pc,**p;
    int i;

    i = 5;
    pc = &i;
    p = &pc;

    printf("\n变量i的值为：%d",i);
    *pc = 6;
    printf("\n经过一级指针pc的操作后，变量i的值为：%d",i);
    **p = 7;
    printf("\n经过二级指针p的操作后，变量i的值为：%d",i);

    printf ("\n");
}
```

运行结果：

变量i的值为：5

经过一级指针pc的操作后，变量i的值为：6

经过二级指针p的操作后，变量i的值为：7

分析：从上面的例子可见，使用二级指针也可以方便地操作到变量i。但是前提是将一级指针作为"中转站"来实现的。更多二级指针的操作方式是在实际应用当中慢慢领悟的。请读者自行尝试。

7.11 习题

一、基础知识题

1. 若有定义语句double x,y,*px,*py;，执行了px=&x; py=&y; 之后，正确的输入语句是（   ）。（2009年3月全国计算机等级考试二级C试题选择题第16题）

    A. scanf("%f%f",x,y);   B. scanf("%f%f",&x,&y);

    C. scanf("%lf%le",px,py);   D. scanf("%lf%lf",x,y);

2. 有以下程序：

```c
#include <stdio.h>
void fun(char *s)
{
    while(*s)
    {
        if (*s%2==0) printf("%c",*s);
        s++;
    }
}
main()
{
    char a[]={"good"};

    fun(a);
    printf("\n");
}
```

注意：字母a的ASCII码值为97，程序运行后的输出结果是（   ）。（2009年3月全国计算机等级考试二级C试题选择题第25题）

    A. d   B. go   C. god   D. good

3. 有以下程序：

```c
#include <stdio.h>
void fun(int *a,int *b)
{
    int *c;

    c=a;
    a=b;
```

```
        b=c;
}
main()
{
        int x=3,y=5,*p=&x,*q=&y;

        fun(p,q);
        printf("%d,%d,",*p,*q);
                fun(&x,&y);
        printf("%d,%d\n",*p,*q);
}
```

程序运行后输出的结果是（   ）。（2009年3月全国计算机等级考试二级C试题选择题第26题）

    A. 3,5,5,3   B. 3,5,3,5   C. 5,3,3,5   D. 5,3,5,3

4. 有以下程序：

```
#include <stdio.h>
void f(int *p,int *q);
main()
{
        int m=1,n=2,*r=&m;

        f(r,&n);
        printf("%d,%d",m,n);
}
void f(int *p,int *q)
{
        p=p+1;
        *q=*q+1;
}
```

程序运行后的输出结果是（   ）。（2009年3月全国计算机等级考试二级C试题选择题第27题）

    A. 1,3   B. 2,3   C. 1,4   D. 1,2

5. 以下程序按每行8个输出数组中的数据：

```
#include <stdio.h>
void fun(int *w,int n)
{
        int i;
            for(i=0;i<n;i++)
            {
                _____ printf("%d ",w[i]);
            }
        printf("\n");
```

}

下划线处应填入的语句是（   ）。（2009年3月全国计算机等级考试二级C试题选择题第28题）

    A. if(i/8==0) printf("\n");   B. if(i/8==0) continue;

    C. if(i%8==0) printf("\n");   D. if(i%8==0) continue;

6. 若有定义int x[10],*pt=x;，则对数组元素的正确引用是（   ）。（2009年3月全国计算机等级考试二级C试题选择题第29题）

    A. *&x[10]   B. *(x+3)   C. *(pt+10)   D. pt+3

7. 有以下程序：

```c
#include <stdio.h>
main()
{
    int m=1,n=2,*p=&m,*q=&n,*r;

    r=p;p=q;q=r;
    printf("%d,%d,%d,%d\n",m,n,*p,*q);
}
```

程序运行后的输出结果是（   ）。（2009年9月全国计算机等级考试二级C试题选择题第26题）

    A. 1,2,1,2   B. 1,2,2,1   C. 2,1,2,1   D. 2,1,1,2

8. 若有定义语句int a[4][10],*p,*q[4];，且0≤i<4，则错误的赋值是（   ）。（2009年9月全国计算机等级考试二级C试题选择题第27题）

    A. p=a   B. q[i]=a[i]   C. p=a[i]   D. p=&a[2][1]

9. 有以下程序：

```c
#include <stdio.h>
#include<string.h>
main()
{
    char a[10]="abcd";

    printf("%d,%d\n",strlen(a),sizeof(a));
}
```

程序运行后的输出结果是（   ）。（2009年9月全国计算机等级考试二级C试题选择题第27题）

    A. 7,4   B. 4,10   C. 8,8   D. 10,10

10. 设有函数void fun(int n,char * s) {……}，则下面对函数指针的定义和赋值均是正确的是（   ）。（2009年9月全国计算机等级考试二级C试题选择题第33题）

    A. void (*pf)(); pf=fun;   B. viod *pf(); pf=fun;

    C. void *pf(); *pf=fun;   D. void (*pf)(int,char);pf=&fun;

11. 有以下程序：

```
#include <stdio.h>
#include <string.h>
void fun(char *str)
{
    char temp;int n,i;

    n=strlen(str);
    temp=str[n-1];
    for(i=n-1;i>0;i--) str[i]=str[i-1];
    str[0]=temp;
}

main()
{
    char s[50];

    scanf("%s",s);
    fun(s);
    printf("%s\n",s);
}
```

程序运行后输入：abcdef<回车>，则输出结果是_____。（2010年3月全国计算机等级考试二级C试题填空题第12题）

12. 以下程序的功能是：借助指针变量找出数组元素中的最大值及其元素的下标值。请填空。（2010年3月全国计算机等级考试二级C试题填空题第15题）

```
#include <stdio.h>
main()
{
    int a[10],*p,*s;

    for(p=a;p-a<10;p++) scanf("%d",p);
        for(p=a,s=a;p-a<10;p++) if(*p>*s) s=_____;

    printf("index=%d\n",s-a);
}
```

13. 有以下程序：

```
#include<stdio. h>
int *f (int *p, int *q);
main ()
{
    int m=1, n=2, *r=&m;

    r=f (r, &n);
```

```
        printf ("%d\n", *r) ;
    }
        int*f (int *p, int *q)
    {
        return (*p>*q) ? p: q;
    }
```

程序运行后的输出结果是_____。（2010年9月全国计算机等级考试二级C试题填空题第11题）

14. 以下程序的功能是：借助指针变量找出数组元素中最大值所在的位置并输出该最大值。请在输出语句中填写代表最大值的输出项。（2010年9月全国计算机等级考试二级C试题填空题第14题）

```
    #include<stdio.h>
    main()
    {
        int a[10],*p,*s;

        for(p=a;p-a<10;p++)
            scanf("%d",p);
        for(p=a,s=a;p-a<10;p++)
            if(*p>*s) s=p;
        printf("max=%d\n",_____);
    }
```

15. 有以下程序，请在下面空白处填写正确语句，使程序可正常编译运行。（2011年3月全国计算机等级考试二级C试题填空题第12题）

```
    #include <stdio.h>
    _____;
    main()
    {
        double x,y,(*p)();

        scanf("%lf%lf",&x,&y);
        p=avg();
        printf("%f\n",(*p)(x,y));
    }
    double avg(double a,double b)
    {
        return((a+b)/2);
    }
```

16. 以下程序运行后的输出结果是_____。（2011年3月全国计算机等级考试二级C试题填空题第14题）

```
    #include <stdio.h>
    #include <stdlib.h>
```

```
#include <string.h>
main()
{
        char *p; int i;

        p=(char*)malloc(sizeof(char)*20);
        strcpy(p,"welcome");
        for(i=6;i>=0;i--)
                putchar(*(p+i));
        printf("\n");
        free(p);
}
```

二、编程题（请全部使用指针）

1. 使用两个指针作为参数，交换主程序中的整型变量a，b的值。

2. 输入三个整数，依照从小到大的顺序输出。

3. 编写一个函数，求串长。要求：在主函数中输入该串，并在主函数中输出计算后的串长。

4. 编写一个函数，实现串比较。要求：在主函数中输入两个串，比较结果为0与非0，0表示相等，非0表示不等。

5. 输入一串字符，逆序输出。

第 8 章　编译预处理和动态存储分配

学习目标　本章主要介绍每个 C 语言程序都会包含的预处理命令和常用的预处理功能，如宏定义、文件包含、条件编译。通过本章学习，要善于利用预处理命令来提高程序的质量和程序调试的效率。

在前面几章中，我们已用到了预处理指令，如#include 指令、#define 指令等。几乎每一个 C 程序都会包含预处理指令，它是 C 程序中的重要部分。

8.1　编译预处理

C 语言允许在源程序中加入一些"预处理命令"（preprocessing directive），以改进程序的设计环境，提高编程效率。这些预处理指令是由 C 标准建议的，但它不是 C 语言本身的组成部分，不能用 C 语言编译系统直接对它们进行编译（因为编译程序不能识别它们）。

所谓"编译预处理"，就是在 C 语言编译程序对 C 源程序进行编译前，由编译预处理程序对这些编译预处理命令行进行处理的过程。

在预处理阶段，预处理器把程序中的注释全部删除；对预处理指令进行处理，如把#include 指令指定的头文件（如 stdio.h）的内容复制到#include 指令处；对#define 指令，进行指定的字符替换（如将程序中的符号常量用指定的字符串代替），同时删去预处理指令。

经过预处理后的程序不再包括预处理指令了，最后再由编译程序对预处理后的源程序进行实际的编译处理，得到可供执行的目标代码。C 语言与其他高级语言的一个重要区别是可以使用预处理指令和具有预处理的功能。

C 语言提供的预处理功能常用的主要有以下三种：

1）宏定义；

2）文件包含；

3）条件编译。

这些预处理命令组成的预处理命令行必须在一行的开头以"#"号开始，每行的末尾不得用"；"号结束，以区别于 C 语句、定义和说明语句。这些命令行的语法与 C 语言中其他部分的语法无关。根据需要，命令行可以出现在程序的任何一行的开始部位，其作用一直持续到源文件的末尾。

8.2 宏定义

8.2.1 不带参数的宏定义

1）不带参数的宏定义命令行形式。

格式：#define 宏名 替换文本

或

#define 宏名

在 define、宏名和宏替换文本之间用空格隔开。例如：

#define　　SIZE 100

以上标志符 SIZE 称为"宏名"，是用户定义的标志符，因此，不得与程序中的其他名字相同。在编译时，在此命令行之后，预处理程序对源程序中的所有名为 SIZE 的标志符用100 三个字符来替换，这个替换过程称为"宏替换"。但要注意：不能认为"SIZE 等于整数 100"。

#define 命令行可以不包含"替换文本"，这种情况下仅说明标志符"被定义"。

2）替换文本中可以包含已定义过的宏名。

例 8.1　计算圆面积。

```c
#include <stdio.h>
#define PI 3.1415926
#define R 3.0
#define S PI*R*R                      /*S 的宏定义使用了前面的 PI 和 R 宏定义*/
int main()
{
    printf("圆的面积=%f",S);
    return 0;
}
```

运行结果：

圆的面积=28.274333

分析：该例中既有宏定义，又有宏定义的多重替换，这样求圆的面积，只需将宏名 S 进行展开后计算，输出即可。

3）当宏定义在一行中写不下，需要在下一行继续时，只需在最后一个字符后紧接着加一个反斜线"\"。例如：

```c
#define    LEAP_YEAR         year%4= =0\
&&year%100!=0||year%400= =0
↑
第一列
```

如果在"\"前或在下一行的开头留有许多空格，则在宏替换时也将加入这些空格。

4）同一个宏名不能重复定义，除非两个宏定义命令行完全一致。

5）替换文本不能替换双引号中与宏名相同的字符串。

例8.2 宏名相同的字符串不能替换。

```
#define    BOOK       "The Red and The Black"
int main()
{
    printf("%s\n","BOOK");
    return 0;
}
```

运行结果：

```
BOOK
```

6）替换文本并不替换用户标志符中的成分。例如，宏名 YES 不会替换标志符 YESORNO 中的 YES。

7）用作宏名的标志符通常用大写字母表示，这并不是语法规定，只是一种习惯，以便与程序中的其他标志符相区别。

8）在 C 程序中，宏定义的定义位置一般写在程序的开头。

8.2.2 带参数的宏定义

带参数的宏定义命令行形式如下：

格式：#define   宏名(形参表) 替换文本

如果定义带参数的宏，在对源程序进行预处理时，将程序中出现宏名的地方均用替换文本替换，并用实参代替替换文本中的形参。

例8.3 编写程序，使用带参数的宏定义。

```
#include <stdio.h>
#define MAX(a,b)    a>b?a:b          /*定义带参数的宏MAX */
#define SQR(c)      c*c              /*定义带参数的宏SQR */
int main()
{
    int x=3,y=4;
    x=MAX(x,y);
    y=SQR(x);
    printf("x=%d,y=%d\n",x,y);
    return 0;
}
```

运行结果：

```
x=4,y=16
```

对于带参的宏定义有以下问题需要说明。

1）带参宏定义中，宏名和形参表之间不能有空格出现。

例如：

```
#define MAX(a,b) (a>b)?a:b
```

写为：

```
#define MAX   (a,b)   (a>b)?a:b
```

将被认为是无参宏定义，宏名 MAX 代表字符串(a，b)(a>b)?a:b。宏展开时，宏调用语句：

```
max=MAX(x,y);
```

将变为：

```
max=(a,b)(a>b)?a:b(x,y);
```

这显然是错误的。

2）在带参宏定义中，形式参数不分配内存单元，因此不必作类型定义。而宏调用中的实参有具体的值，要用它们去代换形参，因此必须作类型说明。这与函数中的情况是不同的。在函数中，形参和实参是两个不同的量，有各自的作用域，调用时要把实参值赋予形参，进行"值传递"。而在带参宏中，只是符号代换，不存在值传递的问题。

3）在宏定义中的形参是标志符，而宏调用中的实参可以是表达式。

例8.4 宏调用实参为表达式。

```
#define SQ(y)   (y)*(y)
main()
{
    int a,sq;
    printf("input a number:      ");
    scanf("%d",&a);
    sq=SQ(a+1);
    printf("sq=%d\n",sq);
}
```

运行结果：

```
input a number:      3
sq=16
```

分析： 上例中第一行为宏定义，形参为 y。程序第七行宏调用中实参为 a+1，是一个表达式，在宏展开时，用 a+1 代换 y，再用(y)*(y) 代换 SQ，得到如下语句：

```
sq=(a+1)*(a+1);
```

这与函数的调用是不同的，函数调用时要把实参表达式的值求出来再赋予形参。而宏代换中对实参表达式不作计算，直接地照原样代换。

4）在宏定义中，字符串内的形参通常要用括号括起来以避免出错。在上例中的宏定义中，(y)*(y)表达式的y都用括号括起来，因此结果是正确的。如果去掉括号，把程序改为以下形式。

例8.5

```
#define SQ(y)   y*y
main()
{
    int a,sq;
    printf("input a number:      ");
    scanf("%d",&a);
```

```
        sq=SQ(a+1);
        printf("sq=%d\n",sq);
    }
```

运行结果：

```
    input a number: 3
    sq=7
```

分析：同样输入 3，但结果却是不一样的。问题在哪里呢？这是由于代换只作符号代换而不作其他处理造成的。宏代换后将得到以下语句：

```
    sq=a+1*a+1;
```

由于 a 为 3，故 sq 的值为 7。这显然与题意相违，因此参数两边的括号是不能少的。即使在参数两边加括号还是不够的，请看下面程序：

例8.6

```
#define SQ(y)   (y)*(y)
main()
{
    int a,sq;
    printf("input a number:     ");
    scanf("%d",&a);
    sq=160/SQ(a+1);
    printf("sq=%d\n",sq);
}
```

运行结果：

```
    input a number: 3
    sq=160
```

分析：本程序与前例相比，只把宏调用语句改为：

```
sq=160/SQ(a+1);
```

运行本程序，如输入值仍为 3 时，希望结果为 10。

为什么会得这样的结果呢？分析宏调用语句，在宏代换之后变为：

```
sq=160/(a+1)*(a+1);
```

a 为 3 时，由于"/"和"*"运算符优先级和结合性相同，则先作 160/(3+1)得 40，再作 40*(3+1)，最后得 160。为了得到正确答案，应在宏定义中的整个字符串外加括号，程序修改如下。

例8.7

```
#define SQ(y)   ((y)*(y))
main()
{
    int a,sq;
    printf("input a number:     ");
    scanf("%d",&a);
    sq=160/SQ(a+1);
    printf("sq=%d\n",sq);
}
```

运行结果：

input a number:　　3

sq=10

分析： 以上讨论说明，对于宏定义不仅应在参数两侧加括号，也应在整个字符串外加括号。

带参的宏和带参函数很相似，但有本质上的不同，除上面已谈到的各点外，把同一表达式用函数处理与用宏处理，两者的结果有可能是不同的。

例8.8

```
main()
{
    int i=1;
    while(i<=5)
        printf("%d\n",SQ(i++));
}
SQ(int y)
{
    return((y)*(y));
}
```

运行结果：

1

4

9

16

25

例8.9

```
#define SQ(y) ((y)*(y))
main()
{
    int i=1;
    while(i<=5)
        printf("%d\n",SQ(i++));
}
```

运行结果：

1

9

25

分析： 在例 8.8 中函数名为 SQ，形参为 y，函数体表达式为((y)*(y))。在例 8.9 中宏名为 SQ，形参也为 y，字符串表达式为((y)*(y))。例 8.8 的函数调用为 SQ(i++)，例 8.9 的宏调用为 SQ(i++)，实参也是相同的。从输出结果来看，却大不相同。

在例 8.8 中，函数调用是把实参 i 值传给形参 y 后自增 1，然后输出函数值，因而要循环 5 次，输出 1～5 的平方值。而在例 8.9 中宏调用时，只作代换。SQ(i++)被代换为 ((i++)*(i++))。在第一次循环时，由于 i 等于 1，其计算过程为：表达式中前一个 i 初值为 1，然后 i 自增 1 变为 2，因此表达式中第 2 个 i 初值为 2，两相乘的结果也为 2，然后 i 值再自增 1，得 3。在第二次循环时，i 值已有初值为 3，因此表达式中前一个 i 为 3，后一个 i 为 4，乘积为 12，然后 i 再自增 1 变为 5。进入第三次循环，由于 i 值已为 5，所以这将是最后一次循环。计算表达式的值为 5*6 等于 30。i 值再自增 1 变为 6，不再满足循环条件，停止循环。

从以上分析可以看出，函数调用和宏调用二者在形式上相似，在本质上是完全不同的。

宏定义也可用来定义多个语句，在宏调用时，把这些语句又代换到源程序内。看下面的例子。

例 8.10

```
#define SSSV(s1,s2,s3,v)    s1=l*w;s2=l*h;s3=w*h;v=w*l*h;
main()
{
    int l=3,w=4,h=5,sa,sb,sc,vv;
    SSSV(sa,sb,sc,vv);
    printf("sa=%d\nsb=%d\nsc=%d\nvv=%d\n",sa,sb,sc,vv);
}
```

运行结果：

```
sa=12
sb=15
sc=20
vv=60
```

分析：程序第一行为宏定义，用宏名 SSSV 表示 4 个赋值语句，4 个形参分别为 4 个赋值符左部的变量。在宏调用时，把 4 个语句展开并用实参代替形参。使计算结果送入实参之中。

8.2.3 终止宏定义

可以用#undef 提前终止宏定义的作用域。例如：

```
#define PI 3.14
main()
    ⋮
#undef PI
    ⋮
```

以上 PI 的作用域从#define PI 3.14 命令行开始，到#undef PI 命令行结束。从#undef 以后 PI 变成无定义，不再代表 3.14 了。

8.3 文件包含处理

在使用 C 语言开发程序时，我们可以把一些宏定义按照功能分别存入不同的文件中。当我们需要使用某类宏定义时，就无须在程序中重新定义，而只要把这些宏定义所在的文件包含在程序的开头就可以了（当然文件中还可以包含其他内容）。

所谓文件包含，是指在一个文件中包含另一个文件的全部内容。C 语言用#include 命令行来实现文件包含的功能。

格式：

#include   "文件名"

或

#include   <文件名>

在预编译时，预编译程序将用指定文件中的内容来替换此命令行。如果文件名用双引号括起来，系统先在源程序所在的目录内查找指定的包含文件，如果找不到，再按照系统指定的标准方式到有关目录中去寻找；如果文件名用尖括号括起来，系统将直接按照系统指定的标准方式到有关目录中寻找。

说明：

① 包含文件的#include 命令行通常应书写在所用源程序文件的开头，故有时也把包含文件称作"头文件"。头文件名可以由用户指定，其后缀不一定用".h"。

② 包含文件中一般包含一些公用的#define 命令行、外部说明或对（库）函数的原型说明。例如，stdio.h 就是这样的头文件。

③ 当包含文件修改后，对包含该文件的源程序必须重新进行编译连接。

④ 在一个程序中，允许有任意多个#include 命令行。

⑤ 在包含文件中还可以包含其他文件。

8.4 动态存储分配

在此之前，我们用于存储数据的变量和数组都必须在说明部分进行定义。C 编译程序通过定义语句了解它们所需存储空间的大小，并预先为其分配适当的内存空间。这些空间一经分配，在变量或数组的生存期内是固定不变的，故称这种分配方式为"静态存储分配"。

C 语言中还有一种称作"动态存储分配"的内存空间分配方式：在程序执行期间需要空间来存储数据时，通过"申请"得到指定的内存空间；当有闲置不用的空间时，可以随时将其释放，由系统另作他用。用户可以通过调用 C 语言提供的标准库函数来实现动态分配，从而得到指定数目的内存空间或释放指定的内存空间。

ANSI C 标准为动态分配系统定义了四个函数，它们是：malloc、free、calloc 和 realloc。使用这些函数时，必须在程序开头包含头文件 stdlib.h。本节只介绍 malloc、free 和 calloc 函数的使用。

8.4.1 malloc 函数

1. malloc 函数

格式：(类型说明符*)malloc(size)

功能： 在内存的动态存储区中分配一块长度为"size"字节的连续区域。函数的返回值为该区域的首地址。"类型说明符"表示把该区域用于何种数据类型。(类型说明符*)表示把返回值强制转换为该类型指针。"size"是一个无符号数。

假设 short int 型数据占 2 个字节，float 型数据占 4 字节存储单元，则以下程序段将使 pi 指向一个 short int 类型的存储单元，使 pf 指向一个 float 类型的存储单元。

```
short int *pi;
float *pf;
pi=(short *)malloc(2);
pf=(float *)malloc(4);
```

由于在ANSI C中，malloc函数返回的指针为void *（无值型），故在调用函数时，必须利用强制类型转换将其转成所需的类型。在上面的程序段中，调用malloc函数时括号中的*号不可少，否则就转换成普通变量类型而不是指针类型了。

在动态申请存储空间时，若不能确定数据类型所占字节数，可以使用 sizeof 运算符来求得。例如：

```
pi=(int *)malloc(sizeof(int));
pf=(float *)malloc(sizeof(float));
```

这是一种常用的形式。此时将由系统来计算指定类型的字节数，采用这种形式将有利于程序的移植。

8.4.2 free 函数

格式：free(void*ptr);

功能： 释放 ptr 所指向的一块内存空间，ptr 是一个任意类型的指针变量，它指向被释放区域的首地址。被释放区应是由 malloc 或 calloc 函数所分配的区域。

例 8.11 分配一块区域，输入一个学生数据。

```
main()
{
    struct stu
    {
        int num;
        char *name;
        char sex;
        float score;
    } *ps;
    ps=(struct stu*)malloc(sizeof(struct stu));
```

```
        ps->num=102;
        ps->name="Zhang ping";
        ps->sex='M';
        ps->score=62.5;
        printf("Number=%d\nName=%s\n",ps->num,ps->name);
        printf("Sex=%c\nScore=%f\n",ps->sex,ps->score);
        free(ps);
    }
```

运行结果:

```
Number=102
Name=Zhang ping
Sex=M
Score=62.500000
```

分析：本例中，定义了 stu 类型指针变量 ps。然后分配一块 stu 大小的内存区，并把首地址赋予 ps，使 ps 指向该区域。再以 ps 为指向结构的指针变量对各成员赋值，并用 printf 输出各成员值。最后用 free 函数释放 ps 指向的内存空间。整个程序包含了申请内存空间、使用内存空间、释放内存空间三个步骤，实现存储空间的动态分配。

8.4.3　calloc 函数

calloc 也用于分配内存空间。

格式：(类型说明符*) calloc(n,size)

功能：在内存动态存储区中分配 n 块长度为"size"字节的连续区域。函数的返回值为该区域的首地址。(类型说明符*) 用于强制类型转换。

要求 n 和 size 的类型都为 unsigned int。

通过调用 calloc 函数所分配的存储单元，系统自动置初值 0。例如：

char *ps;

ps=(char *)calloc(10,sizeof(char));

以上函数调用语句开辟了 10 个连续的 char 类型的存储单元，由 ps 指向存储单元的首地址。每个存储单元可以存放一个字符。

例如：

ps=(struct stu*)calloc(2,sizeof(struct stu));

其中的 sizeof(struct stu) 是求 stu 的结构长度。因此该语句的意思是：按 stu 的长度分配两块连续区域，强制转换为 stu 类型，并把其首地址赋予指针变量 ps。

calloc 函数与 malloc 函数的区别仅在于一次可以分配 n 块区域。显然，使用 calloc 函数动态开辟的存储单元相当于开辟了一个一维数组。函数的第一个参数决定了一维数组的大小；第二个参数决定了数组元素的类型。函数的返回值就是数组的首地址。

使用 calloc 函数开辟的动态存储单元，同样可以用 free 函数释放。其调用形式与 8.4.1 节中介绍的相同。

8.5 习题

一、基础知识题

1. 有以下程序：

```
#include <stdio.h>
#define PT 3.5
#define S(x)    PT*x*x
main()
{
int a=1,b=2 ;
    printf("%4.1f\n",S(a+b));
}
```

程序运行后的输出结果是（   ）。（2009年3月全国计算机等级考试二级C试题选择题第36题）

    A. 14.0   B. 31.5

    C. 7.5   D. 程序有错，无输出结果

2. 设有宏定义#define IsDIV(k,n) ((k%n==1)?1:0)且变量 m 已正确定义并赋值，则宏调用 IsDIV(m,5)&&IsDIV(m,7)为真时所要表达的是（   ）。（2009年3月全国计算机等级考试二级C试题选择题第38题）

    A. 判断 m 是否能被5或者7整除

    B. 判断 m 是否能被5和7整除

    C. 判断 m 被5或者7整除是否余1

    D. 判断 m 被5和7整除是否都余1

3. 有以下程序：

```
#include <stdio.h>
#define f(x)    x*x*x
main()
{
  int a=3,s,t;
  s=f(a+1);t=f((a+1));
  printf("%d,%d\n",s,t);
}
```

程序运行后的输出结果是（   ）。（2009年9月全国计算机等级考试二级C试题选择题第35题）

    A. 10,64   B. 10,10   C. 64,10   D. 64,64

4. 有以下程序：

```
#include
#define SUB(a) (a)-(a)
main()
{
```

```
    int a=2,b=3,c=5,d;
    d=SUB(a+b)*c;
    printf("%d\n",d);
}
```

程序运行后的输出结果是（　　　）。（2010年3月全国计算机等级考试二级C试题选择题第35题）

  A. 0　　　　　　B. −12　　　　　　C. −20　　　　　D. 10

5. 有以下程序：

```
#inctude <stdio.h>
#include <stdlib.h>
main()
{
    int *a，*b，*c;
    a=b=c=(int*)malloc(sizeof(int));
    *a=1; *b=2, *c=3;
    a=b;
    printf("%d, %d, %d\n", *a, *b, *c);
}
```

程序运行后的输出结果是（　　　）。（2010年9月全国计算机等级考试二级C试题选择题第37题）

  A. 3,3,3　　　　B. 2,2,3　　　　　C. 1,2,3　　　　D. 1,1,3

6. 有以下程序：（2010年9月全国计算机等级考试二级C试题选择题第38题）

```
#include <stdio.h>
main()
{
int s, t, A=10; double B=6;
s=sizeof(A); t=sizeof(B);
printf("%d, %d\n", s, t);
}
```

在Visual C++6.0平台上编译运行，程序运行后的输出结果是（　　　）。

  A. 2,4　　　　　B. 4,4　　　　　　C. 4,8　　　　　D. 10,6

7. 有以下程序：

```
#include <stdio.h>
#define S(x)    4*(x)*x+1
main()
{
    int k=5,j=2;
    printf("%d\n",S(k+j));
}
```

程序运行后的输出结果是（　　　）。（2011年3月全国计算机等级考试二级C试题选择题第35题）

  A. 197　　　　　B. 143　　　　　　C. 33　　　　　D. 28

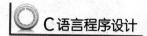

8. 以下程序运行后的输出结果是_____。（2011 年 3 月全国计算机等级考试二级 C 试题填空题第 35 题）

```c
#include <stdio.h>
#include <stdlib.h>
#include <string.h>
main()
{
    char *p; int i;
    p=(char*)malloc(sizeof(char)*20);
    strcpy(p,"welcome");
    for(i=6;i>=0;i—)
    putchar(*(p+i));
    printf("\n");
    free(p);
}
```

第9章 结构体、共用体和用户定义类型

本章主要介绍了两种构造类型——结构体和共用体的定义与引用，然后介绍了用户定义类型，包括用指针处理链表以及使用 typedef 声明新类型的方法。通过本章的学习，需要掌握结构体和共用体的定义与引用，掌握 typedef 声明新类型的方法和作用，理解链表的概念，了解建立链表的方法，了解节点数据的输出、删除和插入的过程。

在前面我们介绍了C语言的基本数据类型，如int（整型）、float（单精度实数型）、char（字符型）等，也学习了利用数组将同类型的数据进行批量处理。但是，在用程序设计处理实际生活和工作中的问题时，还会遇到众多关系密切而数据类型不同的数据，比如，一个学生的信息包括姓名（char型）、性别（char型）、年龄（int型）、学号（int型）、成绩（float型）等，如图9-1所示。如果分别定义互相独立的简单变量，显然难以反映这些数据信息的内在联系。而数据类型不同，也不能通过数组来存放。为此，C语言允许用户根据需要自己建立一些数据类型，比如可将上述一个学生的不同类型的数据信息共同存放于构造类型——结构体或者共用体中，同时，C语言也允许使用如typedef等来定义说明一个新的数据类型。

姓名（name）	性别（sex）	年龄（age）	学号（num）	成绩（score）
char型	char型	int型	int型	float型

图 9-1　一个学生信息组成形式

9.1　结构体

9.1.1　结构体类型数据的定义

用户建立由不同类型数据组成的组合型的数据结构，称之为结构体类型，组成结构体类型的每一个数据称之为该结构体类型的成员。在使用结构体类型时，首先要对结构体类型的组成进行说明，称之为结构体类型的定义。

格式：

struct　结构体标志名

　　{

```
        数据类型    结构体成员名1;
        数据类型    结构体成员名2;
        ···
        数据类型    结构体成员名n;
    };
```

其中："struct"为定义结构体类型的关键字。

例如：

以上学生的信息可定义为下列一个名为Student的结构体类型。

```
struct Student                              // Student为结构体标志名
{
    char name[20];                          //每个成员项以分号（;）结束
    char sex;
    int age;
    int num;
    float score;
};                                          //结构体定义以分号（;）结束
```

以上定义中，结构体类型Student由5个成员组成。

结构体类型的成员也可以包含另一个结构体类型，形成结构类型嵌套。

例如：

```
struct Date                         // 定义Date为结构体类型
{
    int month;
    int day;
    int year;
};
struct Student                      // 定义Student为结构体类型
{
    char name[20];
    char sex;
    struct Date birthday;           //成员birthday属于struct Date类型
    float score;
    int num;
};
```

struct Student类型的结构如图9-2所示。

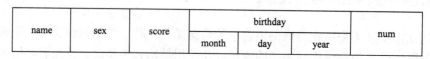

name	sex	score	birthday			num
			month	day	year	

图 9-2   struct Student 类型结构

说明：

① 结构体类型只是描述结构体的组织形式，它相当于一个模型，其中并没有定义变量存放数据，系统对之也不分配存储单元。它只是告诉C语言编译系统所定义的结构体类型是由

哪些类型的成员所构成，每个成员各占多少字节，按什么方式存储。

② 程序中使用结构体类型的数据，应当定义结构体类型的变量，并在其中存放具体的数据。

当结构体类型定义后，就可以指定该结构体类型的具体对象，即定义结构体类型的变量，称之为结构体变量。定义结构体变量可采取以下三种形式。

1. 声明结构体标志名后，再定义结构体变量

格式：

struct 结构体标志名 结构体变量名表

例如：在前面声明了结构体类型Student后，再来定义结构体变量stu1和stu2。

struct Student stu1,stu2;

这种形式和定义其他类型变量形式相似（如int a,b;）。变量stu1和stu2则具有Student类型的数据结构，是由多个数据成员组成的构造类型的变量，如图9-3所示。

	name	sex	age	num	score
stu1:	ZhangSan	M	18	1001	88.5
stu2:	LiMin	F	19	1002	90

图 9-3　结构体变量 stu1、stu2 的构成

在定义了结构体变量后，系统会为之分配内存单元，stu1和stu2分别占据一段连续的存储单元，在Visual C++环境中，stu1和stu2分别占据33字节（name 20个字节，sex 1个字节，age 4个字节，num 4个字节，score 4个字节）。

2. 声明结构体标志的同时定义结构体变量

格式：

struct　结构体标志名
{
　　　数据类型　结构体成员名1;
　　　数据类型　结构体成员名2;
　　　…
　　　数据类型　结构体成员名n;
} 结构体变量名表;

例如：在前面声明了结构体类型Student的同时定义结构体变量stu1和stu2。

```
struct Student
{
    char name[20];
    char sex;
    int age;
    int num;
    float score;
} stu1,stu2;
```

3. 不指定结构体标志名而直接定义结构体变量

格式：

```
struct                                    //不需要指定结构体标志名
{
    数据类型    结构体成员名1;
    数据类型    结构体成员名2;
    …
    数据类型    结构体成员名n;
} 结构体变量名表;
```

例如：采用此方法定义结构体变量stu1和stu2。

```
struct
{
    char name[20];
    char sex;
    int age;
    int num;
    float score;
} stu1,stu2;
```

注意　　此方法指定的是个无名的结构体类型，所以该结构体类型不能再定义其他变量。

说明：

① 结构体类型与结构体变量是不同的概念，不要混同。只能对变量赋值、存取或运算，而不能对一个类型赋值、存取或运算。

② 结构体变量中的成员可以单独使用，运算方式和普通变量相同。

③ 结构体类型中的成员名可以与程序中的变量名相同，但二者不代表同一对象。

例9.1　下面结构体的定义语句中，错误的是（　　　）。（2009年9月全国计算机等级考试二级C试题选择题第36题）

A. struct ord {int x;int y;int z;}; struct ord a;

B. struct ord {int x;int y;int z;} struct ord a;

C. struct ord {int x;int y;int z;} a;

D. struct {int x;int y;int z;} a;

分析： 选项A采用的先声明结构体类型、再定义结构体变量的方式，格式正确；C采用声明结构体类型的同时定义结构体变量的方式，格式正确；选项D采用不指定结构体类型而直接定义结构体变量的方式，格式正确；选项B在声明结构体类型后没有用分号结束，选B。

9.1.2　结构体类型数据成员的引用

在定义了结构体变量后，就可以引用该结构体变量，执行赋值、存取和运算等操作。在引用结构体变量时，主要是通过引用结构体变量的各个成员来实现各种操作。引用结构体变量的成员的方式为：

格式：结构体变量名．成员名

例9.2 把一个学生的信息（包括姓名、性别、年龄、学号、成绩）放在一个结构体变量中，然后输出这个学生的信息。

```c
#include <stdio.h>
int main()
{    struct Student                          //声明Student为结构体类型
     {char name[20];                         //以下五行为结构体的成员
      char sex;
      int age;
      int num;
      float score;
     }a={"Li Lin",'M',18,10101, 86.5 };      //定义结构体变量a并初始化
     printf("name：%s\nsex：%c\nage：%d\nNO.：%d\nscore：%4.1f\n",
             a.name,a.sex,a.age,a.num,a.score);
     return 0;
}
```

运行结果：

name：Li Lin

sex：M

age：18

NO.:10101

score：86.5

说明：

① "."是成员运算符，它在所有运算符中优先级最高。可认为a.XX为一个整体。

② 在定义结构体变量的同时可以对它的成员初始化，初始化方式和数组的初始化类似，用花括号将一些常量括起来，这些常量依次对结构体变量中的各成员赋值。

③ 在引用结构体变量时，不能将一个结构体变量作为一个整体处理，而应当通过对该结构体变量的各个成员项的引用实现相应操作。若上述例题中输出写成以下形式，即为错误。

```c
printf("name: %s\nsex: %c\nage: %d\nNO.: %d\nscore: %4.1f\n", a)
```

④ 可以引用结构体成员地址和结构体变量地址。如：scanf ("%d", &a.num);作用是从键盘为成员a.num提供值。printf ("%o", &a);作用是输出a的首地址。但不能用以下方法整体读入结构体变量：scanf ("%s，%c，%d，%d，%f"，&a)。

⑤ 若成员本身又属于一个结构体类型，只能对最低级的成员进行赋值、存取以及运算。如stu1.birthday.year=1986。

⑥ 结构体变量成员可以像普通变量一样进行各种运算，如：stu1.age=stu2.age（赋值运算）；sum==stu1.age+stu2.age（加法运算）。同类的结构体变量可以互相赋值，如stu1=stu2。

例9.3 设有定义：

```
struct person
{ int ID;char name[12];}p;
```

请将scanf("%d", _____);语句补充完整，使其能够为结构体变量p的成员ID正确读入数据。（2009年9月全国计算机等级考试二级C试题填空题第12题）

分析： 在对结构体成员提供值时，应分别对各成员按变量方式处理。此题中，变量p的成员ID为int型数据，输入时，把p.ID看做一个整体，引用其地址，所以输入格式为：scanf("%d",&p.ID)。

例9.4 设有定义：

```
struct {char mark[12];int num1;double num2;} t1,t2;.
```

设有若变量均已正确赋初值，则以下语句中错误的是（   ）。（2011年3月全国计算机等级考试二级C试题选择题第36题）

A. t1=t2;   B. t2.num1=t1.num1;

C. t2.mark=t1.mark;   D. t2.num2=t1.num2;

分析： 定义为同类型的结构体变量可互相赋值，A正确；结构体变量成员和普通变量的运算规则相同，所以整型数据、双精度实数型数据都可直接赋值，B、D正确。用赋值语句将一个字符数组直接赋值给一个字符数组是不合法的，C错误。选C

例9.5 有以下程序：

```
#include <stdio.h>
#include <string.h>
struct A                          //定义结构体类型A
{   int a; char b[10]; double c;};
void f(struct A t);               //定义函数f
main()
{
      struct A a={1001,"ZhangDa",1098.0};   //定义结构体变量a并进行初始化操作
      f(a);                       //调用f函数，结构体变量a作为实参
      printf("%d,%s,%6.1f\n",a.a,a.b,a.c);
}
void f(struct A t)
{
      t.a=1002; strcpy(t.b,"ChangRong");t.c=1202.0;
}
```

程序运行后的输出结果是（   ）。（2010年3月全国计算机等级考试二级C试题选择题第37题）

A. 1001，zhangDa，1098.0   B. 1002，changRong，1202.0

C. 1001，ehangRong，1098.0   D. 1002，ZhangDa，1202.0

分析： 本题中函数调用的形式为传值调用，不会改变任何值。所以输出结果仍是结构体变量a原来的成员的初始值。选A。

说明： 将一个结构体变量的值传递给另一个函数有三种形式。

① 结构体变量的成员作为参数，如用a.a作为实参，将实参值传递给形成。用法同普通

变量作实参相同，是"按值传递"。需要保持实参和形参类型一致。

② 用结构体变量作为实参，同样采用"按值传递"的方式，不过是将结构体变量所有成员值按顺序传递给形参。注意形参和实参的结构类型相同，但运行时占用不同的存储空间，调用时，被调函数不能修改调用函数实参的值。

③ 用结构体指针变量作为实参，即将结构体变量的首地址传递给形参，即"按地址传递"。此时，实参和形参所指向的是同一组内存单元。

9.1.3 结构体数组

结构体数组就是指数组中的每一个数组元素都是结构体类型变量。定义结构体数组方式和定义结构体变量相同。

格式：

struct 结构体名 {结构体成员表列} 数组名[数组长度]

也可以先声明结构体类型，如struct Person，然后再用此类型定义结构体数组：

结构体类型 数组名[数组长度]

结构体数组初始化形式和数组赋初值的方式相同。在定义数组的后面加上：

={初值表列};

由于数组中的每个元素都是一个结构体变量，通常将一个数组元素的成员放在一对花括号中，以区分各个元素。

结构体数组的引用是指对结构体数组元素的引用，引用结构体变量的方法适用于结构体数组元素。

格式：

数组元素名称. 成员名

结构体数组元素可赋值给同一结构体数组中的另一个元素，或者赋值给同类型的变量。

例9.6 有以下程序：

```
#include<stdio.h>
struct S
{
    int a,b;
}data[2]={10,100,20,200};
    void main()
{
    struct S p=data[1];
    printf("%d\n",++(p.a));
}
```

程序运行后的输出结果是（   ）。（2011年3月全国计算机等级考试二级C试题选择题第38题）

A. 10   B. 11

C. 20   D. 21

分析：定义结构体数组变量data赋初值后，相当于data[0].a=10，data[0].b=100，data[1].a=20，data[1].b=200；将data[1]赋值给结构体变量p，即p.a=20，p.b=200。所以，++(p.a)的值为21，选D。

例9.7　输入三个学生的信息，包括姓名、学号、性别、成绩，输出成绩在90分以上（含90分）的男生信息。

```
#include <stdio.h>
struct student                    //声明结构体类型student
{   char xm[20];
    int xh;
    char xb;
    float cj;
};
void main()
{   struct student stu[3];              //声明结构体数组
    int i;
    for(i=0;i<3;i++)
    {
    scanf("%s%d,%c,%f",stu[i].xm,&stu[i].xh,&stu[i].xb,&stu[i].cj);
                            //用scanf函数输入每个学生的姓名、学号、性别、成绩
    }
    for(i=0;i<3;i++)
    if(stu[i].xb=='m'&&stu[i].cj>=90.0)      //判定性别和成绩
    printf("%d\t%s\t%4c\t%5.1f\n",stu[i].xh,stu[i].xm,stu[i].xb,stu[i].cj);
                            //按学号、姓名、性别、成绩的顺序输出学生信息
}
```

运行结果：

```
liyang<回车>
1001，m，92.5<回车>
wangling<回车>
1002，f，95<回车>
chenyang<回车>
1003，m，86.5<回车>
1001 liyang                        m      92.5
```

注意　　本例中用scanf函数输入各成员时，字符数组以回车作为字符串的输入结束，其他变量都用"，"隔开。

9.1.4　结构体指针

指向结构体的指针称为结构体指针变量。一个结构体变量的起始地址就是这个结构体变

量的指针，结构体指针也可以指向结构体数组中的元素，即将结构体数组的起始地址赋给指针变量。结构体指针变量定义方式如下：

　　struct 结构体类型 *结构体指针

　　例如：struct Student *p;　　//p可以指向struct Student类型的变量或者数组元素

例9.8 有以下定义和语句：

```
struct workers                              //声明结构体类型struct workers
{
    int num;char name[20];char c;
    struct
    {int day; int month; int year;}s;       //成员s为另一个结构体类型
}; struct workers w,*pw;//定义struct workers类型变量w以及指向struct workers类型数据的指针变量pw
pw=&w;                                       //pw指向w，即将结构体变量w的起始地址赋给指针变量w
```

　　能给w中year成员赋值1980的语句是（　　　）。（2010年3月全国计算机等级考试二级C试题选择题第38题）

　　A. *pw.year=1980;　　　　　　　　B. w.year=1980;

　　C. pw->year=1980;　　　　　　　　D. w.s.year=1980;

　　分析：year属于结构体类型struct workers的成员结构体类型s，所以要访问到year需要逐级访问，访问方式为w.s.year.。D选项可以正确赋值。对year赋值，也可采取以下方式：

　　(*pw).s.year=1980; pw->s->year=1980

　　说明：

　　1）(*pw)表示pw指向的结构体变量，(*pw).s.year则表示pw指向的结构体成员s的成员year。由于成员运算符"."优先于"*"，*pw两侧括号不能省。

　　2）为直观方便，C语言允许把"(*pw)."形式用"pw->"形式替代，"->"称为指向运算符，用于连接指针变量与其指向的结构体变量的成员。所以，如果pw指向结构体变量w，以下三种用法等价：

　　① w.成员名（如w.num）；

　　② (*pw).成员名（如(*pw).num）；

　　③ pw->成员名(如pw->num)。

　　3）指向运算符"->"优先级最高，例如++p->num等同于++（p->num），即对p->num的值做自增运算。

例9.9 有以下程序：

```
#include <stdio.h>
struct ord                          //定义结构体类型struct ord
{
    int x，y;}
    dt[2]={1,2,3,4};                //定义结构体数组dt并对数组初始化
main()
{   struct ord *p=dt;               //定义指向struct ord类型数据的指针变量p，并且p指向结构体数
                                    组dt的第一个元素的首地址

    printf("%d,",++(p->x));
```

```
    printf("%d\n",++(p->y));
}
```

程序运行后的输出结果是（　　　　）。（2011年3月全国计算机等级考试二级C试题选择题第37题）

A. 1，2

B. 4，1

C. 3，4

D. 2，3

分析： 此题中，定义的结构体数组dt有两个元素，每个元素包含两个成员x和y。初始化值表示dt[0].x=1, dt[0].y=2, d[1].x=3, dt[1].y=4, p指向数组dt的第一个元素，即p->x=1, p->y=2, 所以，++ (p->x) =2，++ (p->y) =3。选D。

说明：

① 由于指向运算符 "->" 优先级最高，++ (p->x)等价于++p->x。

② 但如果要求输出 "（++p）->x" 的值，则表示先使p增加1，此时，p指向的是数组的第2个元素的x成员值，输出结果为3，指针p的变化如图9-4所示。

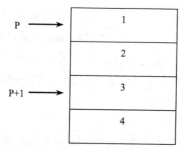

图9-4　指针 p 的变化示意图

9.2 共用体

9.2.1 共用体类型数据的定义

C语言中，共用体类型数据和结构体类型数据都属于构造类型。共用体类型数据在定义上与结构体相似。区别在于，结构体变量是各类型数据成员的集合，每个成员占用不同的存储空间，结构体变量所占内存是各成员占的内存和。而共用体变量所有成员共享同一段内存单元，以最长的成员所占的内存作为共用体变量的存储空间；所有成员从同一地址开始存储，采用覆盖技术，在某一时刻只能让一个成员起作用。定义共用体类型可采取以下方式：

格式：

union 共用体标志名

{

　　数据类型1 共用体成员名 1;

　　数据类型2 共用体成员名 2;

　　...

数据类型n 共用体成员名 n;

};

例如：

union Data

{

  int a;

  char c;

  float x;

} ;

共用体变量的定义和结构体变量的定义相似，可采用以下三种形式。

1．声明共用体类型名后，再定义共用体变量

例如：

union Data

{

  int a;

  char c;

  float x;

};union Data m,n;

2．声明共用体标志的同时定义共用体变量

例如：

union Data

{

  int a;

  char c;

  float x;

} m,n;

3．不指定共用体标志名而直接定义共用体变量

例如：

union

{

  int a;

  char c;

  float x;

} m,n;

以上几种定义形式中，共用体m和n等价，共用体m和n所占存储空间相同。Visual C++环境中，存储空间的分配方式如图9-5所示。

共用体变量m(n)在内存中所占字节数是成员中最长的（整型和实型都是4个字节）4个字节；如果定义的是结构体变量，所占内存则为（4+1+4）=9个字节。

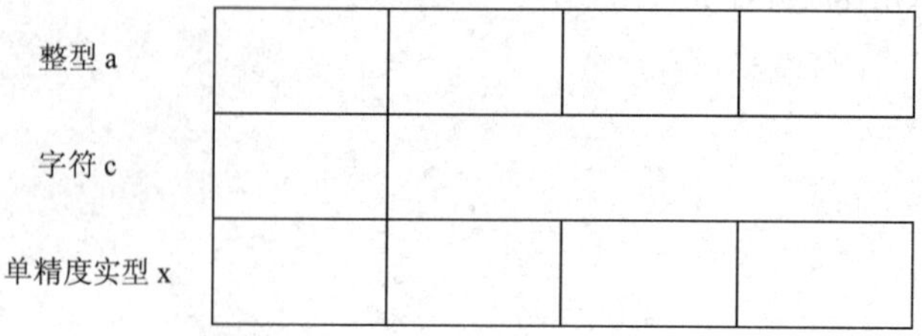

图 9-5 共用体变量 m(n)的成员共享内存空间情况

9.2.2 共用体类型数据成员的引用

在定义了共用体变量后才能引用它，引用形式为引用共用体变量的成员，一般不能整体引用共用体变量（C99标准中有例外）。引用共用体变量的一个成员方式为：

共用体变量名.成员名

如在前面定义了m、n为共用体变量，可以引用其成员：

m．c（引用共用体变量m中的字符变量c）

> **注意**　C99 标准中允许同类型的共用体变量互相赋值。如 m=n。

定义共用体变量的同时，只能对第一个成员的类型进行初始化。

一般格式：

union 共用体标志名 共用体变量={第一个数据成员的类型值}；

例如：

```
union Data
{
    int a;
    char c;
    float x;
} m={6,'a',3.5}            //错误，不能初始化三个成员，它们占用同一段内存
union Data m={6};          //正确，对共用体第一个成员整型a赋初值
union Data m={m.c='M'};    //C99允许对指定的成员赋初值
```

说明：

① 共用体类型在同一内存单元可以存放不同类型的数据，但在每一瞬间只能存放其中一个成员，即共用体变量只能存放一个值。

例如：

```
union Data
{
    int a;
    char c;
    float   x;
}m;
    m.a=97;    //将97按整数形式存放在共用体变量中，在内存中最后一个字节存储形式为"01100001"
```

执行输出语句：

```
printf ("%d",m.a);    //输出整数97。将存储信息按整数形式处理
printf ("%c",m.c);    //输出字符'a'。将存储信息按字符形式处理
printf ("%f",m.x);    //输出实数0.000000。将存储信息按浮点数形式处理
```

② 共用体存储空间保留的是最后一次被赋值的成员的值。例如执行以下赋值语句：

```
m.c='M' ;m.f=3.5;m.a=6;
```

共用体变量存放的是最后输入的6，在引用时应特别注意当前共用体变量的存储成员。

③ 共用体变量的地址和它各成员的地址都是同一地址，都是从共用体变量空间的起点开始。

④ 共用体类型可以出现在结构体类型定义中，数组也可以是共用体的成员。

⑤ 以前的C语言不能使用共用体变量作为函数参数，也不能使用函数返回共用体变量，但可以用指向共用体变量的指针。C99允许共用体变量作为函数参数。

例9.10 分析下列程序的运行结果。

```
#include <stdio.h>
union                   //声明共用体类型
{
     int i;             //以下两行指定共用体成员
     char c[2];
}a;                     //声明共用体变量a
int main()
{
     char x;            //定义字符变量x
     a.i=259;           //对共用体变量成员整型i赋初值
     x=a.c[0];          //以下三行交换数组元素a.c[0]和a.c[1]的值
     a.c[0]=a.c[1];
     a.c[1]=x;
     printf("%d\n",a.i);
     return 0;
}
```

运行结果：

```
769
```

分析：共用体变量成员a.i赋初值259，在共用体变量的内存中存储方式为"00000001 00000011"，交换a.c[0]和a.c[1]的值后，内存的存储变为"0000001100000001"，转换成十进制输出为769。

9.3 用指针处理链表

9.3.1 什么是链表

在前面的学习中，我们认识到数组是由一批有先后次序的元素所组成的序列。在使用

数组存放数据时，必须先定义固定的数组长度，而当数组元素不确定时，需要开辟足够大的存储空间，显然这会造成内存空间的浪费。在数组中，插入或删除元素时，需要移动其他元素。

链表是一种常见而重要的数据结构类型。链表和数组类似，也是一批有先后次序的序列。但是链表中的元素可动态地分配存储单元，并且链表中的各元素在内存中的地址可以不连续，所以在链表中插入和删除元素时也不需要移动其他元素。

链表中，每一个元素称为节点。节点是链表的基本存储单位，每个节点之间可以占用不连续的内存。节点与节点之间通过指针链接在一起，一个元素指向下一个元素，直到最后一个元素，该元素不再指向其他元素，称之为"表尾"，"表尾"的地址存放一个空指针（NULL）。所以，每个节点至少应包括两部分：用户需要用的实际数据和下一个节点的地址（用指针变量存放）。

图9-6为最简单的一种链表（单向链表）的结构。

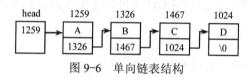

图9-6 单向链表结构

如图9-6所示，链表有一个"头指针"变量（图中以head表示），它是指向链表表头节点的指针。每个节点都包含数据信息（图中的A、B、C、D）和下一节点的地址（图中的1259、1326等）两部分信息。可见，链表结构中，逻辑相连的数据，其节点间的物理地址并不连续。要访问某个元素，需要先找到它的上个元素提供的地址，逐个往前，最终需要通过"头指针"（head）才可以访问整个链表中的元素。

由于节点可包含不同的数据类型，根据前面所学，定义节点应采用结构体类型。

一般形式：

```
struct node
{
    int data;                    //用户需要用的实际数据（数据域），注意不仅仅是整型
    struct node*next             //下一个节点的地址（指针域）
}
```

例如：

```
struct Student               //定义结构体类型Student
{
    char name[20];           //name和score存放用户要用的数据
    float score;
    struct Student *next;    //next是指针变量，指向结构体变量
}
```

每个节点都属于struct Student类型，next是struct Student类型的成员，同时又指向struct Student类型的数据，通过此方法，可建立链表。

链表存储具有以下特点。

1）插入、删除节点时，只要改变节点中指针域的值即可。

2）查找操作需要从"头指针"开始顺序查找，不适合有频繁查找操作的表。

3）可实现动态分配和扩展空间（需用到和动态内存分配相关的函数：malloc、calloc、

realloc、free等）。

9.3.2 建立简单的静态链表

所有节点都在程序中定义，不临时开辟，也不能用完后释放，这种链表称为静态链表。

例9.11 有以下程序：

```
#include<stdio.h>
main()
{
struct node                              //声明结构体类型struct node
{
int n;
struct node *next;                       //next为指针变量，指向结构体变量
}*p;
struct node x[3]={{2,x+1},{4,x+2},{6,NULL}};//定义结构体数组
p=x;                                     //p指向数组x的第一个成员
printf("%d,",p->n);
printf("%d\n",p->next->n);
}
```

程序运行后的输出结果是（　　　　）。（2011年9月全国计算机等级考试二级C试题选择题第37题）

　　A. 2，3　　　　　　B. 2，4　　　　　　C. 3，4　　　　　　D. 4，6

分析： 此题中，结构体数组初始化值后相当于x[0].n=2，节点x[1]的起始地址赋给x[0]的next成员；x[1].n=4，节点x[2]的起始地址赋给x[1]的next成员；x[2].n=6，x[2]的next成员不存储其他节点地址，这样就形成了链表。"p->n"表示p指向的节点的数据，因为p指向的是数组的x的第一个元素x[0]，所以p->n的值为2。"p->next"表示p指向下一个节点。p->next指向的是x+1，即指向的是数组x的第二个元素x[1]，所以，p->next->n的值为4。所以选B。

9.3.3 建立动态链表

所谓建立动态链表，是指程序执行过程中一个一个地开辟节点和输入各节点数据，并建立起前后链接的关系。建立过程中，要首先定义一个包含数据域和指针域的结构类型，然后定义一个"头指针"，最后要调用前面所学的malloc函数动态申请节点的方法建立整个链表。

例9.12 建立学生信息链表，学生信息包括学号和成绩。学号输入为零时结束链表建立。

```
#include <stdio.h>
#include <malloc.h>                       //调用动态存储分配函数
#define LEN sizeof(struct student)        //定义符号常量LEN
struct student                            //定义结构体类型struct student
```

```
    {   long num;
        float score;
        struct student *next;
    };
    int n;                              //n为全局变量，表示节点个数
    struct student *creat(void)          //定义函数，此函数返回一个指向链表头的指针
    {   struct student *head;            //定义指针head指向struct student类型数据
        struct student *p1,*p2;          //定义指针p1和p2指向struct student类型数据
        n=0;                            //节点数目为0
        p1=p2=(struct student *)malloc(LEN);   //用malloc函数开辟第1个节点，并使p1和p2指向它
        scanf("%ld,%f",&p1->num,&p1->score); //从键盘输入一个学生的信息给p1所指的第1个节点
        head=NULL;                      //使head为空，即head不指向任何节点，链表中无节点
        while(p1->num!=0)               //控制p1->num不为0（约定输入的学号为0，则表示链表建立的
                                        //过程完成，该节点不链接到链表中）
        {
            n=n+1;
            if(n==1)head=p1;            //n==1，输入的是第1个节点数据，把p1的值赋给head，即使head
                                        //指向新开辟的节点
            else p2->next=p1;          //把p1所指的节点链接到表尾（p2所指的节点）
            p2=p1;                     //将p2移动到表尾
            p1=(struct student*)malloc(LEN); //再开辟一个新节点，使p1指向新节点
            scanf("%ld,%f",&p1->num,&p1->score);   //读入新的学生数据给p1所指节点
        }
        p2->next=NULL;                 //指向表尾节点的指针变量置NULL
        return(head);                  //返回链表中第1个节点的起始地址
    }
```
可以编写主函数，调用creat函数，如要输出第2个节点成员的值
```
    int main()
    {   struct student *pt;
        pt=creat();                    // 函数返回链表第1个节点的地址
        printf("\nnum:%ld\nscore:%5.1f\n",pt->next->num,pt->next->score);
                                       // 输出第2个节点的成员值
        return 0;
    };
```
运行结果：
    1001,85.5
    1002,92
    1003，65.5
    0,0
    num：1002
    score：92

9.3.4 节点数据的输出、删除与插入

1．节点数据的输出

将链表中各节点的数据依次输出，首先要知道链表第一个节点的地址，也就是要知道head的地址，然后设置一个指针变量p，指向第一个节点，输出p所指的节点，然后使p移到下一个节点并输出，直到链表的尾节点。

节点数据输出操作程序为：

```
void print(struct student *head)       //定义print函数，输出struct student链表中的数据
{
    struct student *p;                 //在函数中定义struct student类型的变量p
    printf("\nNow,These %d records are:\n",n);
    p=head;                            //使p指向第一个节点
    if(head!=NULL)                     //若不是空表
    do
    {printf("%ld %5.1f\n",p->num,p->score//输出一个节点中的学号与成绩
    p=p->next;                         //p指向下一个节点
    }while(p!=NULL);                   //当p不是"空地址"
}
```

2．节点数据的删除

如图9-7所示，在单链表L中，要删除第i个节点，只需将第i-1个节点的指针域指向第i+1个节点，并且释放第i个节点所占的存储空间（调用free函数）。

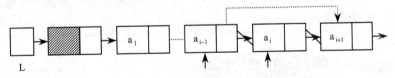

图9-7　单链表中删除节点时指针的移动

所以，删除操作程序可表示如下：

```
void Delete_L(NODE *L,int i,int x)     // 定义Delete_L函数，在线性链表L中，删除第i个元素
{
    NODE *p=L,*q;
    int j=0;
    while( p->next && j<i-1)
    { p=p->next;++j };                 // 寻找第i个节点，并令p指向其前驱
    if(!(p->next) || j>i-1)   return (0);  // 表示删除位置错误
    q=p->next;p->next=q->next;free(q);  // 删除并释放节点
    return1;
}
```

3．节点数据的插入

如图9-8所示，要在链表L中的第i-1个节点和第i个节点中插入数据元素x，首先应将指针指向节点i-1，然后生成一个新节点（调用malloc函数），数据域存放x，节点i-1的指针域指向新节点x，x的指针域指向节点i。

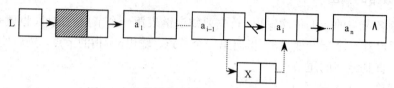

图9-8　在单链表中插入节点时指针的移动

所以，插入操作程序可表示如下：

```
void Insert_L(NODE *L,int i,int x)                //定义Insert_L函数，在链表L中第i个位置之前插入元素x
{
    NODE *p=L.*s;
    int j=0;
    while( p && j<i-1)
    { p=p->next;++j };                            //寻找第i-1个节点
    if(!p || j>i-1)   return (0);                 //表示插入位置错误
    s=(NODE *)malloc(sizeof(NODE));               //生成新节点
    s->data=x;s->next=p->next;p->next=s;          //将节点插入到链表中
    return1;
    }
}
```

> **注意**　以上节点输出、删除和插入的函数可单独编译，但都不能单独运行。在具体的链表结构中，应根据实际情况改变函数中的结构体类型并调用相应函数以完成输出、删除和插入的操作。

9.4 用 typedef 声明新类型名

C语言中，除了可使用C提供的标准类型名（如int、float）等，以及使用编写者自己构造的结构体、共用体类型外，还可以用typedef指定新的类型名来替代已有的类型名。

一般格式：

typedef 类型名 新名称

类似于定义变量，将变量名称换为新类型名，并且在最前面加上"typedef"即可。

例如：

typedef int Integer   //指定Integer代表int，作用与int相同

此时，"int m,n;"与"Integer m,n;"等价。

typedef float Real   //指定Real代表int，作用与float相同

此时，"float a,b;"与"Real a,b;"等价。

使用typedef，也可以用简单的类型名替代复杂的类型，比如替代结构体类型、共用体类

型、指针类型、数组类型等，主要有以下几种形式。

1. 定义一个新的类型名代表结构体类型

例如：

```
typedef struct              //定义类型名Date表示结构体类型
{
    int month;
    int day;
    int year;
}Date;
    Date birthday;          //用Date定义结构体变量birthday
    Date *p;                //用Date定义结构体指针变量p，指向此结构体类型数据
```

2. 定义一个新的类型名代表数组类型

例如：

```
typedef int Arr[20];        //定义类型名Arr表示整型数组类型
Arr a,b;                    //定义a，b都为包含20个元素的一维数组
```

3. 定义一个新的类型名代表指针类型

例如：

```
typedef char *String;       //定义类型名String表示字符指针类型
String p,s[10];             //定义p为字符指针变量，s为字符指针数组
```

4. 定义一个新的类型名代表指向函数的指针类型

例如：

```
typedef int (*Pointer)();   //定义类型名Pointer表示指向函数的指针类型
Pointer p1,p2;              //定义p1，p2为Pointer类型的指针变量
```

说明：

① 用typedef可以定义各种类型名，但不能直接用来定义变量。

② 用typedef只是对已存在的类型增加一个新的类型名称，并不构造新类型。

③ 在不同源文件中使用同一类型数据，常使用typedef说明这些数据类型，并单独存放在一个文件中，在需要时，用#include命令包含进来。

例9.13 若有以下语句：

```
typedef struct S
{int g; char h;}T;
```

以下叙述中正确的是（   ）。（2010年9月全国计算机等级考试二级C试题选择题第39题）

A. 可用S定义结构体变量　　　　　　B. 可用T定义结构体变量

C. S是struct类型的变量　　　　　　D. T是struct S类型的变量

分析：使用typedef定义新类型，是采用类似定义变量的方式先生成一个类型名，再用它去定义变量。此题中，T是替代struct S的类型名，应用T去定义变量，所以选B。如果没有使用typedef，则T代表的是struct S类型的变量，S代表的是结构体类型名，可用S定义结构体变量。

例9.14 以下程序把三个NODETYPE型的变量链接成一个简单的链表，并在while循环中输出链表节点数据域中的数据。请填空。（2009年3月全国计算机等级考试二级C试题填空第15题）

```
#include <stdio.h>
struct node                          //定义结构体类型struct node
{
    int data;
    struct node *next;               //定义next为指针变量，指向结构体变量
};
typedef  struct node  NODETYPE;      //用typedef定义新的类型名NODETYPE表示结构体
main()
{
    NODETYPE a,b,c,  *h,*p;          //定义3个结构体变量a，b，c作为链表的节点
    a.data=10; b.data=20; c.data=30; //对节点a、b、c的成员data赋值
    h=&a;                            //将节点a的起始地址赋给头指针h
    a.next=&b;                       //将节点b的起始地址赋给a节点的next成员
    b.next=&c;                       //将节点c的起始地址赋给b节点的next成员
    c.next='\0';                     //c节点的next成员置为NULL
    p=h;                             //使p指向a节点
    while (p)                        //当p不为空时
    { printf("%d,", p->data); _____;}
    printf ("\n");
}
```

分析：此题结合了静态链表和使用typedef的相关知识点。静态链表中所有节点都已定义，"printf ("%d",p->data)" 表示输出p指向的节点数据，要将后面的数据输出，应使p指向下一节点，所以用p=p->next使p指向下一个节点。答案为p=p->next。

例9.15 有以下程序：（2011年9月全国计算机等级考试二级C试题选择题第36题）

```
#include <stdio.h>
#include <string.h>
typedef struct
{
    char name[9];
    char sex;
    int score[2];
}STU;                                //用typedef定义结构体类型名称
STU f(STU a)                         //定义f函数，功能是将结构体变量b的所有成员值赋给结构体变
                                     //量a的成员
{
    STU b={"Zhao",'m',85,90}; int i;
    strcpy(a.name,b.name);
    a.sex=b.sex;
    for(i=0;i<2;i++) a.score[i]=b.score[i];
```

```
        return a;
    }
    main()
    {
        STU c={"Qian",'f',95,92},d;          //定义结构体变量c并初始化，定义结构体变量d
        d=f(c);                               // 调用f函数
        printf("%s,%c,%d,%d,",d.name,d.sex,d.score[0],d.score[1]);
        printf("%s,%c,%d,%d\n",c.name,c.sex,c.score[0],c.score[1]);
    }
```

程序运行后的输出结果是

A. zhao,m,85,90,Qian,f,95,92   B. zhao,m,85,90,zhao,m,85,90

C. Qian,f,95,92,Qian,f,95,92   D. Qian,f,95,92,zhao,m,85,90

分析： 本题考查了结构体的知识和函数调用的知识。主函数里面，通过d=f(c)调用f函数，将实参c的所有数据传递给f函数的形参a。f函数执行的操作是将b中的数据全部复制到a中。所以返回a的给d后，d的值变成了zhao，m，85，90。函数调用过程中，结构体变量c的值不发生改变。所以选A。

9.5 习题

一、基础知识题

1. 有如下定义：

```
struct date
{
    int year;
    int month;
    int day;
};
struct worklist
{
    char name[20];
    char sex;
    struct date birthday;
}person;
```

对结构体变量person的出生年份进行赋值时，正确的赋值语句是_____。

2. 有以下程序：

```
#include <stdio.h>
main()
{
    struct STU{char name[9]; char sex; double score[2]; };
    struct STU
    a={"Zhao", 'm', 85.0，90.0},
```

```
        b={"Qian", 'f', 95.0, 92.0};
        b=a;
        printf（"%s，%c，%2.0f，%2.0f\n"，b.name，b.sex，b.score[0]，b.score[1]）;
}
```

程序运行结果是_____。

3. 若有如下说明和定义：

```
struct test
{
        int m1;
        char m2;
        float m3;
        union uu
        {
                char u1[5];
                int u2[2];
        }ua;
}myaa;
```

则sizeof(stuct test)的值是_____。

4. 若有如下结构体说明：

```
struct STRU
{
        int a,b;
        char c;
        double d;
        struct   STRU *p1,*p2;
};
```

_____;

请填空，以完成对t数组的定义，t数组的每个元素为该结构体类型，且有20个元素。

5. 以下程序的执行结果是_____。

```
#include <stdio.h>
typedef union
{
        long i;
        int k[5];
        char c;
} DATE;
struct date
{
        int cat;
        DATE cow;
        double dog;
}too;
```

```
DATE max;
main()
{    printf("%d\n",sizeof(struct date)+sizeof(max)); }
```

6. 以下程序的输出结果为_____。

```
#include <stdio.h>
#include <string.h>
struct STUD
{
    int no;
    char *name;
    int score;
};
main()
{
    struct STUD st1={1,"Mary",85},st2;
    st2.no=2;
    st2.name=(char *)malloc(sizeof(10));
    strcpy(st2.name,"Smith");
    st2.score=78;
    printf("%s\n",(st1.score>st2.score?st1.name:st2.name));
}
```

7. 以下程序的输出结果为_____。

```
#include <stdio.h>
struct STUD
{
    int no;
    struct STUD *next;
};
main()
{
    int i;
    struct STUD st1,st2,st3,*st;
    st1.no=1;st1.next=&st2;
    st2.no=2;st2.next=&st3;
    st3.no=3;st3.next=&st1;
    st=&st1;
    for (i=1;i<4;i++)
    {    printf("%d",st->no);
        st=st->next;
    }
    printf("\n");
}
```

8. 以下程序的输出结果是_____。

```c
#include <stdio.h>
struct STU
{
    char num[10];
    float score[3];
}
main()
{
    struct STU
    s[3]={{"20021",90,95,85},{"20022",95,80,75},{"20023",100,95,90}},*p=s;
    int i;
    float sum=0;
    for (i=0;i<3;i++)
        sum=sum+p->score[i];
    printf("%6.2f\n",sum);
}
```

二、编程题

1. 定义一个结构体变量（包括年、月、日），计算该日在本年中是第几天，注意闰年问题。

2. 编写print函数，打印一个学生的成绩数组。该数组有5个学生的数据信息，每条数据信息包括学号、姓名、3门课程成绩。用主函数输入这些信息，用print函数输出这些信息。

第 10 章 文　　件

学习目标　在 C 语言中，文件是程序设计中的一个重要概念。文件是指存储在外部介质上的数据的集合，计算机操作系统对于需要外部介质进行存取的数据，都是以文件的形式组织管理的。根据二级考试大纲的要求，本章只介绍缓冲文件系统（即高级磁盘 I/O 系统），对非标准缓冲文件系统（即低级磁盘 I/O 系统）不作介绍。本章主要介绍了文件类型指针（FILE 类型指针）；文件的打开与关闭（fopen，fclose）；文件读写函数（fputc，fgetc，fputs，fgets，fread，fwrite，fprintf，fscanf）的应用。

　　文件是程序设计中一个重要的概念，所谓"文件"，一般是指一种保存数据的基本数据结构，在逻辑上可以认为文件是存储在外部介质上的数据的集合，这个集合有一个名称，叫做"文件名"。操作系统是以文件为单位对数据进行管理的，如果要读写存储在外部介质上的数据，则必须先按照文件名找到所指定的文件，然后从该文件中读取或写入数据。如果向外部介质写入数据时，若文件并不存在，则必须首先建立一个文件，这个新文件以文件名标志，然后才能向它写入数据。在前边各章中介绍过的源程序文件、目标文件、可执行文件、库文件等都属于文件。

　　以前各章中所用到的输入和输出，都是以终端为对象的，即从终端键盘输入数据，运行结果输出到终端上。从操作系统的角度来看，每一个与主机相关联的输入输出设备都看作是一个文件。例如，终端键盘是输入文件，显示器和打印机都是输出文件。

　　文件系统可以分为缓冲文件系统和非缓冲文件系统。缓冲文件系统能够自动地在内存区为每一个正在使用的文件名开辟一个缓冲区，从内存向磁盘输出数据必须先送到内存的缓冲区，等缓冲区满了以后再送到磁盘中。如果是读入数据，则首先把磁盘中的内容读入到缓冲区，等缓冲区满了以后再将缓冲区的内容送入内存的程序区，如图10-1 所示。用缓冲文件系统进行的输入输出又称为高级磁盘输入输出，一般的系统都采用缓冲文件系统。

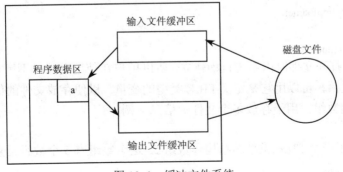

图 10-1　缓冲文件系统

　　非缓冲文件系统是低级文件系统，是指系统不能自动开辟确定的缓冲区，需要用户程序为每个文件设定缓冲区，如图 10-2 所示。用非缓冲文件系统进行的输入输出又称为低级输入输出系统，非缓冲文件系统使用得比较少。在 UNIX 系统下，用缓冲文件系统来处理文本文件，用非缓冲文件系统来处理二进制文件。ANSI C 标准只采用缓冲文件系统来处理文本文件和二进制文件。从 1983 年开始，ANSI C 标准就已经不采用非缓冲文件系统了，计算机二级考试大纲中也不将这种文件系统作为考试内容，所以，本章只介绍缓冲文件系统，对非缓冲文件系统不再介绍。

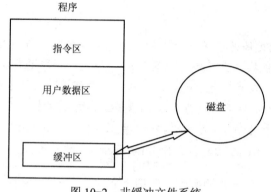

图 10-2　非缓冲文件系统

10.1　文件指针

　　在程序中访问文件时，需要记录有关文件状态的信息，C 语言提供了一个专门的数据类型来存储要访问的文件的状态数据。这个类型就是 FILE 类型，FILE 定义在 stdio.h 中，是一个结构体类型。在 Visual C++ 6.0 中，FILE 类型的声明如下所示。

　　格式：

```
struct _iobuf {
        char *_ptr;
        int    _cnt;
        char *_base;
        int    _flag;
        int    _file;
        int    _charbuf;
        int    _bufsiz;
        char *_tmpfname;
        };
typedef struct _iobuf FILE;
```

　　FILE 结构在打开文件时由系统自动建立，所以用户在使用文件时不用重复定义。有了结构体 FILE 类型之后，可以用它来定义 FILE 类型的变量，以便存放文件的信息。也可以定义一个 FILE 类型的数组，用于存放多个文件的信息，例如：

　　FILE　f[5];

　　在这里定义了一个 FILE 类型的结构体数组 f，这个数组有 5 个数组元素，最多可以用来存放 5 个文件的信息。

10.1.1 文件类型指针

在程序想要使用文件的时候，首先必须要能够找到这个文件，这就需要文件类型的指针变量。可以定义一个文件类型的指针变量，然后使这个指针变量指向某一个文件的结构体变量，从而通过该结构体变量中的文件信息访问该文件。也就是说，通过文件指针变量能够找到与它相关的文件。例如：

FILE *fp;

在这里，fp 是一个指向 FILE 类型结构体变量的指针变量，当文件打开时，系统自动建立文件结构体，并把指向它的指针返回来，程序通过这个指针获得文件信息，访问文件；文件关闭后，它的文件结构体被释放。如果有 n 个文件，一般应定义 n 个指向 FILE 类型结构体的指针变量，将它们分别指向 n 个文件，即指向存放该文件信息的结构体变量，以实现对文件的访问。

例 10.1 以下程序打开新文件 f.txt，并调用字符输出函数将 a 数组中的字符写入其中，请填空。（2010 年 9 月全国计算机等级考试二级 C 试题填空题第 15 题）

```
#include<stdio.h>
main()
{
    ____*fp;
    char a [5]={'1','2','3','4','5'},i;
    fp=fopen("f.txt","w");
    for(i=0;i<5;i++)
        fputc(a[i],fp);
    fclose(fp);
}
```

分析： 此题下划线处为填空位置，在这里应该首先定义一个文件类型给指针变量 fp，所以答案是 FILE。

C 程序通过操作系统访问磁盘上的文件，如图 10-3 所示。

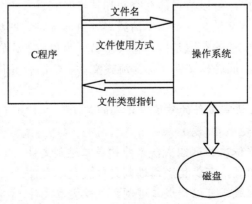

图 10-3　C 程序使用文件

10.1.2 文本文件和二进制文件

　　C 语言把文件看作是一个字符（字节）的序列，即由一个一个字符（字节）的数据顺序组成。根据数据的组织形式，可分为 ASCII 文件和二进制文件。

　　ASCII 文件又称为文本文件，它的每一个字节存放一个 ASCII 代码，代表一个字符；而二进制文件则是把内存中的数据按其在内存中的存储形式原样输出到磁盘上存放。例如整数 12345，假设其为 int 类型，则其在内存中表示为"0011000000111001"，只占两个字节，共十六位，那么 12345 的二进制文件也为"0011000000111001"。而当把这个数字输出到终端屏幕或者打印时，系统会自动将其翻译成"12345"五个字符，便于人们读它，表示为"0011000100110010001100110011010000110101"，其中每个字符占一个字节，五个字节共40 位，这种数据组成的文件称为文本文件。如图 10-4 所示。

　　任何文本文件都可以在终端上显示，而二进制文件却不能，当然也不能打印，二进制文件只能由计算机去读。

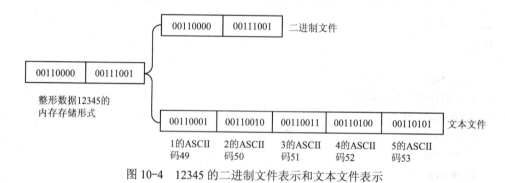

图 10-4　12345 的二进制文件表示和文本文件表示

　　用 ASCII 文件输出时，其与字符是一一对应的，一个字节代表一个字符，因而便于对字符进行逐个处理，便于输出字符，但一般占存储空间较多，并且因为要进行二进制形式和 ASCII 码之间的转换，需要花费转换的时间；而二进制文件所有字节存储的都是二进制数，以二进制文件形式输出数据，可以节省外存空间和转换时间。

　　由前所知，一个 C 语言文件是一个字节流或者二进制流，它把数据看作是一连串的字符（字节），在 C 语言中对文件的存取是以字符（字节）为单位的，输入输出的数据流的开始和结束仅受程序控制，我们把这种文件又称为流式文件。C 语言允许对文件存取一个字符，这就增加了处理的灵活性。

　　例 10.2　下列关于 C 语言文件的叙述中正确的是（　　）。（2009 年 9 月全国计算机等级考试二级 C 试题选择题第 40 题）

　　A. 文件由一系列数据依次排列组成，只能构成二进制文件

　　B. 文件由结构序列组成，可以构成二进制文件或文本文件

　　C. 文件由数据序列组成，可以构成二进制文件或文本文件

　　D. 文件由字符序列组成，其类型只能是文本文件

分析: 参照本节对文件定义，根据数据的组织形式，文件可分为 ASCII 文件和二进制文件，所以正确答案是 C。

10.1.3 文件的打开与关闭

文件使用的方式是：首先打开文件，然后进行文件的读/写操作，文件使用完毕以后要关闭文件。

文件的打开使用标准输入输出函数库中的 fopen()函数。fopen()函数的功能是按指定方式打开文件。如果文件正常打开，其返回值为指向文件结构体的指针；如果文件打开失败，其返回值为 NULL。fopen()函数的原型如下：

FILE　　*fopen(char *name,char *mode)

其中*name 为要打开的文件名，*mode 为使用文件的方式（见表 10-1）。fopen 函数的调用方式通常为：

FILE　　*fp;

fp=fopen("test.c","w");

这段代码表示打开文件名为"test"的文件，使用文件方式为"只写"（w 代表 write，即只写），fopen 函数带回指向 test 文件的指针并赋给 fp，这样 fp 就和 test 相联系了，或者说，fp 就指向了 test 文件。

判断文件是否打开，要看 fopen 函数返回给 fp 的值是否为 NULL，如果为 NULL，则说明文件没有打开。

表 10-1　文件的使用方式

文件使用方式		读/写方式	含　义
文本文件	二进制文件		
r	rb	只读	以只读方式打开
w	wb	只写	以写方式打开，如果已存在该文件名的文件，文件被重写
a	ab	追加	附加方式。打开用于在文件末尾写，当文件不存在时，创建新文件用于写
r+	rb+	读写	打开一个已存在文件用于更新
w+	wb+	读写	创建一个新文件用于更新，如果已存在该文件名的文件，文件被重写
a+	ab+	读写	打开用于附加，当文件不存在时，创建新文件用于在文件末尾写

例 10.3 以下程序用来判断指定文件是否能正常打开，请填空。（2009 年 3 月全国计算机等级考试二级 C 试题填空题第 13 题）

```
#include <stdio.h>
main()
{
    FILE *fp;
    if(((fp=fopen("test.txt","r"))== _____))
        printf("未能打开文件!\n");
    else
```

```
        printf("文件打开成功!\n");
    }
```

分析： 本题判断文件是否打开，要看 fopen 函数返回给 fp 的值是否为 NULL，如果为 NULL，则说明文件没有打开。所以正确答案为 NULL。

通过前面所述可以看出，打开一个文件涉及三个信息：

① 需要打开的文件名，也就是准备访问的文件的名字；

② 使用文件的方式（如本例使用文件的方式为 "w"）；

③ 让哪一个指针变量指向被打开的文件。

例10.4 设 fp 已定义，执行语句 fp=fopen("file","w"); 后，以下针对文本文件 file 操作叙述的选项中正确的是（   ）。（2011 年 3 月全国计算机等级考试二级 C 试题选择题第 40 题）

A. 写操作结束后可以从头开始读　　　B. 只能写，不能读

C. 可以在原有内容后追加写　　　　　D. 可以随意读和写

分析： 参照表 10-1 可知，正确答案为 B。

在使用完一个文件后，应当将其关闭，以防它再被误用。所谓关闭文件，就是使文件的指针变量不再指向该文件，此后不能再通过该指针对原来与其相联系的文件进行读写操作，除非再次打开。

文件的关闭使用标准输入输出函数库中的fclose()函数。fclose()函数的原型如下所示。

```
int    fclose(FILE    *fp)
```

例如：

```
fclose(fp);
```

前面我们曾把用 fopen 函数打开文件所带回的指针赋值给了 fp，现在通过 fclose 函数使 fp 不再指向该文件，即将文件关闭了。

fclose 函数带回一个整形数据的返回值，如果顺利地关闭了文件，则返回值为 0；否则返回 EOF(−1)。EOF（END OF FILE）是在 stdio.h 文件中定义的符号常量，值为−1。

应该养成在程序终止之前关闭文件的习惯，如果不关闭文件，将会丢失数据。因为，如前所述，在向文件写数据时，是先将数据输出到缓冲区，待缓冲区充满之后才正式输出给文件。如果当数据未充满缓冲区而程序终止了，将会使缓冲区中的数据丢失。用 fclose 函数关闭文件可以避免这个问题，它先将缓冲区中的数据输出到磁盘文件，然后才释放文件指针变量。

10.2　文件的读写

文件打开之后，就可以对它进行读写了。常用的读写函数如下。

10.2.1　调用 fgetc 和 fputc 函数进行输入和输出

1. fgetc函数

fgetc 函数是从指定的文件读入一个字符，该文件必须是以读或读写方式打开的。fgetc 函数的调用形式如下：

```
ch=fgetc(fp);
```

fp 为指向文件的文件型指针变量，ch 为字符变量。fgetc 函数带回一个字符，赋值给 ch。如果在执行 fgetc 函数读字符时遇到文件结束符，函数返回一个文件结束标志 EOF(–1)。

在文件内部有一个位置指针，用来指向文件的当前读写字节。在文件打开时，该指针总是指向文件的第一个字节，使用 fgetc 函数后，该位置指针将向后移动一个字节。因此可连续多次使用 fgetc 函数，读取多个字符。应注意文件指针和文件内部的位置指针不是一回事。文件指针是指向整个文件的，须在程序中定义说明，只要不重新赋值，文件指针的值是不变的。文件内部的位置指针用以指示文件内部的当前读写位置，每读写一次，该指针均向后移动，它不需在程序中定义说明，而是由系统自动设置的。有关位置指针的内容，将在 10.2.5 节中详细介绍。

例10.5　读入文件 abc.c，在屏幕上输出。

```
#include<stdio.h>
main()
{
    FILE *fp;
    char ch;
    if((fp=fopen("abc.c","rt"))==NULL)
    {
        printf("文件打开失败！");
        getch();
        exit(1);
    }
    ch=fgetc(fp);
    while (ch!=EOF)
    {
        putchar(ch);
        ch=fgetc(fp);
    }
    fclose(fp);
}
```

分析：本例程序的功能是从文件中逐个读取字符，在屏幕上显示。程序定义了文件指针 fp，以读文本文件方式打开文件"abc.c"，并使 fp 指向该文件。如打开文件出错，给出提示并退出程序。程序第 12 行先读出一个字符，然后进入循环，只要读出的字符不是文件结束标志 EOF，就把该字符显示在屏幕上，再读入下一字符。每读一次，文件内部的位置指针向后移动一个字符，文件结束时，该指针指向 EOF。当执行本程序时将显示整个文件。

2．fputc函数

fputc函数是把一个字符写到磁盘文件上去。其一般调用形式如下：

fputc(ch,fp);

其中 ch 是要输出的字符，它可以是一个字符常量，也可以是一个字符变量。fp 是文件指针变量。fputc(ch,fp)函数的作用是将字符（ch 的值）输出到 fp 所指向的文件中去。被写入的文件可以用写、读写、追加方式打开，用写或读写方式打开一个已存在的文件时将清除原有的文件内容，写入字符从文件首开始。如需保留原有文件内容，希望写入的字符以文件末开始存放，必须以追加方式打开文件。被写入的文件若不存在，则创建该文件。每写入一个字符，文件内部位置指针向后移动一个字节。fputc 函数有一个返回值，如写入成功，则返回写入的字符，否则返回一个 EOF。可由此来判断写入是否成功。

例10.6 从键盘输入一行字符，写入一个文件，再把该文件内容读出显示在屏幕上。

```c
#include<stdio.h>
main()
{
    FILE *fp;
    char ch;
    if((fp=fopen("abc","wt+"))==NULL)
    {
        printf("文件打开失败！");
        getch();
        exit(1);
    }
    printf("input a string:\n");
    ch=getchar();
    while (ch!='\n')
    {
        fputc(ch,fp);
        ch=getchar();
    }
    rewind(fp);
    ch=fgetc(fp);
    while(ch!=EOF)
    {
        putchar(ch);
        ch=fgetc(fp);
    }
    printf("\n");
    fclose(fp);
}
```

分析： 程序中第6行以读写文本文件方式打开文件 abc。程序第13行从键盘读入一个字符后进入循环，当读入字符不为回车符时，则把该字符写入文件之中，然后继续从键盘读入下一字符。每输入一个字符，文件内部位置指针向后移动一个字节。写入完毕，该指针已指向文件末。如要把文件从头读出，须把指针移向文件头，程序第19行 rewind 函数的作用是把 fp 所指文件的内部位置指针移到文件头（rewind 函数的具体使用将在10.2.5小节中详细介绍）。第20至25行用于读出文件中的一行内容。

10.2.2 fscanf 和 fprintf 函数的应用

fscanf 函数、fprintf 函数的功能与 scanf 函数和 printf 函数类似，都是格式化读写函数。只不过 fscanf 函数和 fprintf 函数的读写对象不是终端，而是磁盘文件。

1. fprintf函数

fprintf函数的一般调用方式如下：

int fprintf(FILE *fp,const char *format[,argument,…])

功能是根据格式字符串 frmat 把 argument 列表中的表达式值写到 fp 所指向的文件中。注意格式说明符的个数必须与参数的个数相同。如果调用成功，则返回输出字节数，如果调用失败或者已到了文件尾端，则返回 EOF。

例10.7 有以下程序：

```
#include <stdio.h>
main()
{
    FILE *f;
    f=fopen("filea.txt","w");
    fprintf(f,"abc");
    fclose(f);
}
```

若文本文件 filea.txt 中原有内容为 hello，则运行以上程序后，文件 filea.txt 的内容为（   ）。（2009 年 3 月全国计算机等级考试二级 C 试题选择题第 40 题）

  A. helloabc   B. abclo   C. abc   D. abchello

分析：程序中首先以只写的方式打开了 filea.txt 文件，然后通过 fprintf 函数将字符串"abc"写入文件 filea.txt，由表 10-1 可知，文件 filea.txt 中的内容将被重写。虽然文件中原有内容为 hello，但写入的 abc 覆盖掉了原有内容，所以答案选 C。

2. fscanf函数

fscanf函数的一般调用方式如下：

int fscanf(FILE *fp,const char *format[,address,…])

功能是根据 format 中的格式从 fp 指向的文件中读取数据存入相应的 address 指向的变量中。注意格式说明符和地址的个数必须与输入字段的个数相同。如果调用成功，fscanf 函数返回成功扫描、转换和存储的输入字段的个数，返回值不包括没有被存储的字段。当没有字段被保存时，将返回 0，如果遇到文件终止符，则返回 EOF。

例10.8 有以下程序：

```
#include<stdio.h>
main()
{
    FILE *fp;
    int k,n,i,a[6]={1,2,3,4,5,6};
```

```
fp=fopen("d2.dat","w");
for(i=0;i<6;i++)
        fprintf(fp,"%d\n",a[i]);
fclose(fp);
fp=fopen("d2.dat","r");
for(i=0;i<3;i++)
        fscanf(fp,"%d%d",&k,&n);
fclose(fp);
printf("%d,%d\n",k,n);
}
```

程序运行后的输出结果是（　　　　）。（2011年9月全国计算机等级考试二级C试题选择题第40题）

　　A. 1，2　　　　　　B. 3，4　　　　　　C. 5，6　　　　　　D. 123，456

分析： 在此程序中，首先定义了一个数组 a，其中初始化有 1，2，3，4，5，6 等 6 个数组元素。然后以只写的方式打开了文件 d2.dat，通过循环语句将数组 a 中的内容写入文件 a2.dat，关闭文件 d2.dat，此时文件中的内容为 1，2，3，4，5，6。再通过只读的方式打开文件 a2.dat，利用循环语句，将文件中的内容读入到变量 k 和 n 中，第一次循环是将文件中 1 读入 k，2 读入 n，此时文件的位置指针指向了文件中的 3；第二次循环是将文件中 3 读入 k，4 读入 n，此时文件的位置指针指向了文件中的 5；第三次循环是将文件中 5 读入 k，6 读入 n，此时循环结束，关闭了文件。所以此时输出 k 和 n 的值为 "5，6"，正确答案为 C。

用 fprintf 函数和 fscanf 函数对磁盘文件进行读写，使用方便，容易理解，但由于在输入时要将 ASCII 码转换为二进制形式，在输出时又要将二进制形式转换成字符，花费时间比较多。因此，在内存与磁盘文件频繁交换数据的情况下，最好不用 fprintf 函数和 fscanf 函数，而用 fread 函数和 fwrite 函数。

10.2.3　fgets 和 fputs 函数的应用

fgets 函数和 fputs 函数类似于以前介绍过的 gets 函数和 puts 函数，其作用都是读写字符串。只不过 fgets 函数和 fputs 函数是以指定的文件作为读写对象。

1. 读字符串函数fgets

fgets 函数的功能是从指定的文件中读一个字符串到字符数组中，函数调用的形式如下：

```
char    *fgets(char    *s,int n,FILE    *fp);
```

例如：

```
fgets(str,n,fp);
```

n 为要求得到的字符个数，但只从 fp 指向的文件输入 n–1 个字符，然后在最后加一个\0 字符，因此得到的字符串共有 n 个字符，把它们放到字符数组 str 中。如果在读完 n–1 个字符之前遇到换行符或者 EOF，读入即结束。fgets 正常时返回读取字符串的首地址；出错或到了文件尾端，则返回 NULL。

例 10.9 从 string 文件中读入一个含 10 个字符的字符串。

```
#include<stdio.h>
main()
{
  FILE *fp;
  char str[11];
  if((fp=fopen("d:\\jrzh\\example\\string","rt"))==NULL)
  {
   printf("文件打开失败！");
   getch();
   exit(1); }
  fgets(str,11,fp);
  printf(" %s ",str);
  fclose(fp);
}
```

分析：本例定义了一个字符数组 str，共 11 个字节，在以读文本文件方式打开文件 string 后，从中读出 10 个字符送入 str 数组，在数组最后一个单元内将加上'\0'，然后在屏幕上显示输出 str 数组。输出的 10 个字符正是例 13.1 程序的前十个字符。

2. 写字符串函数fputs

fputs 函数的功能是向指定的文件写入一个字符串，其调用形式如下：

int　　fputs(char　*s,FILE　*fp)

其中字符串可以是字符串常量，也可以是字符数组名或指针变量，字符串末尾'\0'不输出，若 fputs 正常时，则返回写入的最后一个字符；如果出错，则返回 EOF。

例如：

fputs("abcd",fp);

其意义是把字符串"abcd"写入 fp 所指的文件之中。

例 10.10 在例 10.5 中建立的文件 string 中追加一个字符串。

```
#include<stdio.h>
main()
{
    FILE *fp;
    char ch,st[20];
    if((fp=fopen("string","at+"))==NULL)
    {
        printf("Cannot open file strike any key exit!");
        getch();
        exit(1);
    }
    printf("input a string: ");
    scanf("%s",st);
    fputs(st,fp);
```

```
        rewind(fp);
        ch=fgetc(fp);
        while(ch!=EOF)
        {
            putchar(ch);
            ch=fgetc(fp);
        }
        printf(" ");
        fclose(fp);
    }
```

分析： 本例要求在 string 文件末加写字符串，因此，在程序第 6 行以追加读写文本文件的方式打开文件 string。然后输入字符串，并用 fputs 函数把该串写入文件 string。在程序第 15 行用 rewind 函数把文件内部位置指针移到文件首，再进入循环，逐个显示当前文件中的全部内容。

10.2.4 fread 和 fwrite 函数的应用

用 fgetc 函数和 fputc 函数可以用来读写文件中的一个字符，但通常要求一次读入一组数据，fread 函数和 fwrite 函数就可以用来读写一个数据块。它们的一般调用形式如下：

size_t　fread(void　*buffer,size_t　size, size_t　count,FILE　*fp)
size_t　fwrite(void　*buffer,size_t　size, size_t　count,FILE　*fp)

其中：

buffer：指向要输入/输出数据块的首地址的指针。

size：每个要读/写的数据块的大小（字节数）。

count：要读/写的数据块的个数。

fp：要读/写的文件指针。

如果 fread 函数或 fwrite 函数调用成功，则函数返回的值为 count，即输入或输出数据项的完整个数；如果出错或到文件尾端，则返回 0。

fread 函数与 fwrite 函数一般用于二进制文件的输入/输出。如果文件以二进制形式打开，用 fread 函数和 fwrite 函数就可以读写任何类型的信息。

例如：

fread(f,4,2,fp);

其中 f 是一个实型数组名，一个实型变量占 4 个字节。这个函数从 fp 所指向的文件读入 2 个 4 字节的数据，存储到数组 f 中。

如果有一个以下结构体类型：

```
struct    student
{    int    num;
     char    name[20];
     char    sex;
     int    age;
     char    telephone[3];
```

```
}stud[10];
```

结构体数组 stud 有 10 个数组元素，每一个元素用来存放一个学生的数据（包括学号、姓名、性别、年龄、电话）。假设学生的数据已存放在磁盘文件中，可以用下面的 for 语句和 fread 函数读入 10 个学生的数据：

```
for(i=0;i<10;i++)
    fread(&stud[i],sizeof(struct  student),1,fp);
```

例10.11 以下程序运行后的输出结果是_____。（2011 年 3 月全国计算机等级考试二级 C 试题填空题第 15 题）

```
#include <stdio.h>
main()
{
    FILE *fp;
    int x[6]={1,2,3,4,5,6},i;
    fp=fopen("test.dat","wb");
    fwrite(x,sizeof(int),3,fp);
    rewind(fp);
    fread(x,sizeof(int),3,fp);
    for(i=0;i<6;i++)
        printf("%d",x[i]);
    printf("\n");
    fclose(fp);
}
```

分析： 在程序中首先定义了一个数组 x，然后以只写的方式打开一个二进制文件 test.dat，将 x 数组中的数据写入 6 个字节（每个 int 型数据为 2 个字节，3 说明是 6 个字节）到文件中，然后把文件内部位置指针移到文件初始位置，在文件中读出相同大小的数据，最后使用循环语句，将 x 中的数据输出到屏幕。所以本题的正确答案为 123456。

10.2.5 文件定位函数（rewind、fseek 和 ftell 函数的应用）

在文件内部，存在一个位置指针，这个指针指向文件当前读写的位置。一般情况下，指向文件的指针指向文件的起始部分，而文件的位置指针则指向当前读写的位置。如果顺序读写一个文件，每次读写完一个字符后，位置指针自动指向下一个字符。如果想要将位置指针指向其他指定的字符，即使位置指针指向其他指定的位置，则可以使用文件的定位函数强制位置指针指向指定内容。

1. rewind函数

rewind函数的作用是使位置指针重新返回到文件的起始位置，清除文件结束标志和出错标志，rewind函数没有返回值。

格式：

```
void   rewind(FILE   *fp)
```

在前面的例子中已经多次用到 rewind 函数，下面再次举例说明 rewind 函数的使用。

例10.12 有以下程序：

```c
#include<stdio.h>
main()
{
    FILE *fp;
    char str[10];
    fp=fopen("myfile.dat","w");
    fputs("abc",fp);
    fclose(fp);
    fp=fopen("myfile.dat","a+");
    fprintf(fp,"%d",28);
    rewind(fp);
    fscanf(fp,"%s",str);
    puts(str);
    fclose(fp);
}
```

程序运行后的输出结果是（　　　）。（2010年3月全国计算机等级考试二级C试题选择题第40题）

A. abc　　　　　　B. 28c　　　　　　C. abc28　　　　　D. 因类型不一致而出错

分析： 程序中首先定义了一个字符数组 str，然后以只写的方式打开了文件 myfile.dat，向文件中输入字符串"abc"，然后关闭文件，再以追加的方式打开文件 myfile.dat，向文件中输入 28，此时文件中 myfile.dat 的内容为 abc28，然后执行 rewind 函数，使文件的位置指针重新定位于文件的起始位置，将文件中的内容写入到数组 str 中，将 str 中内容输出显示到屏幕上之后关闭文件。所以正确答案应该是 C。

2. fseek函数

fseek函数的作用是移动文件位置指针到指定位置。

对流式文件可以进行顺序读写，也可以进行随机读写，关键在于控制文件的位置指针。如果位置指针是按字节位置顺序移动的，就是顺序读写；如果能将位置指针按需要移动到任意位置，就可以实现随机读写了。所谓随机读写，就是指读写完一个字符以后，并不一定要读写这个字符后边的字符，而可以读写文件中任意位置上的字符。用 fseek 函数就可以实现改变文件的位置指针。

fseek 函数的原型如下：

```c
int  fseek(FILE  *fp,long  offset,int whence)
```

fp 为指向文件的文件类型指针，offset 是位移量，指的是以起始点为基点移动的字节数。如果 long 的值大于 0，则向后移动，如果 long 的值小于 0，则向前移动。ANSI C 和大多数 C 语言版本要求位移量是 long 型的数据，这样当文件的长度大于 64KB 的时候不至于出现问题。ANSI C 标准规定在数字的末尾加一个字母 L，就表示 long 型。whence 是起始点，是一个整型数据，有 0、1 和 2 三个取值，其中 0 代表文件开始位置，1 代表当前位置，2 代表文件末尾位置。ANSI C 标准规定的名字如表 10-2 所示。

表 10-2　whence 的取值及意义

起 始 点	名　字	用数字表示
文件开始	SEEK_SET	0
文件当前位置	SEEK_CUR	1
文件末尾	SEEK_END	2

fseek 函数一般用于二进制文件，因为文本文件要发生字符转换，计算位置时往往会发生混乱。

下面举例说明 fseek 函数的调用。

1）fseek(fp,100L,0);将位置指针移到离文件头 100 个字节处。

2）fseek(fp,50L,1);将位置指针移到当前位置 50 个字节处。

3）fseek(fp,−10,2);将位置指针从文件末尾处向前移动 10 个字节。

fseek 函数如果调用成功，则返回 0；如果调用失败，则返回非 0 值。

3．ftell函数

ftell函数的作用是得到位置指针在文件中的当前位置，用相对于文件开始位置的位移量来表示。由于文件中的位置指针经常移动，人们往往不容易知道其当前位置。用ftell函数可以得到位置指针的当前位置。

ftell 函数的原型如下：

long　ftell(FILE　*fp)

如果调用成功，返回当前位置指针位置；如果失败，则返回−1L。

例如：

i=ftell(fp);

if(i==−1L)　printf("error\n");

读取 fp 所指向的文件的当前指针的位置，并将值赋值给变量 i，如果调用函数时出错，则输出"error"。

10.2.6　判断文件结束函数 feof

feof 函数用于测试流文件的结束。当到达结尾时，返回非 0；当文件内部位置指针指向文件结束时，并未立即置位 FILE 结构中的文件结束标记，只有再执行一次读文件操作，才会置位结束标志，此后调用 feof 才会返回真。

feof 函数的一般格式如下：

int feof(FILE *stream);

例10.13　feof 函数的使用。

```
int c;
c=fgetc(fp);
    while(!feof(fp))
    {
        printf("%c:/t%x/n",c,c);
        c=fgetc(fp);
    }
```

分析： 在 while 语句中，判断文件是否结束，如果没结束，就执行循环体，否则退出循环。

10.3 习题

一、基础知识题

1. 下列关于 C 语言数据文件的叙述中正确的是（　　　）。

    A. 文件由 ASCII 码字符序列组成，C 语言只能读写文本文件

    B. 文件由二进制数据序列组成，C 语言只能读写二进制文件

    C. 文件由记录序列组成，可按数据的存放形式分为二进制文件和文本文件

    D. 文件由数据流形式组成，可按数据的存放形式分为二进制文件和文本文件

2. 函数 fseek(pf, OL, SEEK_END) 中的 SEEK_END 代表的起始点是（　　　）。

    A. 文件开始

    B. 文件末尾

    C. 文件当前位置

    D. 以上都不对

3. C 语言中，能识别处理的文件为（　　　）。

    A. 文本文件和数据块文件

    B. 文本文件和二进制文件

    C. 流文件和文本文件

    D. 数据文件和二进制文件

4. 若调用 fputc 函数输出字符成功，则其返回值是（　　　）。

    A. EOF   B. 1   C. 0   D. 输出的字符

5. 如果需要打开一个已经存在的非空文件"Demo"进行修改，下面正确的选项是（　　　）。

    A. fp=fopen("Demo","r");   B. fp=fopen("Demo","ab+");

    C. fp=fopen("Demo","w+");   D. fp=fopen("Demo","r+");

6. 若要打开 A 盘上 user 子目录下名为 abc.txt 的文本文件进行读、写操作，下面符合此要求的函数调用是（　　　）。

    A. fopen("A:\user\abc.txt","r")   B. fopen("A: \\user\\abc.txt","rt+")

    C. fopen("A: \user\abc.txt","rb")   D. fopen("A: \user\abc.txt","w")

7. 有以下程序：

```
#include <stdio.h>
main()
{
  FILE *fp; int i=20,j=30,k,n;
  fp=fopen("d1.dat","w");
  fprintf(fp,"%d\n",i);fprintf(fp,"%d\n",j);
  fclose(fp);
  fp=fopen("d1.dat","r");
  fscanf(fp,"%d%d",&k,&n); printf("%d %d\n",k,n);
  fclose(fp);
}
```

程序运行后的输出结果是（　　　）。

    A. 20 30   B. 20 50   C. 30 50   D. 30 20

8. 下面的程序执行后，文件 test 中的内容是（　　　）。

```c
#include <stdio.h>
void fun(char *fname,char *st)
{
    FILE *myf; int i;
    myf=fopen(fname,"w");
    for(i=0;ifclose(myf);
}
main()
{
fun("test","new world");
fun("test","hello,");
}
```

A. hello,　　　B. new worldhello,　C. new world　　D. hello, rld

9. 阅读下面程序，程序实现的功能是（　　　）。（a123.txt 在当前盘符下已经存在）

```c
#include <stdio.h>
void main()
{
    FILE *fp;
    int a[10],*p=a;
    fp=fopen("a123.txt","w");
    while(strlen(gets(p))>0 )
    {
    fputs(a,fp);
    fputs("\n",fp);
    }
    fclose(fp);
}
```

A. 从键盘输入若干行字符，按行号倒序写入文本文件 a123.txt 中

B. 从键盘输入若干行字符，取前 2 行写入文本文件 a123.txt 中

C. 从键盘输入若干行字符，第一行写入文本文件 a123.txt 中

D. 从键盘输入若干行字符，依次写入文本文件 a123.txt 中

10. 利用 fseek 函数可以实现的操作是 _____。

11. 在对文件操作的过程中，若要求文件的位置指针回到文件的开始处，应当调用的函数是 _____。

12. 以下程序将数组 a 的 4 个元素和数组 b 的 6 个元素写到名为 lett.dat 的二进制文件中，请填空。

```c
#include <stdio.h>
main()
{
    FILE *fp;
```

```
    char a[4]="1234"，b[6]="abccdf";
    if((fp=fopen("_____","wb"))=NULL)exit(0);
    fwrite(a,sizeof(char),4,fp);
    fwrite(b,_____,1,fp);
    fclose(fp);
}
```

13. 用以下语句调用库函数 malloc，使字符指针 st 指向具有 11 个字节的动态存储空间，请填空。

    st=(char*)_____;

14. 以下程序段打开文件后，先利用 fseek 函数将文件位置指针定位在文件末尾，然后调用 ftell 函数返回当前文件位置指针的具体位置，从而确定文件长度，请填空。

```
FILE *myf; long f1;
myf= _____("test.t","rb");
fseek（myf,0,SEEK_END);
f1=ftell(myf);
fclose(myf);
printf("%d\n",f1);
```

15. "FILE *p" 的作用是定义一个文件指针变量，其中的 "FILE" 是在_____头文件中定义的。

16. 当调函数 frend 从磁盘文件中读取数据时，若函数的返回值为 5，则表明_____；若函数的返回值为 0，则表明_____。

二、编程题

1. 由键盘输入一个文件名，然后输入一串字符（用#结束输入）存放到此文件文件中形成文本文件，并将字符的个数写到文件尾部。

2. 从键盘上输入一个字符串，把该字符串中的小写字母转换为大写字母，输出到文件 test.txt 中，然后从该文件读出字符串并显示出来。

3. 由终端输入一个文件名，然后将从终端键盘输入的字符依次存放到该文件中，用#作为结束输入的标志。

第11章 程序设计公共基础知识

学习目标 程序设计公共基础知识在计算机等级考试（二级）笔试中占30分，根据《全国计算机等级考试大纲（二级C语言程序设计）》的要求，本章主要介绍数据结构与算法、程序设计基础、软件工程和数据库基础四部分内容。

11.1 数据结构与算法

本章节主要考查算法的基本概念、基本的数据结构及其基本操作、查找和排序算法。在计算机二级考试中，都是以选择题和填空题的形式出现的。算法的基本概念、数据结构的定义、栈和树几乎是每次必考的知识点；查找和排序基本上每次有一道试题；线性表、队列和线性链表很少单独出题，但经常与其他知识点结合出题。

11.1.1 算法

算法是对一个问题求解步骤的一种描述，是求解问题的方法，它是指令的有限序列，其中每条指令表示一个或者多个操作。一般来说，一个算法具有以下五个主要特征。

1）有穷性：一个算法（对任何合法的输入）在执行有穷的步骤后能够结束，并且能够在有限的时间内完成。

2）确定性：算法中的每一步都有确切的含义，不允许有模棱两可的解释，也不允许有多义性。

3）可行性：算法中的操作能够用已经实现的基本运算执行有限的次数来实现。

4）输入：一个算法有零个或者多个输入，这些输入取自于某个特定的对象集合。

5）输出：一个算法有一个或者多个输出，以反映出数据加工的结果，这些输出是与输入有着某些特定关系的量。

一个算法通常由两种基本要素组成：一是对数据对象的运算和操作，二是算法的控制结构。

（1）算法中对数据对象的运算和操作

计算机算法实际上是为了解决问题，由计算机所能处理的操作所组成的指令序列。在一般的计算机中，基本的运算和操作有以下四类。

1）算术运算：主要包括加、减、乘、除等运算。

2）逻辑运算：主要包括与、或、非等运算。

3）关系运算：主要包括大于、小于、等于、不等于等运算。

4）数据传输：主要包括赋值、输入和输出等操作。

（2）算法的控制结构

一个算法的功能不仅取决于对数据对象所进行的运算和操作，而且还与操作之间的执行顺序有关。算法中各操作之间的执行顺序称为算法的控制结构。一个算法一般都可以用三种基本控制结构组合而成：顺序结构、选择（也称为分支）结构、循环（也称为重复）结构。

计算机解题的过程实际上就是由计算机来实现某种算法，这种算法称为计算机算法，计算机算法不同于人工处理的方法。工程上常用的几种算法设计方法有归纳法、递推法、递归法、减半递推技术、回溯法，在实际应用时，各种方法之间往往存在着一定的联系。

评价一个算法质量好坏的主要标准是算法的执行效率和存储要求，称之为算法的复杂度。衡量一个算法的复杂度有两个量化的指标：时间复杂度和空间复杂度。

1）算法时间复杂度，指执行算法所需要的计算工作量。通常，一个算法所用的时间包括编译时间和运行时间。为了能够比较客观地反映出一个算法的效率，在度量一个算法的工作量的时候，不仅应该与所使用的计算机、程序设计语言以及程序的编制者无关，而且还应该与算法实现过程中的许多细节无关。为此，可以用算法在执行过程中所需基本运算的执行次数来度量算法的工作量。基本运算反映了算法运算的主要特征，因此，用基本运算的次数来度量算法的工作量是客观的，也是实际可行的，还有利于比较同一问题的几种算法的优劣。例如，在考虑两个矩阵相乘时，可以将两个实数之间的乘法运算作为基本运算，而对于所用的加法（或减法）运算忽略不计。

算法所执行的基本运算次数还与问题的规模有关。例如，两个 20 阶矩阵相乘与两个 10 阶矩阵相乘，所需要的基本运算（即两个实数的乘法）次数显然是不同的，前者需要更多的运算次数。因此，在分析算法的工作量的时候，还必须对问题的规模进行度量。

综上所述，算法的工作量用算法所执行的基本运算次数来度量，而算法执行基本运算次数是问题规模的函数，即：

算法的工作量=f(n)

其中 n 是问题的规模。例如，两个 n 阶矩阵相乘所需要的基本运算次数（即两个实数的乘法）为 n^3，即计算工作量为 n^3，也就是时间复杂度为 n^3。

2）算法空间复杂度，指执行这个算法所需要的内存空间。包括算法程序所占的空间、输入的初始数据所占的空间、算法执行过程中所需的额外空间。其中额外空间包括算法程序执行过程中的工作单元以及其中数据结构所需要的附加存储空间。

空间复杂度和时间复杂度并不相关。

例 11.1 算法的空间复杂度是指（　　）。（2009 年 9 月全国计算机等级考试二级 C 试题选择题第 4 题）

A. 算法在执行过程中所需要的计算机存储空间

B. 算法所处理的数据量

C. 算法程序中的语句或指令条数

D. 算法在执行过程中所需要的临时工作单元数

分析：根据空间复杂度的定义，算法空间复杂度是指执行这个算法所需要的内存空间，所以正确答案是 A。

11.1.2 数据结构的基本概念

利用计算机进行数据处理是计算机应用的一个重要领域。在进行数据处理时，实际需要处理的数据元素一般有很多，而这些大量的数据元素需要存放在计算机中，因此大量的数据元素在计算机中如何组织，以便提高数据处理的效率，并且节省计算机的存储空间，是进行数据处理的关键问题。以下是数据结构中的一些基本概念。

1）数据。数据是客观事物的符号表示，是能输入到计算机中并被计算程序识别和处理的符号的总称，如文档、声音、视频等。

2）数据元素。数据元素是数据的基本单位。

3）数据对象。数据对象是性质相同的数据元素的集合。

4）数据结构。数据结构是指由某一数据对象中所有数据成员之间的关系组成的集合。

数据结构作为计算机的一门学科，主要研究和讨论以下三个方面的问题。

1）数据集合中各数据元素之间所固有的逻辑关系，即数据的逻辑结构。

2）在对数据进行处理时，各数据元素在计算机中的存储关系，即数据的存储结构。

3）对各种数据结构进行的运算。

综上可知，数据结构是指相互有关联的数据元素的集合。数据结构可分为数据的逻辑结构和存储结构。

数据的逻辑结构是对数据元素之间的逻辑关系的描述，与数据的存储无关，是面向问题的，是独立于计算机的。它包括数据对象以及数据对象之间的关系。所以，一个数据结构的逻辑结构包括两方面的信息：一个是表示数据元素的信息；另一个是表示各数据元素之间的关系，表示成：

B =(D, R)

其中 B 为数据结构，D 表示数据元素的信息，R 表示各数据元素之间的关系。

例 11.2 一年四季的数据结构可以表示成：

B=(D, R)

D={春, 夏, 秋, 冬}

R={(春, 夏), (夏, 秋), (秋, 冬)}

四季由春、夏、秋、冬四个数据元素组成，四个季节的关系是"春"结束之后是"夏"，"夏"结束之后是"秋"，"秋"结束之后是"冬"，即"春"是"夏"的前件（即直接前驱），"夏"是"春"的后件（即直接后继）。同样"夏"是"秋"的前件，"秋"是夏的后件，"秋"是"冬"的前件，"冬"是"秋"的后件。

根据数据元素之间关系的不同特征，通常有集合、线性、树、图等四种基本逻辑结构。

数据的存储结构也称为数据的物理结构，是数据在计算机中的存放方式，是面向计算机的。一种数据的逻辑结构可以选择不同的存储结构，即数据的逻辑结构和存储结构不一定一一对应。例如，上述提到的四季这个数据结构中，"春"是"夏"的前件，"夏"是"春"的后件，但在对它们进行处理时，在计算机存储空间中，"春"这个数据元素不一定被存储在"夏"这个数据元素的前面，而可能存储在"夏"的后面，并且可能在两个数据元素之间还存储着其他数据元素。即虽然"春"和"夏"这两个数据元素在逻辑结构上相邻，但在存

储结构上很可能不相邻。

由于数据元素在计算机存储空间中的位置关系可能与逻辑关系不同，因此，为了表示存放在计算机存储空间中的各数据元素之间的逻辑关系，在数据的存储结构中，不仅要存放各数据元素的信息，还需要存放各数据元素之间的关系的信息。

常见的存储结构有顺序、链接、索引等。而采用不同的存储结构，其数据处理的效率是不同的。因此在进行数据处理的时候，选择合适的存储结构是很重要的。

根据数据结构中各数据元素之间前后件关系的复杂程度，一般将数据结构分为两大类型：线性结构和非线性结构。

线性结构的条件：

1）有且只有一个根节点；

2）每一个节点最多有一个前件，也最多有一个后件；

3）在一个线性结构中插入或删除任何一个节点后还是线性结构。

满足上述条件的数据结构为线性结构，线性结构也称为线性表。前面所说的四季这个数据结构就是一个线性结构。

非线性结构：是指不满足线性结构条件的数据结构。

栈、队列、双向链表是线性结构，树、二叉树为非线性结构。

例 11.3 下列数据结构中，属于非线性结构的是（　　　）。（2009 年 9 月全国计算机等级考试二级 C 试题选择题第 1 题）

A. 循环队列　　　　B. 带链队列　　　　C. 二叉树　　　　D. 带链栈

分析： 栈、队列、双向链表是线性结构，树、二叉树为非线性结构。所以正确答案为 C。

11.1.3 栈及线性链表

1. 线性表的基本概念

线性表是最简单、最常用的一种数据结构，它由一组数据元素构成，数据元素的位置只取决于自己的序号，元素之间的相对位置是线性的，其中元素的个数就是线性表的长度。如四季（春，夏，秋，冬）是一个长度为 4 的线性表，其中每一个季节名是一个数据元素；再如小写的英文字母表（a，b，c，…，z）是一个长度为 26 的线性表，其中每一个英文字母就是一个数据元素。

线性表中的数据元素可以是简单项（如上边例子中的季节名、小写的英文字母等），还可以由若干简单的数据元素组成。例如，某班的学生情况表就是一个复杂的线性表，表中的每一个学生情况就是这个线性表中的一个数据元素，这些学生情况是按照学号进行排序的，每个数据元素又由学号、姓名、年龄、性别、专业等数据项组成。在复杂的线性表中，若干简单的数据元素称为记录；由多个记录构成的线性表称为文件。

综上所述，一个非空线性表的结构特征如下。

1）有且只有一个根节点 a_1，它无前件。

2）有且只有一个终端节点 a_n，它无后件。

3）除根节点与终端节点外，其他所有节点有且只有一个前件，也有且只有一个后件。

节点个数 n 称为线性表的长度，当 n=0 时，称为空表。

2．线性表的顺序存储结构

在计算机中存放线性表，最简单的方法就是顺序存储。线性表的顺序存储结构具有以下两个基本特点。

1）线性表中所有元素所占的存储空间是连续的。

2）线性表中各数据元素在存储空间中是按逻辑顺序依次存放的。

由此可以看出，在线性表的顺序存储结构中，逻辑上相邻的两个元素在存储空间上也是相邻的，并且按逻辑上的顺序存储。

顺序表的运算包括查找、插入和删除。

3．线性表的链式存储结构

线性链表是线性表的链式存储结构，数据结构中的每一个节点对应于一个存储单元，这种存储单元称为存储节点，简称节点。节点由两部分组成：①用于存储数据元素值，称为数据域；②用于存放指针，称为指针域，用于指向前一个或后一个节点。

在链式存储结构中，存储数据结构的存储空间可以不连续，各数据节点的存储顺序与数据元素之间的逻辑关系可以不一致，而数据元素之间的逻辑关系是由指针域来确定的。

链式存储方式既可用于表示线性结构，也可用于表示非线性结构。

在线性单链表中，HEAD 称为头指针，指向的是链表的头节点，当 HEAD=NULL（或 0）时，称为空表。头节点的指针域存放第二个节点的地址，也可以说是头节点的指针域指向第二个节点，尾节点的指针域为空，如图 11-1 所示。

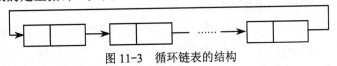

图 11-1　单链表的结构

双向链表中有两个指针，左指针（Llink）指向前件节点，右指针（Rlink）指向后件节点。如图 11-2 所示。

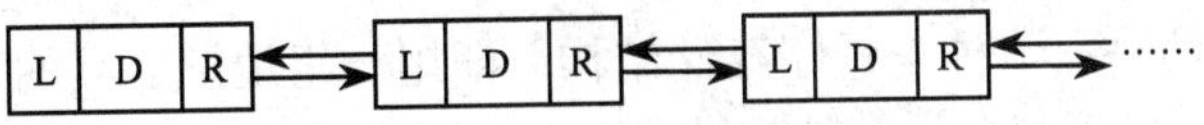

图 11-2　双链表的结构

循环链表与单链表不同的是它的最后一个节点的指针域存放的是指向第一个节点的指针，而单链表存放的是空指针。如图 11-3 所示。

图 11-3　循环链表的结构

线性链表的基本运算包括查找、插入、删除。

例 11.4　下列关于线性链表的叙述中，正确的是（　　）。（2011 年 9 月全国计算机等级考试二级 C 试题选择题第 2 题）

A．各数据节点的存储空间可以不连续，但它们的存储顺序与逻辑顺序必须一致

B．各数据节点的存储顺序与逻辑顺序可以不一致，但它们的存储空间必须连续

C．进行插入与删除时，不需要移动表中的元素

D．以上三种说法都不对

分析：根据链表的特点，我们知道，链表的数据节点物理存储顺序可以不连续，但逻辑顺序是连续的，链表中插入或者删除节点时，只需改变节点中指针域的值就可以了，而不需要移动表中的元素，所以正确答案为C。

4．栈及其基本运算

（1）栈的基本概念

栈实际上也是线性表，不过是一种特殊的线性表，在这种线性表中只允许在表的一端进行插入和删除运算。即在这种线性表中，一端是封闭的，不允许进行插入与删除元素；只允许在另一端插入与删除元素。在顺序存储结构下，对这种类型的线性表进行插入和删除运算时是不需要移动表中其他数据元素的。

在栈中，允许进行插入与删除运算的一端叫做栈顶，另一端叫做栈底。栈顶元素总是最后被插入的元素，从而也是最先被删除的元素；栈底元素总是最先被插入的元素，从而也是最后才能被删除的元素。即栈是按照"先进后出"（FILO，First In Last Out）或"后进先出"（LIFO，Last In First Out）的原则来组织数据的。因此，栈也被称为"先进后出"表或"后进先出"表。由此可以看出，栈具有记忆作用。通常用指针 top 来指示栈顶的位置，用指针 bottom 指向栈底。

例 11.5 下列数据结构中，能够按照"先进后出"原则存取数据的是（　　）。（2009年9月全国计算机等级考试二级C试题选择题第2题）

A．循环队列　　　　B．栈　　　　　　C．队列　　　　　D．二叉树

分析：根据四种数据结构的定义，正确答案是B。

往栈中插入一个元素称为入栈运算，从栈中删除一个元素（即删除栈顶元素）称为退栈运算。栈顶指针 top 反映了栈中元素的变化情况。

栈这种数据的结构在日常生活中也是常见的。例如，子弹夹就是一种栈的结构，最后压入的子弹总是最先被弹出，而最先压入的子弹最后才能被弹出。

（2）栈的存储结构

栈的存储结构有两种：一种是顺序存储结构，即用一组地址连续的存储单元即一维数组来存储，这种栈也叫做顺序栈；另一种是链式存储，用线性链表来存储，这种栈也叫做链栈。

顺序栈是在程序设计语言中，用一维数组作为栈的顺序存储空间。假设定义了一个一维数组 S[n]，其中 n 就是栈的最大容量（最多能容纳 n 个元素）。通常，栈底指针指向栈空间的低地址一端（即数组的初始地址这一端）。

栈的链式存储结构称为链栈，当事先不能估计栈的容量时采用这种存储结构，它是运算受限的单链表，插入和删除操作仅限制在表头位置上进行。由于只能在链表头部进行操作，故链表没有必要像单链表那样附加头节点，栈顶指针就是链表的头指针。

（3）栈的基本运算

1）入栈运算。入栈运算是指在栈顶位置插入一个新元素。这个运算有两个基本操作，首先将栈顶指针进一（即top加1），然后将新元素插入栈顶指针指向的位置。

当栈顶指针已经指向存储空间的最后一个位置时，说明栈空间已满，不能再进行入栈操作了，这种情况称为栈"上溢"错误。

2）退栈运算。退栈运算是取出栈顶元素并赋给一个指定的变量，看上去在栈中栈顶元

素已经从栈中退出了。这个运算有两个基本操作，首先将栈顶元素（即栈顶指针指向的元素）赋给一个指定的变量，然后将栈顶指针退一（即top减1）。

当栈顶指针为0时，说明栈空，不能进行退栈操作。这种情况称为栈"下溢"错误。

3）读栈顶元素。读栈顶元素是指将栈顶元素赋给一个指定的变量，必须注意，这个运算不删除栈顶元素，只是将它的值赋给了一个变量，因此，在这个运算中，栈顶指针不会改变。

当栈顶指针为0的时候，说明栈空，此时读不到栈顶元素。

例11.6 一个栈的初始状态为空。首先将元素5，4，3，2，1依次入栈，然后退栈一次，再将元素A，B，C，D依次入栈，之后将所有元素全部退栈，则所有元素退栈（包括中间退栈的元素）的顺序为_____。（2010年9月全国计算机等级考试二级C试题填空题第1题）

分析：栈的特点是先进后出，所以将5，4，3，2，1依次入栈以后，则1在栈顶，而5在栈底，退栈一次，出栈的是1，栈内还剩2，3，4，5等4个元素，再将A，B，C，D依次入栈，则栈内元素为D，C，B，A，2，3，4，5（左为栈顶，右为栈底），此时所有元素退栈，则退栈的顺序为D，C，B，A，2，3，4，5，再加上第一次退栈的1，则正确答案为：1，D，C，B，A，2，3，4，5。

5．队列及其基本运算

（1）队列的基本概念

和栈类似，队列也是一种特殊的线性表，不过队列只允许在表的一端插入，而在另一端删除，允许插入的一端是队尾（rear），允许删除的一端为队头（front）。显然，在队列这种数据结构中，最先插入的元素将最先被删除，最后插入的元素最后被删除。因此，队列又称为"先进先出"（FIFO，First In First Out）或"后进后出"（LILO，Last In Last Out）的线性表，体现了"先来先服务"的原则。

（2）队列的存储结构

与栈类似，队列的存储结构也有两种，一种是使用一维数组的顺序存储，也叫做顺序队列；另外一种是使用线性链表的链式存储，也叫做链队列。

（3）队列的运算

队列的运算有入队运算和退队运算两种。

从队头删除一个元素称为退队运算，此时，rear指针不变，front指针向后移一位，将队头元素删除。

从队尾插入一个元素称为入队运算，此时，front指针不变，rear指针向后移一位，然后将新元素插入到rear指针指向的位置。

例11.7 一个队列的初始状态为空。现将元素A，B，C，D，E，F，5，4，3，2，1依次入队，然后依次退队，则元素退队的顺序为_____。（2010年3月全国计算机等级考试二级C试题填空题第1题）

分析：队列的特点是"先进先出"，所以正确的答案为：A，B，C，D，E，F，5，4，3，2，1。

（4）循环队列

在实际应用中，队列的顺序存储结构一般采用循环队列的形式。用静态数组来实现简单队列会出现"假溢出"的情况，即数组中明明有可用空间，但却无法使用。

这是由定长数组的特性决定的。但我们可用改变一下思路，当队尾指针指向数组最后一个位置时，如果再有数据入队，并且队头指针没有指向数组的第一个元素，那么就让队尾指针绕回到数组头部，这样就形成了一个逻辑上的环。注意，循环队列只是在逻辑上是一个环形，只不过是将队尾指针指回了数组头部而已。

循环队列同样有入队运算和退队运算。

例 11.8 设某循环队列的容量为50，如果头指针 front=45（指向队头元素的前一位置），尾指针 rear=10（指向队尾元素），则该循环队列中共有_____个元素。（2010 年 3 月全国计算机等级考试二级 C 试题填空题第 2 题）

分析： 在本题中 front 是指向循环队列起始位置的第一个，因此后面的所有元素有50−front+1=50−45+1=6 个；rear 指向循环队列中最后一个元素的下一个位置，因此前面的所有元素是 10−1=9 个，由于 rear 小于 front，则 front 后面的和 rear 前面的全部都在队列中，因此一共有 6+9=15 个元素。由上面可知，如果 rear 小于 front，则元素个数是 50−front+1+rear−1=50−front+rear；否则元素个数是 rear−front。

解题技巧： 计算循环队列元素个数公式：（rear−front+M）%M，其中队列头指针为front，队列尾指针为rear，队列容量为M，%是求余运算。

11.1.4 树与二叉树

1. 树的基本概念

树（tree）是一种非线性结构，是由 n（n≥0）个节点组成的有限集合。当 n=0 时为空树，n>0 时为非空树。则有：

1）有一个特定的称为根（root）的节点，它有直接后件，但没有直接前件；

2）除根节点以外的其他节点可以划分为m（m≥0）个互不相交的有限集合T0，T1，…，T_{m-1}，每个集合T_i（i=0，1，…，m−1）又是一棵树，称为子树，每个子树的根节点有且只有一个直接前件，但可以有0个或多个直接后件，如图11-4所示。

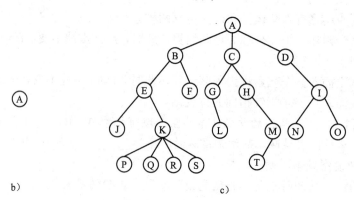

图 11-4 树的结构示意图

a）空树 b）仅含根节点的树 c）含有多个节点的树

由于树具有明显的层次关系，因此，具有层次关系的数据都可以用树这种数据结构来描述，比如我们熟悉的血缘关系。因此在描述树结构的时候，也会经常使用血缘关系中的一些术语，如父节点、子节点等。

下面介绍数这种数据结构的一些基本特征，并介绍有关树的一些术语。

在树结构中，每一个节点只有一个前件，称为父节点，没有前件的节点只有一个，称为树的根节点，简称为树的根。例如，在图11-4c）中，A是树的根节点，同时A又是B、C、D的父节点。

在树的结构中，每一个节点可以有多个后件，它们都称为该节点的子节点。没有后件的节点称为叶子节点。例如，在图11-4c）中，B、C、D都是A的子节点，而J、P、Q、R、S、L、T、N、O都是树的叶子节点。

在树的结构中，一个节点所拥有的直接后件的个数称为该节点的度，例如，在图11-4c）中，根节点A的度是3，B、C、E、I节点的度是2，D、G、H、M节点的度是1，K节点的度是4，叶子节点的度是0。在树中，所有节点的度中最大的那一个称为树的度，如图11-4c）中，K节点的度最大，所以树的度是4。

如前所述，树结构具有明显的层次关系，即树是一种层次结构，在树结构中，一般按照如下原则分层：根节点在第1层，然后其子节点是第2层，依此类推。如图11-4c）中，A是第1层，B、C、D是第2层，以此类推。树最大的层数称为树的深度，例如图11-4c）中的树的深度是5。

在树中，以某节点的1个子节点为根而构成的树被称为该节点的1棵子树。例如图11-4c）中，根节点A有3棵子树，它们分别以B、C、D为根节点；C有2棵子树，分别以G、H为根节点。在树中，叶子节点没有子树。

2．二叉树及其基本性质

（1）二叉树的概念

二叉树类似于树形结构，也是由n（n≥0）个节点组成的有限集合，此集合或者为空集，或者由一个根节点及两个互不相交的左右子树组成，二叉树的子树有左右之分，不能互换，并且左右子树也是二叉树。

尽管二叉树与树有许多相似之处，并且树结构的所有术语都可以用在二叉树这种数据结构上，但二叉树不是树的特殊情形。树和二叉树的存在以下两个主要差别：①树中节点的最大度数没有限制，而二叉树节点的最大度数为2；②树的节点无左右之分，而二叉树的节点有左右之分。

所以二叉树具有以下两个特点。

1）非空二叉树只有一个根节点。

2）二叉树的每一个节点最多有两棵子树，且分别称为该节点的左子树和右子树，不能互换。也就是说，二叉树是有序的。

因为二叉树的每个节点最多只有两棵子树，并且有左右子树之分，因此，二叉树有五种不同的形态，如图11-5所示。

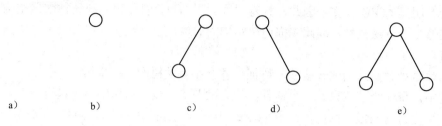

图 11-5 二叉树的五种形态

a) 空二叉树 b) 仅含根节点的二叉树 c) 只有左子树的二叉树 d) 只有右子树的二叉树 e) 完全二叉树

（2）二叉树的性质

性质 1 在二叉树的第 k 层上，最多有 2^{k-1}（$k \geq 1$）个节点。

性质 2 深度为 m 的二叉树最多有 2^m-1 个节点。

性质 3 在任意一棵二叉树中，度为 0 的节点（叶子节点）总是比度为 2 的节点多一个。

性质 4 具有 n 个节点的二叉树，其深度不小于 $[\log_2 n]+1$，其中 $[\log_2 n]$ 表示为 $\log_2 n$ 的整数部分。

限于篇幅限制，四个性质在这里就不证明了。

例 11.9 一棵二叉树有 10 个度为 1 的节点，7 个度为 2 的节点，则该二叉树共有_____个节点。（2010 年 9 月全国计算机等级考试二级 C 试题填空题第 3 题）

分析： 根据二叉树的特点，节点最大的度为 2，再根据性质 3 可知，度为 0 的节点比度为 2 的节点多一个，即为 8 个，所以节点总数为 10+7+8=25 个。正确答案为 25。

例 11.10 某二叉树共有 7 个节点，其中叶子节点只有 1 个，则该二叉树的深度为（   ）（假设根节点在第 1 层）。（2011 年 3 月全国计算机等级考试二级 C 试题选择题第 3 题）

A. 3   B. 4   C. 6   D. 7

分析： 因为叶子节点只有 1 个，所以根据性质 3 可知，度为 2 的点为 0 个，则度为 1 的点应该是 6 个，则正确答案应该为 D。

（3）二叉树的存储结构

与线性链表类似，用于存储二叉树中各元素的存储节点也由两部分组成：数据域和指针域。但在二叉树中，由于每一个元素可以有两个后件（即两个子节点），因此用于存储二叉树的存储节点的指针域有两个：一个用于指向该节点的左子节点的存储地址，称为左指针域；另一个用于指向该节点的右子节点的存储地址，称为右指针域。图 11-6 为二叉树存储节点的示意图。

图 11-6 二叉树的存储结构

（4）满二叉树和完全二叉树

所谓满二叉树，是指这样一种二叉树，除最后一层外，每一层上的所有节点都有两个子节点。在满二叉树中，每一层上的节点数都达到最大值，即在满二叉树的第 k 层上有 2^k-1 个节点，且深度为 m 的满二叉树有 2^m-1 个节点。如图 11-7 所示。

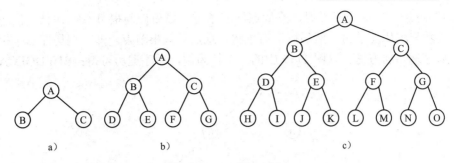

图11-7 满二叉树

a）深度为2的满二叉树 b）深度为3的满二叉树 c）深度为4的满二叉树

完全二叉树是指这样的二叉树：除最后一层外，每一层上的节点数均达到最大值；在最后一层上只缺少右边的若干节点。如图11-8所示。

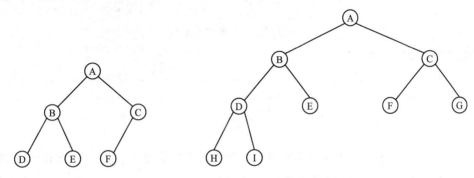

图11-8 完全二叉树

完全二叉树具有如下性质。

性质1 具有 n 个节点的完全二叉树的深度为[$\log_2 n$]+1。

性质2 完全二叉树中度为1的节点数为0或1。

注意，满二叉树是完全二叉树，而完全二叉树一般不是满二叉树。

（5）二叉树的遍历

二叉树的遍历是指不重复地访问二叉树中的所有节点。二叉树是一种非线性结构，因此，对二叉树的遍历要比遍历线性表复杂得多。在遍历二叉树的过程中，当访问到某个节点的时候，再往下访问可能有两个分支，那么先访问哪一个分支呢？一般在遍历二叉树的过程中，首先遍历左子树，然后遍历右子树。在先左后右的原则下，根据访问根节点的顺序，二叉树的遍历可以分为三种：前序遍历、中序遍历、后序遍历。

1）前序遍历：先访问根节点，然后遍历左子树，最后遍历右子树；并且，在遍历左右子树时，仍然先访问根节点，然后遍历左子树，最后遍历右子树，即遍历左右子树的时候仍然采用前序遍历的方法。前序，指的是先访问根节点。以图11-9中的二叉树为例，前序遍历可得：ABCDFHEG。

2）中序遍历：先遍历左子树，然后访问根节点，最后遍历右子树；并且，在遍历左右子树时，仍然先遍历左子树，然后访问根节点，最后遍历右子树，即在遍历左右子树的时候仍然采用中序遍历的方法。以图11-9中的二叉树为例，中序遍历可得：BAFHDCGE。

3）后序遍历：先遍历左子树，然后遍历右子树，最后访问根节点；并且，在遍历左右子树时，仍然先遍历左子树，然后遍历右子树，最后访问根节点。即在遍历左右子树的时候仍然采用后序遍历的方法。以图11-9中的二叉树为例，后序遍历可得：BHFDGECA。

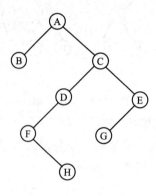

图 11-9　二叉树的遍历

例 11.11　设二叉树如下：

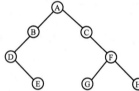 对该二叉树进行后序遍历的结果为_____。（2010 年 3 月全国计算机等级考试二级 C 试题填空题第 3 题）

分析：根据后序遍历的顺序，首先访问左子树，然后访问右子树，最后访问根节点，所以遍历的结果应该是 EDBGHFCA。

例 11.12　一棵二叉树的中序遍历结果为 DBEAFC，前序遍历结果为 ABDECF，则后序遍历结果为_____。（2011 年 3 月全国计算机等级考试二级 C 试题填空题第 2 题）

分析：本题首先要根据中序遍历结果和前序遍历结果求出二叉树，然后通过二叉树求出后序遍历的结果。由前序遍历的结果可以知道根节点为 A，所以在中序遍历的结果中 A 左边的 DBE 为左子树中的节点，FC 为右子树中的节点；在前序遍历结果中，A 的左子树中节点 DBE 的顺序为 BDE，说明 B 为该子树中的根节点，显然 D 是 B 的左子节点，E 是 D 右子节点；在前序遍历结果中 A 的右子树中节点为 FC 的顺序为 CF，说明 C 是根节点，再看中序遍历中 FC 的顺序为 FC，说明 F 是 C 的左子树，故求出二叉树，如图 11-10 所示。根据此二叉树求的后序遍历的结果为 DEBFCA，所以正确答案为：DEBFCA。

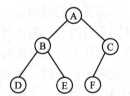

图 11-10　例 11.11 所求得的二叉树

注意，由中序遍历结果和前序遍历结果，或由中序遍历结果和后序遍历结果，都可以求出二叉树，因为由前序遍历结果或后序遍历结果都可以知道根节点，再由中序遍历结果求出其左子树和右子树。而由前序遍历结果和后序遍历结果却不能求出二叉树，因为根据前序遍历和后序遍历的结果只知道根节点，却不知道其左子树和右子树。

11.1.5 查找

查找是数据处理领域中的一个重要内容，查找的效率将直接影响到数据处理的效率。所谓查找，是指在一个给定的数据结构中查找某个指定的元素。通常，根据不同的数据结构，应采用不同的查找方法。

1. 顺序查找

顺序查找一般是指在线性表中查找指定的元素，其基本方法如下。

顺序查找是从表的一端开始，依次扫描表中的各个元素，并与所要查找的数进行比较，若相等，则表示找到（即查找成功）；若线性表中所有的元素在被比较后都不相等，则表示线性表中没有找到元素（即查找失败）。

在进行顺序查找过程中，如果线性表中的第一个元素就是被查找元素，则只需做一次比较就查找成功，查找效率最高；如果被查找元素是线性表中的最后一个元素，或者被查找元素根本就不在线性表中，则为了查找这个元素需要与线性表中所有的元素进行比较，这是顺序查找的最坏结果。在平均情况下，利用顺序查找法在线性表中查找一个元素，大约要与线性表中一半的元素进行比较。

由此可以看出，对于大的线性表来说，顺序查找的效率是很低的。虽然顺序查找的效率不高，但在下列两种情况下，只能采用顺序查找。

1）如果线性表为无序表，则不管是顺序存储结构还是链式存储结构，只能用顺序查找。

2）即使是有序线性表，如果采用链式存储结构，也只能用顺序查找。

2. 二分查找

二分查找法又叫折半查找法，只适用于顺序存储的有序表。在此所说的有序表是指线性表中的元素是按照值的大小进行排列的。元素值从小到大排列，并且允许相邻元素的值相等。所以使用二分查找法要满足下面两个条件：①用顺序存储结构；②线性表是有序表。

二分查找法的思想如下：首先，将表中间位置记录的元素与被查找元素比较，如果两者相等，则查找成功；否则利用中间位置记录将表分成前后两个子表，如果中间位置记录的元素的值大于查找关键字，则进一步查找前一子表，否则进一步查找后一子表。重复以上过程，直到找到满足条件的记录，使查找成功，或直到子表不存在为止，此时说明表中没有被查找元素，查找不成功。

显然，当有序线性表为顺序存储时才能采用二分查找法，并且二分查找法的效率要比顺序查找高得多。可以证明，对于长度为 n 的有序线性表，在最坏情况下，二分法查找只需比较 $\log_2 n$ 次，而顺序查找需要比较 n 次。

例 11.13 下列叙述中正确的是_____。（2010 年 3 月全国计算机等级考试二级 C 试题选择题第 1 题）

A. 对长度为 n 的有序链表进行查找，最坏情况下需要的比较次数为 n

B. 对长度为 n 的有序链表进行对分查找，最坏情况下需要的比较次数为 n/2

C. 对长度为 n 的有序链表进行对分查找，最坏情况下需要的比较次数为 $\log_2 n$

D. 对长度为 n 的有序链表进行对分查找，最坏情况下需要的比较次数为 nlog$_2$n

分析： 对分查找只能是顺序存储，而不能用链式存储，所以排除了 B、C、D 三个答案。而对长度为 n 的有序链表进行查找，最坏的情况是比较了所有的元素，即比较了 n 次，所以正确答案为 A。

11.1.6 排序

排序也是数据处理的重要内容。所谓排序，是指将一个无序序列整理成按照值的大小排列的有序序列。排序的方法有很多，根据待排序序列的规模以及对数据处理的要求，可以采用不同的排序方法。

排序可以在各种不同的存储结构上实现，在本节所介绍的排序方法中，其排序对象一般认为是顺序存储的线性表，在程序设计语言中就是一维数组。

1. 交换排序

所谓交换类排序法是指借助数据元素之间的相互交换来实现排序的一种方法。冒泡排序法与快速排序法都属于交换类的排序方法。

（1）冒泡排序法

冒泡排序法是一种最简单的交换类排序方法，它的基本思想是：依次比较相邻的两个数，将小数放在前面，大数放在后面。

第一趟：首先比较第 1 个和第 2 个数，如果第 1 个数大于第 2 个数，则将两个数的值互换，如果第 1 个数本来就小于第 2 个数，则直接进入到下一步；下一步比较第 2 个数和第 3 个数，同样如果第 2 个数大于第 3 个数，则将两个数的值互换，如果第 2 个数本来就小于第 3 个数，则继续下一步比较第 3 个数和第 4 个数，如此继续，直至最后两个数，至此第一趟结束，将最大的数放到了最后。

第二趟：仍从第一对数开始比较（因为可能由于第 2 个数和第 3 个数的交换，使得第 1 个数不再小于第 2 个数），将小数放前，大数放后，一直比较至倒数第二个数（因为倒数第一的位置上已经是最大的），第二趟结束，在倒数第二的位置上得到整个数列中第二大的数。如此下去，重复以上过程，直至最终完成排序。

由于在排序过程中总是小数往前放，大数往后放，相当于气泡往上升，所以称作冒泡排序。

如果记录序列的初始状态就是"正序"的，则冒泡排序过程只需进行一趟排序，在排序过程中只需进行 n-1 次比较，且不移动记录，这是最理想的状态；反之，若记录序列的初始状态为"逆序"，则需进行 n（n-1）/2 次比较和记录移动。因此冒泡排序总的时间复杂度为 O(n*n)。

（2）快速排序法

快速排序法是对冒泡排序的一种改进。它的基本思想是：通过一趟排序将要排序的数据分割成独立的两部分，其中一部分的所有数据都比另外一部分的所有数据都要小，然后按此方法对这两部分数据分别进行快速排序，整个排序过程可以递归进行，以此达到整个数据变成有序序列。

假设要排序的序列是 a_1 到 a_n，首先任意选取一个数据（通常选用第一个数据）作为关键数据，然后将所有比它小的数都放到它前面，所有比它大的数都放到它后面，这个过程称为一趟快速排序。然后再对这两部分数据使用相同的算法进行排序，直至排序结束。

值得注意的是，快速排序不是一种稳定的排序算法，也就是说，多个相同的值的相对位置也许会在算法结束时产生变动。

2. 插入排序法

冒泡排序法与快速排序法本质上都是通过数据元素的交换来逐步消除线性表中的逆序，现在介绍另一类排序方法，即插入排序法。

（1）简单插入排序法

简单插入法也叫做直接插入法。其基本思想是：在线性表中，只包含第1个元素的子表显然可以看成是有序表；接下来将线性表中的第2个元素与第1个元素比较，小的放在前面，大的放在后面，此时由第1个元素和第2个元素组成的子表仍然是一个有序表；再将第3个元素和表中元素比较，插入到表中合适位置，如此依次将所有元素都插入到表中合适位置，插入排序过程结束。

在简单插入排序法中，每一次比较后最多消去一个逆序，因此，这种排序方法的效率与冒泡排序法相同。在最坏情况下，简单插入排序需要 $n(n-1)/2$ 次比较。

（2）希尔排序法

希尔排序法属于插入类排序，但它对简单插入排序作了较大的改进。

其基本思想是把整个待排序的数据元素分成若干个小组，对同一小组内的数据元素用直接插入法排序；小组的个数逐次缩小，当完成了所有数据元素都在一个组内的排序后，排序过程结束。

在希尔排序过程中，虽然对于每一个小组采用的仍是插入排序，但是，在小组中每进行一次比较就有可能移去整个线性表中的多个逆序，从而改善了整个排序过程的性能。

3. 选择排序法

（1）简单选择排序法

选择排序法的基本思想如下：每经过一趟比较就找出一个最小值，与待排序列最前面的位置互换即可。即从待排序的数据元素集合中选取关键字最小的数据元素并将它与原始数据元素集合中的第一个数据元素交换位置；然后从不包括第一个位置的数据元素集合中选取关键字最小的数据元素并将它与原始数据集合中的第二个数据元素交换位置；如此重复，直到数据元素集合中只剩一个数据元素为止。

简单选择排序过程中需要进行的比较次数与初始状态下待排序的记录序列的排列情况无关，其比较次数为 $n(n-1)/2$。

（2）堆排序法

堆排序法属于选择类排序方法。要理解堆排序法，就要理解以下三个问题：什么是堆？怎样建堆？怎样堆排序？

1）堆的定义：设有n个数据元素的序列 k_1，k_2，…，k_n，当且仅当满足下述关系之一时，称之为堆。

$$\begin{cases} K_i \geqslant K_{2i} \\ K_i \geqslant K_{2i+1} \end{cases} \quad \text{或} \quad \begin{cases} K_i \leqslant K_{2i} \\ K_i \leqslant K_{2i+1} \end{cases}$$

其中 i=1，2，…，n/2 时称之为堆。由堆的定义可以看出，堆顶元素（即第一个元素）一定是最大值（或最小值）。如果让满足以上条件的元素序列（K_1，K_2，…，K_n）顺次排成一棵完全二叉树，若将该数列视作完全二叉树，则 K_{2i} 是 K_i 的左孩子，K_{2i+1} 是 K_i 的右孩子，如图 11-11 所示。

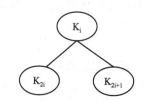

图 11-11　堆构成的完全二叉树

则此树的特点是：堆顶元素即为此树的根节点，树中所有节点的值均大于（或小于）其左右孩子。根节点（亦称为堆顶）的关键字是堆里所有节点关键字中最小者的堆称为小根堆，又称最小堆。根节点（亦称为堆顶）的关键字是堆里所有节点关键字中最大者，称为大根堆，又称最大堆。在此只讨论满足前者条件的堆，即大根堆。

2）建堆。建立一个大根堆的步骤是：首先将序列构成一个完全二叉树，然后从第一个非终端节点开始往前逐步调整，让每个父节点都大于其子节点，直到根节点为止。因为终端节点（即叶子节点）没有任何子节点，所以无须单独调整。

3）进行整个序列的堆排序。

基于初始堆进行堆排序的算法步骤如下。

① 堆的第一个对象 a[0]具有最大的关键码，将 a[0]与 a[n-1]对调，把具有最大关键码的对象交换到最后；

② 对前面的 n-1 个对象使用堆的调整算法，重新建立堆（调整根节点使之满足最大堆的定义）。结果具有次最大关键码的对象又上浮到堆顶，即 a[0]位置。

③ 对调 a[0]和 a[n-2]，然后对前 n-2 个对象重新调整……如此反复，最后得到全部排序好的对象序列。

相比以上几种排序方法（除希尔排序法外），堆排序法的时间复杂度最小。

例 11.14　下列排序方法中，最坏情况下比较次数最少的是（　　　）。（2009 年 3 月全国计算机等级考试二级 C 试题选择题第 4 题）

A. 冒泡排序　　　　　　　　　B. 简单选择排序
C. 直接插入排序　　　　　　　D. 堆排序

分析：因上述四种排序中，堆排序的时间复杂度最小，所以正确答案为 D。

11.1.7　习题

1. 下列叙述中正确的是_____。（2011 年 9 月全国计算机等级考试二级 C 试题选择题第 1 题）

A. 算法就是程序

    B. 设计算法时只需要考虑数据结构的设计

    C. 设计算法时只需要考虑结果的可靠性

    D. 以上三种说法都不对

  2. 算法的时间复杂度是指（　　）。（2010年3月全国计算机等级考试二级C试题选择题第2题）

    A. 算法的执行时间

    B. 算法所处理的数据量

    C. 算法程序中的语句或指令条数

    D. 算法在执行过程中所需要的基本运算次数

  3. 下列叙述中正确的是（　　）。（2009年3月全国计算机等级考试二级C试题选择题第1题）

    A. 栈是先进先出的线性表

    B. 队列是"先进后出"的线性表

    C. 循环队列是非线性结构

    D. 有序线性表即可以采用顺序存储结构，也可以采用链式存储结构

  4. 支持子程序调用的数据结构是（　　）。（2009年3月全国计算机等级考试二级C试题选择题第2题）

    A. 栈　　　　　　　　　　　　　　B. 树

    C. 队列　　　　　　　　　　　　　D. 二叉树

  5. 某二叉树有5个度为2的节点，则该二叉树中的叶子节点数是（　　）。（2009年3月全国计算机等级考试二级C试题选择题第3题）

    A. 10　　　　　　　　　　　　　　B. 8

    C. 6　　　　　　　　　　　　　　　D. 4

  6. 对于循环队列，下列叙述中正确的是（　　）。（2009年9月全国计算机等级考试二级C试题选择题第3题）

    A. 队头指针是固定不变的

    B. 队头指针一定大于队尾指针

    C. 队头指针一定小于队尾指针

    D. 队头指针可以大于队尾指针，也可以小于队尾指针

  7. 下列叙述中正确的是（　　）。（2010年9月全国计算机等级考试二级C试题选择题第1题）

    A. 线性表的链式存储结构与顺序存储结构所需要的存储空间是相同的

    B. 线性表的链式存储结构所需要的存储空间一般要多于顺序存储结构

    C. 线性表的链式存储结构所需要的存储空间一般要少于顺序存储结构

    D. 上述三种说法都不对

  8. 下列叙述中正确的是（　　）。（2010年9月全国计算机等级考试二级C试题选择题第2题）

A. 在栈中，栈中元素随栈底指针与栈顶指针的变化而动态变化

B. 在栈中，栈顶指针不变，栈中元素随栈底指针的变化而动态变化

C. 在栈中，栈底指针不变，栈中元素随栈顶指针的变化而动态变化

D. 上述三种说法都不对

9. 下列关于栈，叙述正确的是（　　）。（2011年3月全国计算机等级考试二级C试题选择题第1题）

A. 栈顶元素最先能被删除　　　　B. 栈顶元素最后才能被删除

C. 栈底元素永远不能被删除　　　　D. 以上三种说法都不对

10. 下列叙述中正确的是（　　）。（2011年3月全国计算机等级考试二级C试题选择题第2题）

A. 有一个以上根节点的数据结构不一定是非线性结构

B. 只有一个根节点的数据结构不一定是线性结构

C. 循环链表是非线性结构

D. 双向链表是非线性结构

11. 下列关于二叉树的叙述中，正确的是（　　）。（2011年9月全国计算机等级考试二级C试题选择题第3题）

A. 叶子节点总是比度为2的节点少一个

B. 叶子节点总是比度为2的节点多一个

C. 叶子节点数是度为2的节点数的两倍

D. 度为2的节点数是度为1的节点数的两倍

12. 某二叉树有5个度为2的节点以及3个度为1的节点，则该二叉树中共有 _____ 个节点。（2009年9月全国计算机等级考试二级C试题填空题第1题）

13. 在长度为n的线性表中，寻找最大项至少需要比较 _____ 次。（2010年9月全国计算机等级考试二级C试题填空题第2题）

14. 有序线性表能进行二分查找的前提是该线性表必须是 _____ 存储的。（2011年3月全国计算机等级考试二级C试题填空题第1题）

15. 数据结构分为线性结构与非线性结构，带链的栈属于 _____。（2011年9月全国计算机等级考试二级C试题填空题第1题）

16. 在长度为n的顺序存储的线性表中插入一个元素，最坏情况下需要移动表中 _____。（2011年9月全国计算机等级考试二级C试题填空题第2题）

11.2　程序设计基础

根据大纲要求，本章主要介绍程序设计的一些基本知识，比如程序设计的方法与风格、结构化程序设计与面向对象的程序设计方法、对象、方法、属性及继承与多态性。从历次的试题来看，本章属于非重点考查对象，尽管分值所占的比例较少，但基本上每次至少有一道试题，试题以选择和填空的形式出现。

11.2.1 程序设计方法与风格

1. 程序设计的方法

程序是指令的有序集合，它是为了解决某一问题而设计的一系列指令。程序设计是使用计算机系统的指令或语句，组成求解不同问题、实现不同算法所需的完整序列的一个工作过程。随着计算机硬件技术的发展以及计算机技术的广泛应用，根据需求，程序设计的方法也经过了几个发展的过程。

在程序设计早期，由于受到计算机硬件的限制，运行速度慢，存储空间少，使得程序员不得不提高程序的效率，在这种情况下，编程成了一种技巧和艺术，程序的可理解性和可扩充性没有得到重视。在这个时期出现的高级语言有 Fortran、COBOL、ALGOL、Basic 等，在这个时期不注重程序的结构，可以说这是没有固定程序设计方法的时期。

后来，计算机硬件得到了很大的发展，在编程的时候，运行速度和存储空间不再困扰程序员，计算机技术应用范围的扩大使得程序必须要有良好的结构，在这种需求下，提出了结构化程序设计方法。这时出现的高级语言有 PASCAL、C 等。20 世纪 60 年代后期，出现了类和对象的概念，程序设计已经不是问题的中心，如何更好地描述问题已经成为了主题，因此在这种情况下，面向对象的程序设计方法发展起来了，并得到广泛的应用。进入 20 世纪 80 年代后，出现了一系列的面向对象程序设计语言，如 C++等。

2. 程序设计的风格

我们在编写程序时要养成良好的程序设计习惯，对程序的要求不仅能够在计算机上正确运行，而且要便于阅读和被别人理解，便于程序的调试和维护。好的程序设计风格有助于提高程序的正确性、可读性、可维护性和可用性。要使程序具有良好的风格，概括起来可以分成四部分：源程序文档化、数据说明、语句结构、输入/输出方法。

（1）源程序文档化

源程序文档化主要包括：标志符的命名、程序中添加注释和程序的编辑风格。

1）标志符的命名。标志符即符号名，包括变量名、模块名、常量名、标号名、函数名、数据区名、缓冲区名等。一个程序中必然有很多的标志符，特别是在一个复杂大型的程序中，标志符可能成千上万，对标志符作用的正确理解是读懂程序的前提，如果程序员随意命名标志符，程序的可读性会很差。

因此，标志符的命名应该要规范化，具体要根据下面几个原则来命名。

① 选取有实际意义的标志符名称。为了方便理解标志符的作用，标志符的名字要能够反映其作用，如用于存储数量的变量的名称可以是 count 等。

② 为了便于程序的输入，标志符的名字不宜太长。必要时可以用一些缩写，但是要注意缩写规则要一致，并且要给每一个变量加上注释。

③ 为了便于区分，不同的标志符不要取过于相似的名字。

④ 由于程序中通常需要大量不同类型的标志符，为了使说明部分阅读起来更加清晰，在对其进行类型说明时应注意以下几点：按照某种顺序对各种类型的变量进行集中说明，如先

说简单类型，再说明记录类型；在使用一个说明语句对同一类型的多个变量进行说明时，按照变量名中的字母顺序进行排列。

2）程序中添加注释。注释是程序员与程序读者之间通信的重要工具，用自然语言或伪码描述。它说明了程序的功能，特别在维护阶段，对理解程序提供了明确指导。在一些正规的程序文本中，注释行的数量占到整个源程序的1/3～1/2，甚至更多。注释分序言性注释和功能性注释。

① 序言性注释：一般置于每个程序模块的开头部分，它应当给出程序的整体说明，用来引导读者理解程序。主要描述内容可以包括程序标题、程序功能说明、主要算法、接口说明、有关数据描述、程序位置、开发简历、程序设计者、复审者、复审日期和修改日期等。

② 功能性注释：一般置于程序体中，用来描述其后的语句或程序段是用来做什么的，或者是执行了其下面的语句或程序段会产生什么样的效果，而无须解释下面该怎么做。

3）程序的编辑风格。为了使程序的结构一目了然，可以在程序中利用空格、空行、缩进等技巧使程序层次清晰，便于程序的理解。可以按照以下几个原则来编辑程序。

① 恰当地利用括号，可以突出运算的优先性，避免发生运算错误。

② 程序段之间可用空行隔开。

③ 对于选择语句和循环语句，应该作适当缩进，使得程序的逻辑结构更加清晰。

（2）数据说明

在程序设计时，应该注意数据说明的风格。为了使数据定义更易于理解和维护，有以下指导原则。

1）数据说明顺序应规范化，使数据的属性更易于查找，从而有利于测试、纠错与维护。原则上，数据说明的次序与语法无关，次序是任意的，但是便于阅读和理解，最好使其规范化，使说明次序按照某种规则固定。例如，按以下顺序：常量说明、类型说明、全程量说明及局部量说明。

2）语句中变量的说明应有序化，多个变量在同一个说明语句中说明时，各变量名按字典序排列。

3）使用注释来说明复杂的数据结构时，要说明在程序中实现这个数据结构时的特点。

（3）语句结构

单个语句结构是编码阶段的任务，语句结构追求简单直接，不能为了追求效率而使代码复杂化。我们可以根据下面的原则来构造语句。

1）为了便于阅读和理解，不要一行多个语句。

2）不同层次的语句采用缩进形式，使程序的逻辑结构和功能特征更加清晰。

3）要避免复杂的判定条件，避免多重的循环嵌套。

4）表达式中使用括号以提高运算次序的清晰度。

5）程序编写首先应当考虑程序结构的清晰性，不要刻意追求技巧性，使程序变得复杂。

6）除非对效率有特殊要求，否则先要考虑程序的清晰性，不要追求高效率而丧失程序的清晰度。

7）程序编写要简单，要直截了当地表达出程序员的用意。

8）首先要保证程序正确，然后才要求提高速度。

9）避免使用临时变量而使程序可读性下降。

10）尽可能使用库函数。

（4）输入/输出方法

输入和输出是程序的一个重要的组成部分，是与用户和计算机交互直接相关的。输入和输出的方式应当尽量方便用户的使用。一定要避免输入输出的不当而导致用户使用软件的麻烦。因此，在软件需求分析阶段和设计阶段，就应基本确定输入和输出的风格。软件能否被用户接受，有时就取决于输入和输出的风格。

一个良好的输入输出风格能够使用户很方便地使用系统，我们在编码阶段可以根据下面的原则来设计一个好的输入输出。

1）对所有输入的数据都要进行有效性检查，要能够识别出错误的输入，对错误的输入作出异常处理，使得每个输入数据都具有有效性。

2）检查输入数据项的各种重要组合的合理性，必要时报告输入状态信息。

3）在输入时，输入的步骤和方式应该尽量简单。

4）输入数据时，应允许使用自由格式输入。

5）允许默认值。

6）输入一批数据时，最好使用输入结束标志，而不要用户指定输入数据数目。

7）在交互输入时，要给用户提示信息，如可使用选择项的种类和取值范围，在输入结束时，给出状态信息。

8）当程序设计语言对输入/输出格式有严格要求时，应保持输入格式与输入语句的要求的一致性。

9）给所有的输出加注释，并设计输出报表格式。

11.2.2 结构化程序设计

1. 结构化程序设计的原则

结构化程序设计方法的四条原则：①自顶向下；②逐步求精；③模块化；④限制使用 goto 语句。

（1）自顶向下

程序设计时，应先考虑总体，后考虑细节；先考虑全局目标，后考虑局部目标。不要一开始就过多追求众多的细节，先从最上层总目标开始设计，逐步使问题具体化。

（2）逐步求精

对复杂问题，应设计一些子目标作过渡，逐步细化。

（3）模块化

一个复杂问题，肯定是由若干稍简单的问题构成。模块化是把程序要解决的总目标分解为分目标，再进一步分解为具体的小目标，把每个小目标称为一个模块。

（4）限制使用 goto 语句

使用 goto 语句经实验证实：滥用 goto 语句确实有害，应尽量避免；完全避免使用 goto 语句也并非是个明智的方法，有些地方使用 goto 语句，会使程序流程更清楚、效率更高；争

论的焦点不应该放在是否取消 goto 语句，而应该放在用什么样的程序结构上。

其中最关键的是，肯定以提高程序清晰性为目标的结构化方法。

2. 结构化程序的基本结构

（1）顺序结构

顺序结构是简单的程序设计，它是最基本、最常用的结构，所谓顺序执行，就是按照程序语句行的自然顺序，一条语句一条语句地执行程序。

（2）选择结构

选择结构又称为分支结构，它包括简单选择和多分支选择结构，这种结构可以根据设定的条件，判断应该选择哪一条分支来执行相应的语句序列。

（3）重复结构

重复结构又称为循环结构，它根据给定的条件，判断是否需要重复执行某一相同的或类似的程序段，分为两类：一是先判断后执行，二是先执行后判断。利用重复结构可简化大量的程序行。

优点：

①使程序易于理解、使用和维护；

②提高编程工作的效率，降低软件开发的成本。

3. 结构化程序设计原则和方法的应用

要注意把握如下要素。

1）使用程序设计语言中的顺序、选择、循环等有限的控制结构表示程序的控制逻辑。

2）选用的控制结构只准许有一个入口和一个出口。

3）程序语句组成容易识别的块，每块只有一个入口和一个出口。

4）复杂结构应该嵌套的基本控制结构进行组合嵌套来实现。

5）语言中所没有的控制结构，应该采用前后一致的方法来模拟。

6）严格控制 goto 语句的使用。其意思是指：

① 用一个非结构化的程序设计语言去实现一个结构化的构造；

② 若不使用 goto 语句，会使功能模糊；

③ 在某种可以改善而不损害程序可读性的情况下。

11.2.3 面向对象的程序设计

1. 关于面向对象方法

面向对象方法的本质，就是主张从客观世界固有的事物出发来构造系统，提倡用人类在现实生活中常用的思维方法来认识、理解和描述客观事物，强调最终建立的系统能够映射问题域，也就是说，系统中的对象以及对象之间的关系能够如实地反映问题域中固有事物及其关系。

面向对象方法有以下优点。

1）与人类习惯的思维方法一致。

面向对象方法和技术以对象为核心。对象是由数据和容许的操作组成的封装体，与客观实体有直接的关系。对象之间通过传递消息互相联系，以模拟现实世界中不同事物彼此之间的联系。

面向对象的设计方法与传统的面向过程的方法有本质上的不同，这种方法的基本原理是：使用现实世界的概念抽象地思考问题，从而自然地解决问题。它强调模拟现实世界中的概念而不强调算法，它鼓励开发者在软件开发的绝大部分过程中都用应用领域的要领去思考。

2）稳定性好。

3）可重用性好。软件重用是指在不同的软件开发过程中重复作用相同或相似软件元素的过程。重用是提高软件生产率的最主要的方法。

4）易于开发大型软件产品。

5）可维护性好。

用面向对象的方法开发的软件，稳定性比较好；用面向对象的方法开发的软件比较容易修改；用面向对象的方法开发的软件比较容易理解；易于测试和调试。

2. 面向对象方法的基本概念

对象（object）是面向对象方法中最基本的概念。对象可以用来表示客观世界中的任何实体，也就是说，应用领域中有意义的、与所要解决的问题有关系的任何事物都可以作为对象，它既可以是具体的物理实体的抽象，也可以是人为的概念，或者是任何有明确边界的、有意义的东西。总之，对象是对问题域中某个实体的抽象，设立某个对象就反映软件系统保存有关它的信息并具有与它进行交互的能力。

面向对象的程序设计方法中涉及的对象是系统中用来描述客观事物的一个实体，是构成系统的一个基本单位，它由一组表示其静态特征的属性和它可执行的一组操作组成。对象可以做的操作表示它的动态行为，在面向对象分析和面向对象设计中，通常把对象的操作也称为方法或服务。

属性即对象所包含的信息，它在设计对象时确定，一般只能通过挂靠对象的操作来改变。

操作描述了对象执行的功能，若通过消息传递，还可以为其他对象使用。操作的过程对外是封闭的，即用户只能看到这一操作实施后的结果。这相当于事先已经设计好的各种过程，只需要调用就可以了，用户不必去关心这一过程是如何编写的。事实上，这个过程已经封装在对象中，用户也看不到。对象的这一特性即是封装性。

对象有如下一些基本特点。

（1）标志唯一性

标志唯一性指对象是可区分的，并且由对象的内在本质来区分，而不是通过描述来区分。

（2）分类性

分类性指可以将具有相同属性的操作对象抽象成类。

（3）多态性

多态性指同一个操作可以是不同对象的行为。

（4）封装性

从外面看只能看到对象的外部特性，即只需知道数据的取值范围和可以对该数据施加的操作，根本无须知道数据的具体结构以及实现操作的算法。对象的内部，即处理能力的实行和内部状态，对外是不可见的。从外面不能直接使用对象的处理能力，也不能直接修改其内

部状态，对象的内部状态只能由其自身改变。

（5）模块独立性好

对象是面向对象的软件的基本模块，它是由数据及可以对这些数据施加的操作所组成的统一体，而且对象是以数据为中心的，操作围绕对其数据所需做的处理来进行，没有无关的操作。从模块的独立性考虑，对象内部各种元素彼此结合得很紧密，内聚性强。

3. 类（Class）和实例（Instance）

将属性、操作相似的对象归为类，也就是说，类是具有共同属性、共同方法的对象的集合。所以，类是对象的抽象，它描述了属于该对象类型的所有对象的性质，而一个对象则是其对应类的一个实例。

要注意的是，当使用"对象"这个术语时，既可以指一个具体的对象，也可以泛指一般的对象，但是，当使用"实例"这个术语时，必然是指一个具体的对象。

例如：Integer 是一个整数类，它描述了所有整数的性质。因此任何整数都是整数类的对象，而一个具体的整数"123"是类 Integer 的实例。

由类的定义可知，类是关于对象性质的描述，它同对象一样，包括一组数据属性和在数据上的一组合法操作。

4. 消息（Message）

面向对象的世界是通过对象与对象间彼此的相互合作来推动的，对象间的这种相互合作需要一个机制协助进行，这样的机制称为"消息"。消息是一个实例与另一个实例之间传递信息，它请示对象执行某一处理或回答某一要求的信息，它统一了数据流的控制流。消息的使用类似于函数调用，消息中指定了某一个实例，一个操作名和一个参数表（可空）。接收消息的实例执行消息中指定的操作，并将形式参数数与参数表中相应的值结合起来。消息传递过程中，由发送消息的对象（发送对象）的触发操作产生输出结果，作为消息传送至接受消息的对象（接受对象），引发接受消息的对象一系列的操作。所传送的消息实质上是接受对象所具有的操作/方法名称，有时还包括相应参数。

消息中只包含传递者的要求，它告诉接受者需要做哪些处理，但并不指示接受者应该怎样完成这些处理。消息完全由接受者解释，接受者独立决定采用什么方式完成所需的处理，发送者对接受者不起任何控制作用。一个对象能够接受不同形式、不同内容的多个消息；相同形式的消息可以送往不同的对象，不同的对象对于形式相同的消息可以有不同的解释，能够作出不同的反应。一个对象可以同时往多个对象传递信息，两个对象也可以同时向某个对象传递消息。

例如，一个汽车对象具有"行驶"这项操作，那么要让汽车以时速50公里行驶的话，需传递给汽车对象"行驶"及"时速 50 公里"的消息。

5. 继承（Inheritance）

继承是面向对象的方法的一个主要特征。继承是使用已有的类定义作为基础建立新类的定义技术。已有的类可当作基类来引用，则新类相应地可当作派生类来引用。

广义地说，继承是指能够直接获得已有的性质和特征，而不必重复定义它们。

面向对象软件技术的许多强有力的功能和突出的优点，都来源于把类组成一个层次结构的系统：一个类的上层可以有父类，下层可以有子类。这种层次结构系统的一个重要性质是继承性，一个类直接继承其父类的描述（数据和操作）或特性，子类自动地共享基类中定义的数据和方法。

继承具有传递性，如果类 C 继承类 B，类 B 继承类 A，则类 C 继承类 A。因此一个类实际上继承了它上层的全部基类的特性，也就是说，属于某类的对象除了具有该类所定义的特性外，还具有该类上层全部基类定义的特性。

继承分为单继承与多重继承。单继承是指，一个类只允许有一个父类，即类等级为树形结构。多重继承是指，一个类允许有多个父类。多重继承的类可以组合多个父类的性质构成所需要的性质，因此，功能更强，使用更方便。但是，使用多重继承时要注意避免二义性。继承性的优点是，相似的对象可以共享程序代码和数据结构，从而大大减少了程序中的冗余信息，提高软件的可重用性，便于软件个性维护。此外，继承性便于用户在开发新的应用系统时不必完全从零开始，可以继承原有的相似系统的功能或者从类库中选取需要的类，再派生出新的类以实现所需要的功能。

6. 多态性（Polymorphism）

对象根据所接受的消息而作出动作，同样的消息被不同的对象接受时可导致完全不同的行动，该现象称为多态性。在面向对象的软件技术中，多态性是指类对象可以像父类对象那样使用，同样的消息既可以发送给父类对象，也可以发送给子类对象。

多态性机制不仅增加了面向对象软件系统的灵活性，进一步减少了信息冗余，而且显著地提高了软件的可重用性和可扩充性。当扩充系统功能增加新的实体类型时，只需派生出与新实体类相应的新的子类，完全无须修改原有的程序代码，甚至不需要重新编译原有的程序。利用多态性，用户能够发送一般形式的消息，而将所有的实现细节都留给接受消息的对象。

11.2.4 习题

1. 面向对象方法中，继承是指（   ）。（2010 年 9 月全国计算机等级考试二级 C 试题选择题第 6 题）

    A. 一组对象所具有的相似性质   B. 一个对象具有另一个对象的性质

    C. 各对象之间的共同性质   D. 类之间共享属性和操作的机制

2. 结构化程序所要求的基本结构不包括（   ）。（2011 年 3 月全国计算机等级考试二级 C 试题选择题第 5 题）

    A. 顺序结构   B. goto 跳转

    C. 选择（分支）结构   D. 重复（循环）结构

3. 下列选项中属于面向对象设计方法的主要特征的是（   ）。（2011 年 9 月全国计算机等级考试二级 C 试题选择题第 10 题）

    A. 继承   B. 自顶向下   C. 模块化   D. 逐步求精

4. 符合结构化原则的三种基本控制结构是：选择结构、循环结构和_____。（2009 年 3 月全国计算机等级考试二级 C 试题填空题第 3 题）

5. 仅由顺序、选择（分支）和重复（循环）结构构成的程序是_____程序。（2010 年 9 月全国计算机等级考试二级 C 试题填空题第 4 题）

11.3　软件工程基础

本章主要介绍以下几方面的内容：

① 软件工程的基本概念、软件生命周期概念、软件工具和软件开发环境；

② 结构化分析方法、数据流图、数据字典和软件需求规格说明书；

③ 结构化设计方法、总体设计和详细设计；

④ 软件测试的方法、白盒测试与黑盒测试、测试用例设计、软件测试的实施、单元测试、集成测试和系统测试；

⑤ 程序调试、静态调试与动态调试；

⑥ 软件维护。

11.3.1　软件工程基本概念

1. 软件定义与软件特点

（1）软件的组成

软件指的是计算机系统中与硬件相互依赖的另一部分，包括程序、数据和有关的文档。程序是对计算机的处理对象和处理规则的描述，是软件开发人员根据用户需求开发的、用程序语言描述的、适合计算机执行的指令序列。数据是使程序能正常操作信息的数据结构。文档是为了便于了解程序所需的资源说明，是与程序的开发、维护和使用有关的资料。由此可见，软件由两部分组成：

1）机器可执行的程序和数据；

2）与软件开发、运行、维护及使用等有关的文档。

例 11.15　软件是_____、数据和文档的集合。（2010 年 3 月全国计算机等级考试二级 C 试题填空题第 4 题）

分析：从软件的定义可知，软件包括程序、数据和有关的文档，所以正确答案是程序。

（2）软件的特点

国际标准（GB）中对软件的定义为：与计算机系统的操作有关的计算机程序、规程、规则以及可能有的文件、文档及数据。

软件具有如下特点。

1）软件是逻辑产品，而不是物理实体，它具有无形性，通过计算机的执行才能体现它的功能和作用。

2）没有明显的制作过程，其成本主要体现在软件的开发和研制上，可进行大量的复制。

3）不存在磨损和消耗问题。

4）软件的开发、运行对计算机系统具有依赖性。

5）开发和维护成本高。

6）软件开发涉及诸多社会因素。

（3）软件的分类

结合应用观点，软件可分应用软件、系统软件和支撑软件三类。

1）应用软件是特定应用领域内专用的软件。

2）系统软件居于计算机系统中最靠近硬件的一层，是计算机管理自身资源，提高计算机使用效率并为计算机用户提供各种服务的软件。

3）支撑软件介于系统软件和应用软件之间，是支援其他软件的开发与维护的软件。

例11.16 软件按功能可以分为应用软件、系统软件和支撑软件（或工具软件）。下列属于应用软件的是（　　）。（2009年3月全国计算机等级考试二级C试题选择题第5题）

A. 编译程序　　　　B. 操作系统　　　　C. 教务管理系统　　D. 汇编程序

分析： 根据软件的分类，属于应用软件的应该是教务管理系统，所以正确答案是C。

（4）软件的作用

软件是用户与硬件之间的接口，是计算机系统的指挥者，是计算机系统结构设计的重要依据。

（5）软件的产生和发展

软件的产生和发展经历了程序设计时代、程序系统时代和软件工程时代。

1）程序设计时代。从第一台计算机上的第一个程序的出现到实用的高级程序设计语言出现以前（1945—1956年）。程序设计时代的生产方式是个体手工劳动，使用的工具是机器语言、汇编语言，主要通过编程来实现，不重视程序设计方法。

2）程序系统时代。从实用的高级程序设计语言出现以后到软件工程出现以前（1956—1968年）。程序系统时代的生产方式是作坊式小集团生产，生产工具是高级语言，开始提出结构化方法，但开发技术还没有根本性突破，开发人员素质和开发技术不适应规模大、结构复杂的软件开发，导致了软件危机的产生。

3）软件工程时代。软件工程出现以后至今（1968年至今）。软件工程时代的生产方式是工程化生产，使用数据库、开发工具、开发环境、网络等先进的开发技术和方法，使生产效率大大提高，但未能完全摆脱软件危机。

2. 软件危机

在软件发展的第二阶段末期，随着第二代计算机的诞生而产生的第三代计算机（集成电路计算机）与第二代计算机相比，性能大大提高。随着计算机软件规模的扩大，软件本身的复杂性不断增加，研制周期显著变长，正确性难以保证，软件开发费用上涨，生产效率急剧下降，从而出现了人们难以控制的局面，即所谓的"软件危机"。

软件危机主要表现在以下几方面。

1）软件需求的增长得不到满足。

2）软件开发成本和进度无法控制。

3）软件质量难以保证。

4）软件不可维护或维护程度非常低。

5）软件成本不断提高。

6）软件开发生产效率的提高赶不上硬件的发展和应用需求的增长。

总之，可以将软件危机归结为成本、质量和生产率等问题。

例11.17 下面描述中，不属于软件危机表现的是（　　）。（2010年9月全国计算机

等级考试二级C试题选择题第4题）

A. 软件过程不规范　　　　　　　　B. 软件开发生产率低

C. 软件质量难以控制　　　　　　　D. 软件成本不断提高

分析： 根据上文所述，软件开发生产率低不属于软件危机的表现，所以答案为B。

3. 软件工程的产生

为了摆脱软件危机，北大西洋公约组织于1968年和1969年两次召开会议（NATO会议），认识早期软件开发中所存在的问题和产生问题的原因，提出软件工程的概念。

国际标准（GB）中指出软件工程是应用于计算机软件的定义、开发和维护的一整套方法、工具、文档、实践标准和工序。

软件工程包括三个要素，即方法、工具和过程。方法是完成软件工程项目的技术手段；工具支持软件的开发、管理、文档生成；过程支持软件开发的各个环节的控制、管理。

自软件工程概念的提出，该研究领域吸引了众多的学者，并开展了大量的理论和技术的研究，形成了"软件工程学"这一计算机科学中的分支。它所包含的内容可概括为以下两点。

1）软件开发技术：主要有软件开发方法学、软件工具、软件工程环境。

2）软件工程管理：主要有软件管理、软件工程经济学。

4. 软件工程过程

ISO 9000定义：软件工程过程是把输入转化为输出的一组彼此相关的资源和活动。

软件工程过程包含四种基本活动。

1）软件规格说明P（Plan）：规定软件的功能及其运行机制。

2）软件开发D（Do）：产生满足规格说明的软件。

3）软件确认C（Check）：确认软件能够满足客户提出的要求。

4）软件演进A（Action）：为满足客户的变更要求，软件必须在使用的过程中演进。

软件产品从提出、实现、使用、维护到停止使用、退役的过程称为软件生命周期。

在国家标准"计算机软件开发规范"中，把软件生命周期划分为八个阶段，即可行性研究与计划、需求分析、概要设计、详细设计、实现、综合测试、确认测试、使用与维护。对每个阶段，都明确规定了该阶段的任务、实施方法、实施步骤和完成标志，其中特别规定了每个阶段需要产生的文档。如图11-12所示。

图11-12　软件的生命周期

例11.18　软件生命周期可分为定义阶段、开发阶段和维护阶段。详细设计属于（　　）。（2010年3月全国计算机等级考试二级C试题选择题第6题）

A. 定义阶段　　　B. 开发阶段　　　C. 维护阶段　　　D. 上述三个阶段

分析： 由图11-12可知，详细设计属于开发阶段，所以正确答案为B。

软件开发模型是跨越整个软件生存周期的系统开发、运行和维护所实施的全部工作和任务的结构框架，它给出了软件开发活动各阶段之间的关系。目前，常见的软件开发模型大致可分为如下三种类型。

1）以软件需求完全确定为前提的瀑布模型（Waterfall Model）。

2）在软件开发初始阶段只能提供基本需求时采用的渐进式开发模型，如螺旋模型（Spiral Model）。

3）以形式化开发方法为基础的变换模型（Transformational Model）。

瀑布模型即生存周期模型，其核心思想是按工序将问题化简，将功能的实现与设计分开，便于分工协作，即采用结构化的分析与设计方法将逻辑实现与物理实现分开。瀑布模型将软件生命周期划分为软件计划、需求分析和定义、软件设计、软件实现、软件测试、软件运行和维护这六个阶段，规定了它们自上而下、相互衔接的固定次序，如同瀑布流水逐级下落。采用瀑布模型的软件过程如图 11-13 所示。

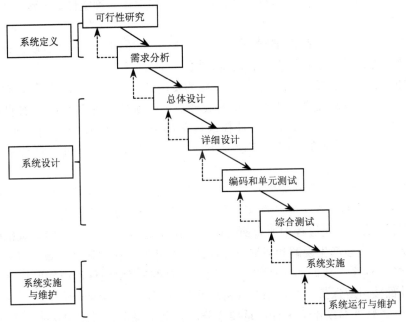

图 11-13 瀑布模型

瀑布模型是最早出现的软件开发模型，在软件工程中占有重要的地位，它提供了软件开发的基本框架。瀑布模型的本质是一次通过，即每个活动只执行一次，最后得到软件产品，也称为"线性顺序模型"或者"传统生命周期"。其过程是以上一项活动接收该项活动的工作对象作为输入，利用这一输入实施该项活动应完成的内容给出该项活动的工作成果，并作为输出传给下一项活动。同时评审该项活动的实施，若确认，则继续下一项活动；否则返回前面，甚至更前面的活动。

瀑布模型有利于大型软件开发过程中人员的组织及管理，有利于软件开发方法和工具的研究与使用，从而提高了大型软件项目开发的质量和效率。然而软件开发的实践表明，上述各项活动之间并非完全是自上而下且呈线性图式的，因此瀑布模型存在严重的缺陷。

1）由于开发模型呈线性，所以当开发成果尚未经过测试时，用户无法看到软件的效果。这样软件与用户见面的时间间隔较长，也增加了一定的风险。

2）在软件开发前期未发现的错误传到后面的开发活动中时，可能会扩散，进而可能会造成整个软件项目开发失败。

3）在软件需求分析阶段，完全确定用户的所有需求是比较困难的，甚至可以说是不太可能的。

原型模型是软件开发人员针对软件开发初期在确定软件系统需求方面存在的困难，借鉴建筑师在设计和建造原型方面的经验，根据客户提出的软件要求，快速地开发一个原型，它向客户展示了待开发软件系统的全部或部分功能和性能，在征求客户对原型意见的过程中，进一步修改、完善、确认软件系统的需求并达到一致的理解。

5. 软件工程的原则

软件工程的原则包括抽象、信息隐蔽、模块化、局部化、确定性、一致性、完备性和可验证性。

1）抽象。抽象事物最基本的特性和行为，忽略非本质细节，采用分层次抽象、自顶向下、逐层细化的办法控制软件开发过程的复杂性。

2）信息隐蔽。采用封装技术，将程序模块的实现细节隐藏起来，使模块接口尽量简单。

3）模块化。模块是程序中相对独立的成分，一个独立的编程单位应有良好的接口定义。模块的大小要适中，模块过大会使模块内部的复杂性增加，不利于模块的理解和修改，也不利于模块的调试和重用；模块太小会导致整个系统表示过于复杂，不利于控制系统的复杂性。

4）局部化。要求在一个物理模块内集中逻辑上相互关联的计算资源，保证模块间具有松散的耦合关系，模块内部有较强的内聚性，这有助于控制系统的复杂性。

5）确定性。软件开发过程中所有概念的表达应是确定的、无歧义的且规范的，这有助于人与人的交互，不会产生误解和遗漏，以保证整个开发工作的协调一致。

6）一致性。程序、数据和文档的整个软件系统的各模块应使用已知的概念、符号和术语；程序内外部接口应保持一致，系统规格说明与系统行为应保持一致。

7）完备性。软件系统不丢失任何重要成分，完全实现系统所需的功能。

8）可验证性。开发大型软件系统需要对系统自顶向下地逐层分解。系统分解应遵循容易检查、测评、评审的原则，以确保系统的正确性。

6. 软件开发工具与软件开发环境

（1）软件开发工具

软件开发工具是协助开发人员进行软件开发活动所使用的软件或环境，它包括需求分析工具、设计工具、编码工具、排错工具、测试工具等。

（2）软件开发环境

软件开发环境是指支持软件产品开发的软件系统，它由软件工具集和环境集成机制构成。工具集包括支持软件开发相关过程、活动、任务的软件工具，以便对软件开发提供全面的支持。环境集成机制为工具集成和软件开发、维护与管理提供统一的支持，它通常包括数据集成、控制集成和界面集成三个部分。

11.3.2 结构化设计

1. 结构化开发方法

结构化开发方法是将软件生命周期分为计划、开发、运行三个时期，每个时期又分若干阶段。

计划期的主要任务是分析新系统应设定的目标，分析用户的基本需求，按设定目标的要求进行问题定义，并分析开发该系统的可行性，用户与分析人员的交互和配合是这一时期的重要特征和要求。

1）问题定义确定软件系统的主要功能。分析人员在与用户讨论的基础上提出软件系统目标、范围与功能说明。

2）可行性研究对问题定义阶段所确定的问题实现的可能性和必要性进行研究，并讨论问题的解决办法，对各种可能方案作出必要的成本—效益分析，分析人员据此提出可行性分析报告，作为使用部门是否继续进行该项工程的依据。

开发期包括分析、设计和实施两类任务。其中分析、设计包括需求分析、总体设计和详细设计三个阶段，实施则包括编码和测试两个阶段。

1）需求分析。确定用户对软件系统的功能性和非功能性的全部需求，并以需求规格说明书的形式表达。

2）总体设计。建立软件系统的总体结构，子系统划分，并提出软件结构图。

3）详细设计。确定软件结构图中每个模块的内部过程和结构。

4）编码。按照选定软件的程序语言，将模块的过程性描述翻译成程序。

5）测试。发现并排除上述各阶段所产生的各种错误。

运行期的主要任务是软件维护。

2. 结构化分析

结构化分析方法是结构化程序设计理论在软件需求分析阶段的运用。结构化分析方法（Structure Analysis，简称 SA）是面向数据流进行需求分析的方法，采用自顶向下、逐层分解的方法建立系统的处理流程，以数据流图和数据字典为主要工具，建立系统的逻辑模型。

结构化分析方法的步骤如下。

1）通过对用户的调查，以软件的需求为线索，获得当前系统的具体模型。

2）去掉具体模型中的非本质因素，抽象出当前系统的逻辑模型。

3）根据计算机的特点分析当前系统与目标系统的差别，建立目标系统的逻辑模型。

4）完善目标系统并补充细节，写出目标系统的软件需求规格说明。

5）评审直到确认完全符合用户对软件的需求。

结构化分析的常用工具如下。

（1）数据流图

数据流图即 DFD 图，它以图形的方式描绘数据在系统中流动和处理的过程，它只反映系统必须完成的逻辑功能，所以是一种功能模型。

（2）数据字典

数据字典是结构化分析方法的核心，它是对所有与系统相关的数据元素的一个有组织的列表以及精确的、严格的定义，使得用户和系统分析员对于输入、输出、存储成分和中间计算结果有共同的理解。

在数据字典的编制过程中，常使用定义式描述数据结构。

（3）判定树

使用判定树进行描述时，应先从问题定义的文字描述中分清哪些是判定的条件，哪些是判定的结论，根据描述材料中的连接词找出判定条件之间的从属关系、并列关系、选择关系，根据它们构造判定树。

（4）判定表

判定表与判定树相似，数据流图中的加工要依赖于多个逻辑条件的取值，即完成该加工的一组动作是由于某一组条件取值的组合引发的，使用判定表比较适宜。

例11.19 数据流程图（DFD图）是（　　）。（2010年3月全国计算机等级考试二级C试题选择题第5题）

A. 软件概要设计的工具　　　　　　B. 软件详细设计的工具
C. 结构化方法的需求分析工具　　　D. 面向对象方法的需求分析工具

分析： 数据流图是结构化开发方法中需求分析阶段的工具，所以正确答案为C。

3. 软件需求规格说明书

软件需求规格说明书是需求分析阶段的最后成果，是软件开发的重要文档之一。

（1）软件需求规格说明书的作用

1）便于用户、开发人员进行理解和交流。

2）反映出用户问题的结构，可以作为软件开发工作的基础和依据。

3）作为确认测试和验收的依据。

（2）软件需求规格说明书的内容

1）概述。

2）数据描述。

3）功能描述。

4）性能描述。

5）参考文献。

6）附录。

（3）软件需求规格说明书的特点

1）正确性。

2）无歧义性。

3）完整性。

4）可验证性。

5）一致性。

6）可理解性。

7）可修改性。

8）可追踪性。

例11.20 在软件开发中，需求分析阶段产生的主要文档是（　　）。（2010年3月全

国计算机等级考试二级 C 试题选择题第 4 题）

    A. 软件集成测试计划　　　　　　B. 软件详细设计说明书

    C. 用户手册　　　　　　　　　　D. 软件需求规格说明书

    分析： 软件需求规格说明书是需求分析阶段的最后成果，所以正确答案是 D。

4. 软件设计

（1）软件设计的基础

软件设计是软件工程的重要阶段，是一个把软件需求转换为软件表示的过程。软件设计的重要性和地位概括为以下几点。

1）软件开发阶段（设计、编码、测试）占软件项目开发总成本的绝大部分，是在软件开发中形成质量的关键环节。

2）软件设计是开发阶段最重要的步骤，是将需求准确地转化为完整的软件产品或系统的唯一途径。

3）软件设计作出的决策，最终影响软件实现的成败。

4）设计是软件工程和软件维护的基础。

从技术观点上看，软件设计包括软件结构设计、数据设计、接口设计、过程设计。其中，结构设计定义软件系统各主要部件之间的关系；数据设计将分析时创建的模块转化为数据结构的定义；接口设计是描述软件内部、软件和协作系统之间以及软件与人之间如何通信；过程设计则是把系统结构部件转换为软件的过程性描述。

从工程管理角度来看，软件设计分两步完成：概要设计和详细设计。①概要设计将软件需求转化为软件体系结构、确定系统级接口、全局数据结构或数据库模式；②详细设计确立每个模块的实现算法和局部数据结构，用适当方法表示算法和数据结构的细节。

（2）软件设计的基本原理

1）抽象，是一种思维工具，就是把事物本质的共同特性提取出来而不考虑其他细节。

2）模块化，是指把一个待开发的软件分解成若干小的简单的部分。模块化是指解决一个复杂问题时自顶向下逐层把软件系统划分成若干模块的过程。

3）信息隐蔽，是指在一个模块内包含的信息（过程或数据），对于不需要这些信息的其他模块来说是不能访问的。

4）模块的独立性，是指每个模块只完成系统要求的独立的子功能，并且与其他模块的联系最少且接口简单。

5）模块的独立程度是评价设计好坏的重要度量标准。衡量软件的模块独立性使用耦合性和内聚性两个定性的度量标准。

6）耦合性是对一个软件结构内不同模块之间互联程度的度量。耦合性的强弱取决于模块间接口的复杂程度。

耦合可以分为下列几种，它们之间的耦合度由高到低排列，具体如下。

① 内容耦合。若一个模块直接访问另一模块的内容，则这两个模块称为内容耦合。

② 公共耦合。若一组模块都访问同一全局数据结构，则称为公共耦合。

③ 外部耦合。若一组模块都访问同一全局数据项，则称为外部耦合。

④ 控制耦合。若一个模块明显地把开关量、名字等信息送入另一个模块，控制另一个模

块的功能，则称为控制耦合。

⑤ 标记耦合。若两个以上的模块都需要其余某一数据结构的子结构时，不使用其余全局变量的方式而全使用记录传递的方式，这样的耦合称为标记耦合。

⑥ 数据耦合。若一个模块访问另一个模块，被访问模块的输入和输出都是数据项参数，则这两个模块为数据耦合。

⑦ 非直接耦合。若两个模块没有直接关系，它们之间的联系完全是通过程序的控制和调用来实现的，则称这两个模块为非直接耦合，这样的耦合独立性最强。

7）内聚性是从功能角度来衡量模块的联系，它描述的是模块内的功能联系。内聚性是一个模块内部各个元素间彼此结合的紧密程度的度量。

一个模块的内聚性越强，则该模块的独立性越强。一个模块与其他模块的耦合性越强，则该模块的独立性越弱。内聚有如下种类，它们之间的内聚度由弱到强排列，具体如下。

① 偶然内聚。模块中的代码无法定义其不同功能的调用，但它使该模块能执行不同的功能，这种模块为巧合强度模块。

② 逻辑内聚。这种模块把几种相关的功能组合在一起，每次被调用时，由传送给模块的参数来确定该模块应完成哪一种功能。

③ 时间内聚。这种模块顺序完成一类相关功能，比如初始化模块，它顺序地为变量置初值。

④ 过程内聚。如果一个模块内的处理元素是相关的，而且必须以特定次序执行，则称为过程内聚。

⑤ 通信内聚。这种模块除了具有过程内聚的特点外，还有另外一种关系，即它的所有功能都通过使用公用数据而发生关系。

⑥ 顺序内聚。如果一个模块内各个处理元素和同一个功能密切相关，而且这些处理必须顺序执行，处理元素的输出数据作为下一个处理元素的输入数据，则称为顺序内聚。

⑦ 功能内聚。如果一个模块包括为完成某一具体任务所必需的所有成分，或者说模块中所有成分结合起来是为了完成一个具体的任务，此模块则为功能内聚模块。

耦合性与内聚性是模块独立性的两个定性标准，耦合与内聚是相互关联的。在程序结构中，各模块的内聚性越强，则耦合性越弱。一般较优秀的软件设计，应尽量做到高内聚、低耦合，即减弱模块之间的耦合性，提高模块内的内聚性，有利于提高模块的独立性。

例 11.21　耦合性和内聚性是对模块独立性度量的两个标准。下列叙述中正确的是（　　　）。（2009 年 3 月全国计算机等级考试二级 C 试题选择题第 7 题）

A. 提高耦合性降低内聚性有利于提高模块的独立性
B. 降低耦合性提高内聚性有利于提高模块的独立性
C. 耦合性是指一个模块内部各个元素间彼此结合紧密程度
D. 内聚性是指模块间互相连接的紧密程度

分析：耦合性是对一个软件结构内不同模块之间互联程度的度量；内聚性是一个模块内部各个元素间彼此结合的紧密程度的度量，要提高模块的独立性就要争取提高内聚性，而降低耦合性。所以正确答案是 B。

（3）结构化设计方法

结构化设计方法的基本要求是，在详细设计阶段，为了确保模块逻辑清晰，就应该要求所有的模块只使用单入口、单出口以及顺序、选择和循环三种基本控制结构。这样，不论一个程序包含多少个模块，每个模块包含多少个基本的控制结构，整个程序仍能保持一条清晰的线索。

（4）概要设计任务

概要设计的基本任务有四条。

1）设计软件系统结构：以模块为基础，影响软件质量及一些整体特性。

2）数据结构和数据库设计：对于大型数据处理的软件系统是重要的。在概要设计阶段，数据结构设计宜采用抽象的数据类型，数据库设计对应于数据库的逻辑设计。

3）编写概要设计文档：编写概要设计说明书、数据库设计说明书、用户手册和修订测试计划。

4）评审：针对设计方案的可行性、正确性、有效性、一致性等。

（5）概要设计的工具

结构图（Structure Chart，SC）也称程序结构图。在结构图中，模块用一个矩形表示，箭头表示模块间的调用关系。可以用带注释的箭头表示模块调用过程中来回传递的信息。还可用带实心圆的箭头表示传递的是控制信息，空心圆箭心表示传递的是数据。

结构图的基本形式：基本形式、顺序形式、重复形式、选择形式。

结构图有四种模块类型：传入模块、传出模块、变换模块和协调模块。

结构图的形态特征如下。

1）深度（模块的层数）。

2）宽度（一层中最大的模块个数）。

3）扇出（一个模块直接调用下属模块的个数）。

4）扇入（一个模块直接调用上属模块的个数）。

画结构图的注意事项如下。

1）同一名字的模块在结构图中只出现一次。

2）调用关系只能从上到下。

3）模块调用次序一般从左到右。

例 11.22　某系统总体结构图如图 11-14 所示。

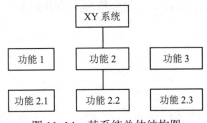

图 11-14　某系统总体结构图

该系统总体结构图的深度是（　　）。（2011 年 9 月全国计算机等级考试二级 C 试题选择题第 5 题）

A. 7　　　　　　　　B. 6　　　　　　　　C. 3　　　　　　　　D. 2

分析： 结构图的深度指的是模块的层数，在这里模块共有 3 层，所以正确答案是 C。

（6）面向数据流的设计方法

数据流类型有两种：变换型和事务型。

1）变换流是指信息沿输入通路进入系统，同时由外部形式变换成内部形式，进入系统的信息通过变换中心，经加工处理以后再沿输出通路变换成外部形式，离开软系统。

变换型数据处理问题的工作过程大致分为三步，即取得数据、变换数据和输出数据。

变换型系统结构图由输入、中心变换和输出三部分组成。

2）当信息沿输入通路到达一个处理，这个处理根据输入数据的类型从若干个动作序列中选择一个来执行，这类数据流归为特殊的一类，称为事务流。在一个事务流中，事务中心接收数据，分析每个事务以确定它的类型，根据事务类型选取一条活动通路。

面向数据流的结构设计过程和步骤：分析、确认数据流图的类型，区分是事务型还是变换型；说明数据流的边界；把数据流图映射为程序结构；根据设计准则把数据流转换成程序结构图。

将变换型映射成结构图，又称为变换分析。

将事务型映射成结构图，又称为事务分析。

（7）软件设计准则

设计准则包括如下几点。

1）提高模块独立性。

2）模块规模适中。

3）深度、宽度、扇出和扇入适当。

4）使模块的作用域在该模块的控制域内。

5）应减少模块的接口和界面的复杂性。

6）设计成单入口、单出口的模块。

7）设计功能可预测的模块。

（8）详细设计

详细设计主要确定每个模块的具体执行过程，也称过程设计。详细设计的结果基本上决定了最终的程序代码的质量。

详细设计的常用工具如下。

1）程序流程图、N—S图、PAD（问题分析图）和HIPO。

2）判定树和判定表。

3）PDL（伪码）。

11.3.3 软件测试

1. 软件测试的目标和准则

（1）软件测试的目标

1）软件测试是为了发现错误而执行程序的过程。

2）一个好的测试能够发现至今尚未发现的错误。

3）一个成功的测试是发现了至今尚未发现的错误。

（2）软件测试的准则

1）所有测试都应追溯到需求。

2）严格执行测试计划，排除测试的随意性。

3）充分注意测试中的群集表现。程序中存在错误的概率与该程序中已发现的错误数成正比。

4）程序员应避免检查自己的程序。

5）穷举测试不可能。穷举测试是对程序所有可能的执行路径都进行检查，即使小规模的程序的执行路径数相当大，不可能穷尽，说明测试只能证明程序有错，不能证明程序中无错。

6）妥善保存测试计划、测试用例出错统计和最终分析报告。

例 11.23 软件测试的目的是（　　　）。（2010 年 9 月全国计算机等级考试二级 C 试题选择题第 3 题）

A．评估软件可靠性　　　　　　　B．发现并改正程序中的错误

C．改正程序中的错误　　　　　　D．发现程序中的错误

分析：软件测试的目的是发现错误，而不是改正错误，所以正确答案是 D。

2．软件测试的方法

软件测试的方法从是否需要执行被测软件的角度可分为静态测试和动态测试；按功能可将软件测试分为白盒测试和黑盒测试。

（1）静态测试和动态测试

静态测试一般是指人工评审软件文档或程序，借以发现其中的错误。由于被评审的文档或程序不必运行，所以称为静态的。静态测试包括代码检查、静态结构分析、代码质量度量等。

动态测试是通过运行软件来检验软件中的动态行为和运行结果的正确性。动态测试的关键是使用设计高效、合理的测试用例。测试用例就是为测试设计的数据，由测试输入数据（输入值集）和预期的输出结果（输出值集）两部分组成。

（2）白盒测试和黑盒测试

1）白盒测试。白盒测试也称为结构测试或逻辑测试，是把程序看成装在一只透明的白盒子里，测试者完全了解程序的结构和处理过程。它根据程序的内部逻辑来设计测试用例，检查程序中的逻辑通路是否都按预定的要求正确地工作。

白盒测试的基本原则有以下几点。

① 保证所测模块中每一独立路径至少执行一次。

② 保证所测模块所有判断的每一分支至少执行一次。

③ 保证所测模块每一循环都在边界条件和一般条件下至少各执行一次。

④ 验证所有内部数据结构的有效性。

⑤ 按照白盒测试的基本原则，"白盒"法是穷举路径测试。

白盒测试的方法有逻辑覆盖和基本路经测试。

2）黑盒测试。黑盒测试也称功能测试或数据驱动测试，是把程序看成一只黑盒子，测

试者完全不了解，或不考虑程序的结构和处理过程。它根据规格说明书的功能来设计测试用例，检查程序的功能是否符合规格说明的要求。

黑盒测试的方法有等价划分法、边界值分析法和错误推测法。下面分别介绍这三种黑盒测试方法。

① 等价类划分法是一种典型的黑盒测试方法，它是将程序的所有可能的输入数据划分成若干部分，然后从每个等价类中选取数据作为测试用例。

② 边界值分析法是对各种输入、输出范围的边界情况设计测试用例的方法。实践证明，程序往往在处理边缘情况时出错，因而检查边缘情况的测试实例查错率较高，这里的边缘情况是指输入等价类或输出等价类的边界值。

③ 错误推测法。测试人员也可以通过经验或直觉推测程序中可能存在的各种错误，从而有针对性地编写检查这些错误的测试用例。

3．软件测试的实施

软件测试过程分四个步骤，即单元测试、集成测试、确认测试和系统测试。

（1）单元测试

单元测试是对软件设计的最小单位——模块（程序单元）进行正确性检验测试。单元测试的目的是发现各模块内部可能存在的各种错误。

单元测试的依据是详细的设计说明书和源程序。

单元测试的技术可以采用静态分析和动态测试。

（2）集成测试

集成测试是测试和组装软件的过程。集成测试所设计的内容包括：软件单元的接口测试、全局数据结构测试、边界条件和非法输入的测试等。

（3）确认测试

确认测试的任务是验证软件的功能和性能及其他特性是否满足需求规格说明中确定的各种需求以及软件配置是否完全、正确。

（4）系统测试

系统测试是通过测试确认的软件作为整个计算机系统的一个元素，与计算机硬件、外设、支撑软件、数据等其他系统元素组合在一起，在实际运行（使用）环境下对计算机系统进行一系列的集成测试和确认测试。

系统测试的具体实施一般包括功能测试、性能测试、操作测试、配置测试、外部接口测试、安全性测试等。

11.3.4 软件的调试

1．程序调试的概念

在对程序进行了成功的测试之后将进入程序调试（通常称 Debug，即排错）。

程序的调试的任务是诊断和改正程序中的错误。

程序调试和软件测试的区别如下。

1）软件测试是尽可能多地发现软件中的错误，而程序调试先要发现软件的错误，然后借助于一定的调试工具去找出软件错误的具体位置。

2）软件测试贯穿整个软件生命期，调试主要在开发阶段。

2．程序调试的基本步骤

1）错误定位从错误的外部表现形式入手，研究有关部分的程序，确定程序中出错的位置，找出错误的内在原因。

2）修改设计和代码，以排除错误。排错是软件开发过程中一项艰苦的工作，这也决定了调试工作是一个具有很强技术性和技巧性的工作。

3）进行回归测试，防止引进新的错误。因为修改程序可能带来新的错误，所以要重复进行暴露这个错误的原始测试或某些有关测试，以确认该错误是否被排除、是否引进了新的错误。

3．程序调试原则

（1）确定错误的性质和位置时的注意事项

1）分析思考与错误征兆有关的信息。

2）避开死胡同。

3）只把调试工具当作辅助手段来使用。

4）避免用试探法，最多只能把它当作最后手段。

（2）修改错误原则

1）在出现错误的地方，很可能有别的错误。

2）修改错误的一个常见失误是只修改了这个错误的征兆或这个错误的表现，而没有修改错误本身。

3）修正一个错误的同时有可能会引入新的错误。

4）修改错误的过程将迫使人们暂时回到程序设计阶段。

5）修改源代码程序，不要改变目标代码。

4．软件调试的方法

软件调试可分为静态调试和动态调试。静态调试主要是指通过人的思维来分析源程序代码和排错，是主要的设计手段，而动态调试是辅助静态调试的。主要的调试方法有：强行排错法；回溯法；原因排除法，包括演绎法、归纳法和二分法。

（1）强行排错法

作为传统的调试方法，强行排错法的过程可概括为设置断点、程序暂停、观察程序状态、继续运行程序。涉及的调试技术主要是设置断点和监视表达式。

（2）回溯法

该方法适合于小规模程序的排错，即一旦发现了错误，先分析错误征兆，确定最先发现"症状"的位置。然后，从发现"症状"的地方开始，沿程序的控制流程，逆向跟踪源程序代码，直到找到错误根源或确定出错产生的范围。

（3）原因排除法

原因排除法是通过演绎、归纳和二分法来实现。

演绎法是一种从一般原理或前提出发，经过排除和精化的过程来推导出结论的思考方法。

归纳法是一种从特殊推断出一般的系统化思考方法。其基本思想是从一些线索着手，通过分析寻找到潜在的原因，从而找出错误。

二分法实现的基本思想：如果已知每个变量在程序中若干个关键点的正确值，则可以使用定值语句（如赋值语句、输入语句等）在程序中的某点附近给这些变量赋正确值，然后运行程序并检查程序的输出。

例 11.24 程序调试的任务是（　　）。（2011 年 9 月全国计算机等级考试二级 C 试题选择题第 6 题）

A. 设计测试用例　　　　　　　　　B. 验证程序的正确性

C. 发现程序中的错误　　　　　　　D. 诊断和改正程序中的错误

分析：程序的调试的任务是诊断和改正程序中的错误。所以正确答案是 D。

11.3.5 习题

1. 下面叙述中错误的是（　　）。（2009 年 3 月全国计算机等级考试二级 C 试题选择题第 6 题）

    A. 软件测试的目的是发现错误并改正错误

    B. 对被调试程序进行"错误定位"是程序调试的必要步骤

    C. 程序调试也成为 Debug

    D. 软件测试应严格执行测试计划，排除测试的随意性

2. 软件设计中划分模块的一个准则是（　　）。（2009 年 9 月全国计算机等级考试二级 C 试题选择题第 5 题）

    A. 低内聚、低耦合　　　　　　　　B. 高内聚、低耦合

    C. 低内聚、高耦合　　　　　　　　D. 高内聚、高耦合

3. 下列选项中不属于结构化程序设计原则的是（　　）。（2009 年 9 月全国计算机等级考试二级 C 试题选择题第 6 题）

    A. 可封装　　　　　　　　　　　　B. 自顶向下

    C. 模块化　　　　　　　　　　　　D. 逐步求精

4. 软件详细设计产生的图如下：

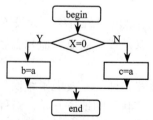

该图是（　　）。（2009 年 9 月全国计算机等级考试二级 C 试题选择题第 7 题）

    A. N−S 图　　　　　　　　　　　　B. PAD 图

    C. 程序流程　　　　　　　　　　　D. E−R 图

5. 软件按功能可以分为：应用软件、系统软件和支撑软件（或工具软件）。下面属于系统软件的是（　　）。（2010 年 3 月全国计算机等级考试二级 C 试题选择题第 3 题）

A．编辑软件　　　　　　　　B．操作系统

C．教务管理系统　　　　　　D．浏览器

6．软件（程序）调试的任务是（　　）。（2010年3月全国计算机等级考试二级C试题选择题第4题）

A．诊断和改正程序中的错误　　B．尽可能地发现程序中的错误

C．发现并改正程序中的所有错误　　D．确定程序中错误的性质

7．软件生命周期是指（　　）。（2010年9月全国计算机等级考试二级C试题选择题第5题）

A．软件产品从提出、实现、使用、维护到停止使用、退役的过程

B．软件从需求分析、设计、实现到测试完成的过程

C．软件的开发过程

D．软件的运行维护过程

8．下面描述中错误的是（　　）。（2011年3月全国计算机等级考试二级C试题选择题第6题）

A．系统总体结构图支持软件系统的详细设计

B．软件设计是将软件需求转换为软件表示的过程

C．数据结构与数据库设计是软件设计的任务之一

D．PAD图是软件详细设计的表示工具

9．软件按功能可以分为应用软件、系统软件和支撑软件（或工具软件）。下面属于应用软件的是（　　）。（2011年9月全国计算机等级考试二级C试题选择题第4题）

A．学生成绩管理系统　　　　B．C语言编译程序

C．UNIX操作系统　　　　　　D．数据库管理系统

10．软件测试可分为白盒测试和黑盒测试。基本路径测试属于_____测试。（2009年3月全国计算机等级考试二级C试题填空题第2题）

11．程序流程图中的菱形框表示的是_____。（2009年9月全国计算机等级考试二级C试题填空题第2题）

12．软件开发过程主要分为需求分析、设计、编码与测试四个阶段，其中_____阶段产生"软件需求规格说明书"。（2009年9月全国计算机等级考试二级C试题填空题第3题）

13．对软件设计的最小单位（模块或程序单元）进行的测试通常称为_____测试。（2011年3月全国计算机等级考试二级C试题填空题第3题）

14．常见的软件开发方法有结构化方法和面向对象方法，对某应用系统经过需求分析建立数据流图（DFD），则应采用_____方法。（2011年9月全国计算机等级考试二级C试题填空题第3题）

11.4　数据库设计基础

本节主要介绍以下几方面内容：①数据库的基本概念、数据库、数据库管理系统和数据库系统；②数据模型、实体联系模型、E—R图和从E—R图导出关系数据模型；③关系代数

运算（包括集合运算及选择、投影、连接运算）和数据库规范化理论；④数据库设计方法和步骤、需求分析、概念设计、逻辑设计和物理设计的相关策略。

11.4.1 数据库系统的基本概念

1. 数据库的基本概念

数据（Data）是数据库存储的基本对象，是描述事物的符号记录。

数据的特点：有一定的结构，有型与值之分，如整型、实型、字符型等。而数据的值给出了符合定型的值，如整型值 15。

数据库（DB）是长期储存在计算机内、有组织的、可共享的大量数据的集合。它具有统一的结构形式并存放于统一的存储介质内，是多种应用数据的集成，并可被各个应用程序所共享。数据库技术的根本目标是解决数据共享问题。

数据库管理系统是一种系统软件，它负责数据库中的数据组织、数据操纵、数据维护、控制及保护和数据服务等，是数据库的核心。数据库管理系统（DBMS）是数据库的管理机构，包含数据库和数据库管理系统。

例 11.25 数据库系统的核心是_____。（2009 年 3 月全国计算机等级考试二级 C 试题填空题第 4 题）

分析： 根据数据库的基本概念，数据库系统的核心是数据库管理系统，所以正确答案为数据库管理系统。

数据库管理系统的功能如下。

1）数据模式定义：即为数据库构建其数据框架。

2）数据存取的物理构建：为数据模式的物理存取与构建提供有效的存取方法与手段。

3）数据操纵：为用户使用数据库的数据提供方便，如查询、插入、修改、删除等以及简单的算术运算及统计。

4）数据的完整性、安全性定义与检查。

5）数据库的并发控制与故障恢复。

6）数据的服务：如复制、转存、重组、性能监测、分析等。

为完成数据库管理系统的功能，数据库管理系统提供相应的数据语言，具体如下。

1）数据定义语言（DDL）：负责数据模式定义和数据物理存取构建。

2）数据操纵语言（DML）：负责数据的操纵，如查询、增加、删除、修改等。

3）数据控制语言（DCL）：负责数据完整性，安全性的定义与检查以及并发控制，故障恢复等功能。

数据语言按使用方式可分为两个结构形式：交互式命令语言（自含型和自主型语言）和宿主型语言（一般可嵌入某些宿主语言中）。

例 11.26 数据库管理系统中负责数据模式定义的语言是（　　）。（2010 年 3 月全国计算机等级考试二级 C 试题选择题第 7 题）

A. 数据定义语言　B. 数据管理语言　C. 数据操纵语言 D. 数据控制语言

分析： 根据前文对数据语言的描述，负责数据模式定义的语言应该是数据定义语言，所以正确答案为 A。

数据库管理员（DBA）的工作：数据库设计、数据库维护、改善系统性能、提高系统效率。

数据库系统（DBS）是指在计算机系统中引入数据库后的系统，一般由数据库、数据库管理系统、应用系统、数据库管理员和用户构成。

数据库应用系统（DBAS）是由数据库系统、应用软件和应用界面这三者组成，具体包括：数据库、数据库管理系统、数据库管理员、硬件平台、软件平台、应用软件、应用界面。

2．数据管理的发展和基本特点

数据管理技术的发展经历了三个阶段：人工管理阶段、文件系统阶段和数据库系统阶段，数据独立性最高的阶段是数据库系统阶段。

人工管理阶段的特点：①计算机系统不提供对用户数据的管理功能；②数据不能共享；③不单独保存数据。

文件系统阶段的缺陷：①数据冗余；②不一致性；③数据联系弱。

数据库系统的发展阶段：第一代的网状、层次数据库系统；第二代的关系数据库系统；第三代的以面向对象模型为主要特征的数据库系统。目前应用最广泛的是关系数据库系统。

数据库系统的基本特点：①数据的高集成性；②数据的高共享性和低冗余性；③数据高独立性；④数据统一管理与控制。

数据独立性是数据与程序间的互不依赖性，即数据库中的数据独立于应用程序而不依赖于应用程序。

数据的独立性一般分为物理独立性与逻辑独立性两种。

1）物理独立性：当数据的物理结构（包括存储结构、存取方式等）改变时，其逻辑结构、应用程序都不用改变。

2）逻辑独立性：数据的逻辑结构改变了，如修改数据模式、增加新的数据类型、改变数据间联系等，用户的应用程序可以不变。

3．数据系统的内部结构体系

（1）数据库系统的三级模式

1）概念模式，也称逻辑模式，是对数据库系统中全局数据逻辑结构的描述，是全体用户公共数据视图。一个数据库只有一个概念模式。

2）外模式，也称子模式，它是数据库用户能够看见和使用的局部数据的逻辑结构和特征的描述，一个概念模式可以有若干个外模式。

3）内模式，又称物理模式，它给出了数据库物理存储结构与物理存取方法。一个数据库只有一个内模式。

内模式处于最底层，它反映了数据在计算机物理结构中的实际存储形式，概念模式处于中间层，它反映了设计者对数据的全局逻辑要求，而外模式处于最外层，它反映了用户对数据的要求。

（2）数据库系统的两级映射

两级映射保证了数据库系统中数据的独立性。

1）概念模式到内模式的映射。该映射给出了概念模式中数据的全局逻辑结构到数据的物理存储结构间的对应关系。

2）外模式到概念模式的映射。概念模式是一个全局模式，而外模式是用户的局部模式。一个概念模式中可以定义多个外模式，而每个外模式是概念模式的一个基本视图。

例 11.27 数据库设计中反映用户对数据要求的模式是（　　）。（2010年9月全国计算机等级考试二级C试题选择题第9题）

　　A．内模式　　　　　B．概念模式　　　　C．外模式　　　　D．设计模式

分析：外模式也称子模式，它是数据库用户能够看见和使用的局部数据的逻辑结构和特征的描述，所以正确答案为C。

11.4.2　数据模型

1．数据模型的基本概念

数据模型是数据特征的抽象，从抽象层次上描述了系统的静态特征、动态行为和约束条件，为数据库系统的信息表与操作提供一个抽象的框架，描述了数据结构、数据操作及数据约束。

数据模型应满足三方面要求：①能比较真实地模拟现实世界；②容易为人所理解；③便于在计算机上实现。

数据模型按不同的应用层次可分为以下三种。

1）概念数据模型：简称概念模型，是一种面向客观世界，面向用户的模型，不涉及具体的硬件环境和平台，也与具体的软件环境无关的模式，它是整个数据模型的基础。

2）逻辑数据模型：又称数据模型，它是一种面向数据库的模型，分为层次模型、网状模型、关系模型和面向对象模型，其中层次模型和网状模型统称为非关系模型。层次模型用树形结构表示实体之间联系的模型。

3）物理数据模型：又称物理模型，它是一种面向计算机物理表示的模型。

2．E—R 模型

（1）E—R 模型的基本概念

1）实体：现实世界中的事物可以抽象成为实体，实体是概念世界中的基本单位，它们是客观存在的且又能相互区别的事物。

2）属性：现实世界中的事物均有一些特性，这些特性可以用属性来表示。

3）码：唯一标志实体的属性集称为码。

4）域：属性的取值范围称为该属性的域。

5）联系：在现实世界中事物间的关联称为联系。

两个实体集间的联系实际上是实体集间的函数关系，这种函数关系可以有下面几种：一对一的联系、一对多或多对一联系、多对多联系。

例 11.28 一个工作人员可以使用多台计算机，而一台计算机可被多个人使用，则实体工作人员与实体计算机之间的联系是（　　）。（2010年9月全国计算机等级考试二级C试题选择题第8题）

　　A．一对一　　　　　　　　　　　　B．一对多

C. 多对多　　　　　　　　　　　　D. 多对一

分析：实体之间的联系分为一对一的联系、一对多或多对一联系、多对多联系三种情况。如一个班级只有一个班长，这个班长只担任本班的班长职务，则班级和班长之间是一对一的联系；一个总经理管理多个员工，而这多个员工只有这一个总经理，所以总经理和员工之间是一对多的联系；而本题中一个工作人员可以使用多台计算机，一台计算机又可被多个人使用，则实体工作人员与计算机之间的联系是多对多的联系。所以正确答案为 C。

（2）E—R 模型的图示法

E—R 模型用 E—R 图来表示，E—R 图包含了表示实体集、属性和联系的方法。

1）实体的表示：用矩形表示实体集，在矩形内写上该实体集的名字。

2）属性的表示：用椭圆形表示属性，在椭圆形内写上该属性的名称。

3）联系的表示：用菱形表示联系，菱形内写上联系名。

例 11.29　在 E—R 图中，用来表示实体联系的图形是（　　）。（2009 年 9 月全国计算机等级考试二级 C 试题选择题第 9 题）

A. 椭圆形　　　　B. 矩形　　　　C. 菱形　　　　D. 三角形

分析：在 E—R 图中，椭圆形表示树形，矩形表示实体，菱形表示联系，没有三角形。所以正确答案为 C。

3. 层次模型和网状模型

层次模型是有根的定向有序树，是数据库系统中最早出现的数据模型。网状模型对应的是有向图。

层次模型和网状模型各自应满足的条件。

层次模型：①有且只有一个节点没有双亲节点，这个节点称为根节点；②根以外的其他节点有且只有一个双亲节点。

网状模型：①允许一个以上的节点无双亲；②一个节点可以有多于一个的双亲。

4. 关系模型及相关概念

关系模式采用二维表来表示，由关系数据结构、关系操纵和关系完整性约束三部分组成，在关系数据库中，用来表示实体间联系的是关系。

1）关系：一个关系对应一张二维表。一个关系就是一个二维表，但是一个二维表不一定是一个关系。

2）元组：表中的一行即为一个元组。

3）属性：表中的一列即为一个属性，给每一个属性起一个名称即属性名。

4）分量：元组中的一个属性值，是不可分割的基本数据项。

5）域：属性的取值范围。

在二维表中惟一标志元组的最小属性值称为该表的键或码。二维表中可能有若干个键，它们称为表的候选码或候选键。从二维表的所有候选键中选取一个作为用户使用的键，称为主键或主码。表 A 中的某属性集是某表 B 的键，则称该属性值为 A 的外键或外码。

6）关系操纵：包括数据查询、数据的删除、数据插入、数据修改。

关系模型允许定义三类数据约束，即实体完整性约束、参照完整性约束以及用户定义的完整性约束。其中实体完整性约束、参照完整性约束必须满足完整性约束条件。参照完整性约束不允许关系应用不存在的元组。实体完整性约束要求关系的主键中属性值不能为空，这是数据库完整性的最基本要求。

例 11.30 层次型、网状型和关系型数据库的划分原则是（   ）。（2010 年 9 月全国计算机等级考试二级 C 试题选择题第 7 题）

A. 记录长度 　　　　　　　　　　　B. 文件的大小

C. 联系的复杂程度 　　　　　　　　D. 数据之间的联系方式

分析： 层次型、网状型和关系型数据库划分是根据三种数据库采用什么样的数据结构，层次数据库采用的是树形结构，网状数据库采用的是图型结构，关系数据库则对应的是关系，即二维表。这些都表示了数据之间的联系方式，所以正确答案为 D。

11.4.3 关系代数

关系代数是一种抽象的查询语言，关系代数的运算对象是关系，运算结果也是关系。运算对象、运算符和运算结果是运算的三大要素。运算符包括集合运算符、专门的运算符、算术比较符和逻辑运算符。

关系模型的基本运算包括插入、删除、修改、查询（包括投影、选择、笛卡尔积运算）以及扩充运算交、除、连接及自然连接运算。

关系代数的五个基本操作中，并、差、交、笛卡尔积是二目运算。

设关系 R 和 S 具有相同的关系模式。

1）并。R 和 S 的并是由属于 R 或属于 S 的所有元组构成的集合。

2）差。R 和 S 的差是由属于 R 但是不属于 S 的元组构成的集合。

3）笛卡尔积。设 R 和 S 的元数分别为 r 和 s，R 和 S 的笛卡尔积是一个（r+s）元的元组集合，每个元组的前 r 个分量来自 R 的一个元组，后 s 个分量来自 S 的一个元组。运算后得到的新表的元组数是 R*S，属性是 r+s。

4）交。R 和 S 的交是由属于 R 又属于 S 的元组构成的集合。

5）投影。一元运算，对一个关系进行垂直切割，消去某些列，并重新按排列的顺序。

6）选择。一元运算，根据某些条件对关系进行水平分割，即选择符合条件的元组。

7）除。给定关系 R（X，Y）和 S（Y，Z），其中 X，Y，Z 是属性组，R 中的 Y 和 S 中的 Y 可以有不同的属性名，但必须出自相同的域集。

8）连接。也称 θ 连接运算，是一种二元运算，它的操作是从两个关系的笛卡尔积中选取属性间满足一定条件的元组，以合并成一个大关系。连接运算包括等值连接和不等值连接。连接运算后得到的新表的属性是运算前表中属性相加，即多于原来关系中属性的个数。

9）自然连接。自然连接满足的条件是：①两关系间有公共域；②通过公共域的相等值进行连接。

例 11.31 有三个关系 R、S 和 T 如图 11-15 所示：

	R				S				T		
A	B	C		A	B	C		A	B	C	
a	1	2		d	3	2		a	1	2	
b	2	1						b	2	1	
c	3	1						c	3	1	
								d	3	2	

图 11-15 R、S 和 T 的关系图

其中关系 T 由关系 R 和 S 通过某种操作得到,该操作为( )。(2009 年 9 月全国计算机等级考试二级 C 试题选择题第 10 题)

A. 选择　　　　　　B. 投影　　　　　　C. 交　　　　　　D. 并

分析:关系的运算是二级考试中的重点。关系的运算分为传统的关系运算和专门的关系运算。传统的关系运算包括并、交、差、笛卡尔积,专门的关系运算包括选择、投影、连接和除。本题中 T 中的元素是由 R 和 S 中的元素组成的,所以应该是并运算,故正确答案为 D。

11.4.4 数据库设计与管理

数据库设计中有两种方法,面向数据的方法和面向过程的方法。

面向数据的方法是以信息需求为主,兼顾处理需求;面向过程的方法是以处理需求为主,兼顾信息需求。由于数据在系统中稳定性高,数据已成为系统的核心,因此面向数据的设计方法已成为主流。

数据库设计目前一般采用生命周期法,即将整个数据库应用系统的开发分解成目标独立的若干阶段:需求分析阶段、概念设计阶段、逻辑设计阶段、物理设计阶段。

一个低一级范式的关系模式,通过模式分解可以转化为若干个高一级范式的关系模式的集合,这种过程就叫规范化。

概念结构设计是将需求分析阶段得到的用户需求抽象为信息结构,即概念模型的过程,它是整个数据库设计的关键。

逻辑结构设计的任务是将 E—R 图转换成关系数据模型的过程。

数据库的物理结构是指数据库在物理设备上的存储结构和存取方法,它依赖于给定的计算机系统。

例 11.32 数据库设计中,用 E—R 图来描述信息结构但不涉及信息在计算机中的表示,它属于数据库设计的( )。(2010 年 3 月全国计算机等级考试二级 C 试题选择题第 9 题)

A. 需求分析阶段　　B. 逻辑设计阶段　　C. 概念设计阶段　　D. 物理设计阶段

分析:数据库的需求分析阶段得到的是数据流图和数据字典,概念结构设计阶段得到的是 E—R 图,逻辑结构设计的任务是将 E—R 图转换成关系数据模型,物理设计阶段则设计数据库在物理设备上的存储结构和存取方法,所以正确答案为 C。

常用的存取方法:索引方法、聚簇方法和 HASH 方法。

数据库管理的内容包括以下几方面。

1)数据库的建立,它是数据库管理的核心,包括数据模式的建立和数据加载。

2)数据库的重组。

3）数据库安全性控制。

4）数据库的完整性控制，数据库的完整性是指数据的正确性和相容性。

5）数据库的故障恢复。

6）数据库监控。

11.4.5 习题

1. 数据库应用系统中的核心问题是_____。（2009 年 3 月全国计算机等级考试二级 C 试题选择题第 8 题）

    A. 数据库设计   B. 数据库系统设计

    C. 数据库维护   D. 数据库管理员培训

2. 有两个关系 R 和 S 如下：

	R				S	
A	B	C		A	B	
a	3	2		a	3	
b	0	1		b	0	
c	2	1		c	2	

由关系 R 通过运算得到关系 S，则所使用的运算为（　　　　）。（2009 年 3 月全国计算机等级考试二级 C 试题选择题第 9 题）

    A. 选择   B. 投影   C. 插入   D. 连接

3. 将 E—R 图转换为关系模式时，实体和联系都可以表示为（　　　　）。（2009 年 3 月全国计算机等级考试二级 C 试题选择题第 10 题）

    A. 属性   B. 键   C. 关系   D. 域

4. 数据库管理系统是（　　　　）。（2009 年 9 月全国计算机等级考试二级 C 试题选择题第 8 题）

    A. 操作系统的一部分   B. 在操作系统支持下的系统软件

    C. 一种编译系统   D. 一种操作系统

5. 在学生管理的关系数据库中，存取一个学生信息的数据单位是（　　　　）。（2010 年 3 月全国计算机等级考试二级 C 试题选择题第 8 题）

    A. 文件   B. 数据库   C. 字段   D. 记录

6. 有两个关系 R 和 T 如下：

	R				T	
A	B	C		A	B	C
a	1	2		c	3	2
b	2	2		d	3	2
c	3	2				
d	3	2				

则由关系 K 得到关系 T 的操作是（　　　　）。（2010 年 3 月全国计算机等级考试二级 C 试题选择题第 10 题）

　　A. 选择　　　　　B. 投影　　　　　　C. 交　　　　　D. 并

7. 负责数据库中查询操作的数据库语言是（　　　　）。（2011 年 3 月全国计算机等级考试二级 C 试题选择题第 7 题）

　　A. 数据定义语言　　　　　　　　B. 数据管理语言
　　C. 数据操纵语言　　　　　　　　D. 数据控制语言

8. 一个教师可讲授多门课程，一门课程可由多个教师讲授，则实体教师和课程间的联系是（　　　）。（2011 年 3 月全国计算机等级考试二级 C 试题选择题第 8 题）

　　A. 1:1 联系　　　B. 1:m 联系　　　C. m:1 联系　　　D. m:n 联系

9. 有三个关系 R、S 和 T 如下：

R				S			T
A	B	C		A	B		C
a	1	2		c	3		1
b	2	1					
c	3	1					

则由关系 R 和 S 得到关系 T 的操作是（　　　　）。（2011 年 3 月全国计算机等级考试二级 C 试题选择题第 9 题）

　　A. 自然连接　　　　B. 交　　　　　C. 除　　　　　D. 并

10. 下列关于数据库设计的叙述中，正确的是（　　　　）。（2011 年 9 月全国计算机等级考试二级 C 试题选择题第 7 题）

　　A. 在需求分析阶段建立数据字典　　B. 在概念设计阶段建立数据字典
　　C. 在逻辑设计阶段建立数据字典　　D. 在物理设计阶段建立数据字典

11. 数据库系统的三级模式不包括（　　　　）。（2011 年 9 月全国计算机等级考试二级 C 试题选择题第 8 题）

　　A. 概念模式　　　B. 内模式　　　　C. 外模式　　　D. 数据模式

12. 有三个关系 R、S 和 T 如下：

R				S				T		
A	B	C		A	B	C		A	B	C
a	1	2		a	1	2		c	3	1
b	2	1		b	2	1				
c	3	1								

则由关系 R 和 S 得到关系 T 的操作是（　　　　　）。（2011 年 9 月全国计算机等级考试二级 C 试题选择题第 9 题）

　　A. 自然连接　　　　B. 差　　　　　C. 交　　　　　D. 并

13. 在 E—R 图中，图形包括矩形框、菱形框、椭圆框。其中表示实体联系的是＿＿＿＿框。（2009 年 3 月全国计算机等级考试二级 C 试题填空题第 5 题）

14. 在数据库技术中，实体集之间的联系可以是一对一、一对多或多对多的，那么"学生"

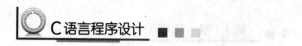

和"可选课程"的联系为_____。（2009年9月全国计算机等级考试二级C试题填空题第4题）

15. 人员基本信息一般包括身份证号、姓名、性别、年龄等。其中可以作为主关键字的是_____。（2009年9月全国计算机等级考试二级C试题填空题第5题）

16. 有一个学生选课的关系，其中学生的关系模式为：学生（学号，姓名，班级，年龄），课程的关系模式为：课程（课号，课程名，学时），其中两个关系模式的键分别是学号和课号，则关系模式选课可定义为：选课（学号，_____，成绩）。（2010年3月全国计算机等级考试二级C试题填空题第5题）

17. 数据库设计的四个阶段是：需求分析、概念设计、逻辑设计和_____。（2010年9月全国计算机等级考试二级C试题填空题第5题）

18. 实体完整性约束要求关系数据库中元组的_____属性值不能为空。（2011年3月全国计算机等级考试二级C试题填空题第4题）

19. 在关系A（S，SN，D）和关系B（D，CN，NM）中，A的主关键字是S，B的主关键字是D，则称_____是关系A的外码。（2011年3月全国计算机等级考试二级C试题填空题第5题）

20. 数据库系统的核心是_____。（2011年9月全国计算机等级考试二级C试题填空题第4题）

21. 在进行关系数据库的逻辑设计时，E—R图中的属性常被转换为关系中的属性，联系通常被转换为_____。（2011年9月全国计算机等级考试二级C试题填空题第5题）

附　　录

附录1　常用字符与ASCII代码对照表

ASCII值	字符	控制字符	ASCII值	字符	ASCII值	字符	ASCII值	字符	ASCII值	字符	ASCII值	字符	ASCII值	字符	ASCII值	字符
000	null	NUL	032	space	064	@	096	'	128	Ç	160	á	192	└	224	α
001	☺	SOH	033	!	065	A	097	a	129	Ü	161	í	193	┴	225	β
002	☻	STX	034	"	066	B	098	b	130	é	162	ó	194	┬	226	Γ
003	♥	ETX	035	#	067	C	099	c	131	â	163	ú	195	├	227	π
004	♦	EOT	036	$	068	D	100	d	132	ä	164	ñ	196	─	228	Σ
005	♣	END	037	%	069	E	101	e	133	à	165	Ñ	197	┼	229	σ
006	♠	ACK	038	&	070	F	102	f	134	å	166	ª	198	╞	230	μ
007	beep	BEL	039	'	071	G	103	g	135	ç	167	º	199	╟	231	τ
008	backspace	BS	040	(	072	H	104	h	136	ê	168	¿	200	╚	232	Φ
009	tab	HT	041	)	073	I	105	i	137	ë	169	⌐	201	╔	233	θ
010	换行	LF	042	*	074	J	106	j	138	è	170	¬	202	╩	234	Ω
011	♂	VT	043	+	075	K	107	k	139	ï	171	½	203	╦	235	δ
012	♀	FF	044	,	076	L	108	l	140	î	172	¼	204	╠	236	∞
013	回车	CR	045	–	077	M	109	m	141	ì	173	¡	205	═	237	ø
014	♫	SO	046	.	078	N	110	n	142	Ä	174	«	206	╬	238	∈
015	☼	SI	047	/	079	O	111	o	143	Å	175	»	207	╧	239	∩
016	►	DLE	048	0	080	P	112	p	144	É	176	░	208	╨	240	≡
017	◄	DC1	049	1	081	Q	113	q	145	æ	177	▒	209	╤	241	±
018	↕	DC2	050	2	082	R	114	r	146	Æ	178	▓	210	╥	242	≥
019	‼	DC3	051	3	083	S	115	s	147	ô	179	│	211	╙	243	≤
020	¶	DC4	052	4	084	T	116	t	148	ö	180	┤	212	╘	244	⌠
021	§	NAK	053	5	085	U	117	u	149	ò	181	╡	213	╒	245	⌡
022	▬	SYN	054	6	086	V	118	v	150	û	182	╢	214	╓	246	÷
023	↨	ETB	055	7	087	W	119	w	151	ù	183	╖	215	╫	247	≈
024	↑	CAN	056	8	088	X	120	x	152	ÿ	184	╕	216	╪	248	°
025	↓	EM	057	9	089	Y	121	y	153	Ö	185	╣	217	┘	249	•
026	→	SUB	058	:	090	Z	122	z	154	Ü	186	║	218	┌	250	·
027	←	ESC	059	;	091	[	123	{	155	¢	187	╗	219	█	251	√
028	∟	FS	060	<	092	\	124	¦	156	£	188	╝	220	▄	252	ⁿ
029	↔	GS	061	=	093	]	125	}	157	¥	189	╜	221	▌	253	²
030	▲	RS	062	>	094	∧	126	~	158	Pₜ	190	╛	222	▐	254	■
031	▼	US	063	?	095	—	127	⌂	159	ƒ	191	┐	223	▀	255	Blank'FF'

注：表中000～127是标准的，128～255是IBM-PC（长城0520）上专用的。

附录2　C语言中的关键字

auto	break	case	char
const	continue	default	do
double	else	enum	extern
float	for	goto	if
int	long	register	return
short	signed	sizeof	static
struct	switch	typedef	union
unsigned	void	volatile	while

附录3　运算符优先级与结合性

优先级	运算符	名称或含义	使用形式	结合方向	说明
1	[]	下标运算符	数组名[常量表达式]	自左到右	
	()	圆括号	（表达式）/函数名（形参表）		
	.	结构体成员运算符	对象.成员名		
	->	指向结构体成员运算符	对象指针→成员名		
2	-	负号运算符	-表达式	自右到左	单目运算符
	（类型）	强制类型转换	（数据类型）表达式		
	++	自增运算符	++变量名/变量名++		单目运算符
	--	自减运算符	--变量名/变量名--		单目运算符
	*	指针运算符	*指针变量		单目运算符
	&	取地址运算符	&变量名		单目运算符
	!	逻辑非运算符	!表达式		单目运算符
	~	按位取反运算符	~表达式		单目运算符
	sizeof	长度运算符	sizeof（表达式）		单目运算符
3	/	除	表达式/表达式	自左到右	双目运算符
	*	乘	表达式*表达式		双目运算符
	%	余数（取模）	整型表达式/整型表达式		双目运算符
4	+	加	表达式+表达式	自左到右	双目运算符
	-	减	表达式-表达式		双目运算符
5	<<	左运算符	变量<<表达式	自左到右	双目运算符
	>>	右运算符	变量>>表达式		双目运算符

优 先 级	运 算 符	名称或含义	使 用 形 式	结 合 方 向	说 明
6	>	大于	表达式>表达式	自左到右	双目运算符
	>=	大于等于	表达式>=表达式		双目运算符
	<	小于	表达式<表达式		双目运算符
	<=	小于等于	表达式<=表达式		双目运算符
7	==	等于	表达式==表达式	自左到右	双目运算符
	!=	不等于	表达式!= 表达式		双目运算符
8	&	按位与	表达式&表达式	自左到右	双目运算符
9	∧	按位异或	表达式∧表达式	自左到右	双目运算符
10	|	按位或	表达式|表达式	自左到右	双目运算符
11	&&	逻辑与	表达式&&表达式	自左到右	双目运算符
12	||	逻辑或	表达式||表达式	自左到右	双目运算符
13	?:	条件运算符	表达式1? 表达式2:表达式3	自右到左	三目运算符
14	=	赋值运算符	变量=表达式	自右到左	双目运算符
	/=	除后赋值	变量/=表达式		双目运算符
	*=	乘后赋值	变量*=表达式		双目运算符
	%=	取模后赋值	变量%=表达式		双目运算符
	+=	加后赋值	变量+=表达式		双目运算符
	-=	减后赋值	变量-=表达式		双目运算符
	<<=	左移后赋值	变量<<=表达式		双目运算符
	>>=	右移后赋值	变量>>=表达式		双目运算符
	&=	按位与后赋值	变量&=表达式		双目运算符
	^=	按位异或后赋值	变量^=表达式		双目运算符
	|=	按位或后赋值	变量|=表达式		双目运算符
15	,	逗号运算符	表达式,表达式,...	自左到右	

附录4 C语言常用的库函数

　　库函数并不是C语言的一部分，它是由编译系统根据一般用户的需要编制并提供给用户使用的一组程序。每一种C语言编译系统都提供了一批库函数，不同的编译系统所提供的库函数的数目和函数名以及函数功能是不完全相同的。ANSI C 标准提出了一批建议提供的标准库函数。它包括了目前多数C语言编译系统所提供的库函数，但也有一些是某些C语言编

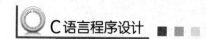

译系统未曾实现的。考虑到通用性，本附录列出 ANSI C 建议的常用库函数。

由于 C 库函数的种类和数目很多，例如屏幕和图形函数、时间日期函数、与系统有关的函数等，每一类函数又包括各种功能的函数，限于篇幅，本附录不能全部介绍，只从教学需要的角度列出最基本的。读者在编写 C 程序时可根据需要查阅有关系统的函数使用手册。

1. 数学函数

使用数学函数时，应该在源文件中使用预编译命令：

#include <math.h>或#include "math.h"

函 数 名	函 数 原 型	功 能	返 回 值
acos	double acos(double x);	计算 arccos x 的值，其中-1≤x≤1	计算结果
asin	double asin(double x);	计算 arcsin x 的值，其中-1≤x≤1	计算结果
atan	double atan(double x);	计算 arctan x 的值	计算结果
atan2	double atan2(double x, double y);	计算 arctan x/y 的值	计算结果
cos	double cos(double x);	计算 cos x 的值，其中 x 的单位为弧度	计算结果
cosh	double cosh(double x);	计算 x 的双曲余弦 cosh x 的值	计算结果
exp	double exp(double x);	求 e^x 的值	计算结果
fabs	double fabs(double x);	求 x 的绝对值	计算结果
floor	double floor(double x);	求出不大于 x 的最大整数	该整数的双精度实数
fmod	double fmod(double x, double y);	求整除 x/y 的余数	返回余数的双精度实数
frexp	double frexp(double val, int *eptr);	把双精度数 val 分解成数字部分（尾数）和以 2 为底的指数，即 val=$x*2^n$, n 存放在 eptr 指向的变量中	数字部分 x $0.5<=x<1$
log	double log(double x);	求 ln$x$ 的值	计算结果
log10	double log10(double x);	求 $\log_{10}x$ 的值	计算结果
modf	double modf(double val, int *iptr);	把双精度数 val 分解成数字部分和小数部分，把整数部分存放在 ptr 指向的变量中	val 的小数部分
pow	double pow(double x, double y);	求 x^y 的值	计算结果
sin	double sin(double x);	求 sin x 的值，其中 x 的单位为弧度	计算结果
sinh	double sinh(double x);	计算 x 的双曲正弦函数 sinh x 的值	计算结果
sqrt	double sqrt (double x);	计算 $\sqrt{x}$，其中 x≥0	计算结果
tan	double tan(double x);	计算 tan x 的值，其中 x 的单位为弧度	计算结果
tanh	double tanh(double x);	计算 x 的双曲正切函数 tanh x 的值	计算结果

2. 字符函数

在使用字符函数时，应该在源文件中使用预编译命令：

#include <ctype.h>或#include "ctype.h"

函 数 名	函 数 原 型	功 能	返 回 值
isalnum	int isalnum(int ch);	检查 ch 是否是字母或数字	是字母或数字返回 1，否则返回 0
isalpha	int isalpha(int ch);	检查 ch 是否是字母	是字母返回 1，否则返回 0
iscntrl	int iscntrl(int ch);	检查 ch 是否是控制字符（其 ASCII 码在 0 和 0xlF 之间）	是控制字符返回 1，否则返回 0
isdigit	int isdigit(int ch);	检查 ch 是否是数字	是数字返回 1，否则返回 0
isgraph	int isgraph(int ch);	检查 ch 是否是可打印字符（其 ASCII 码在 0x21 和 0x7e 之间），不包括空格	是可打印字符返回 1，否则返回 0
islower	int islower(int ch);	检查 ch 是否是小写字母（a～z）	是小写字母返回 1，否则返回 0
isprint	int isprint(int ch);	检查 ch 是否是可打印字符（其 ASCII 码在 0x21 和 0x7e 之间），不包括空格	是可打印字符返回 1，否则返回 0
ispunct	int ispunct(int ch);	检查 ch 是否是标点字符（不包括空格）即除字母、数字和空格以外的所有可打印字符	是标点返回 1，否则返回 0
isspace	int isspace(int ch);	检查 ch 是否是空格、跳格符（制表符）或换行符	是，返回 1，否则返回 0
isupper	int isupper(int ch);	检查 ch 是否是大写字母（A～Z）	是大写字母返回 1，否则返回 0
isxdigit	int isxdigit(int ch);	检查 ch 是否是一个 16 进制数字（即 0～9，或 A 到 F，a～f）	是，返回 1，否则返回 0
tolower	int tolower(int ch);	将 ch 字符转换为小写字母	返回 ch 对应的小写字母
toupper	int toupper(int ch);	将 ch 字符转换为大写字母	返回 ch 对应的大写字母

3．字符串函数

使用字符串中函数时，应该在源文件中使用预编译命令：

#include <string.h>或#include "string.h"

函 数 名	函 数 原 型	功 能	返 回 值
memchr	void memchr(void *buf, char ch, unsigned count);	在 buf 的前 count 个字符里搜索字符 ch 首次出现的位置	返回指向 buf 中 ch 的第一次出现的位置指针。若没有找到 ch，返回 NULL
memcmp	int memcmp(void *buf1, void *buf2, unsigned count);	按字典顺序比较由 buf1 和 buf2 指向的数组的前 count 个字符	buf1<buf2，为负数 buf1=buf2，返回 0 buf1>buf2，为正数
memcpy	void *memcpy(void *to, void *from, unsigned count);	将 from 指向的数组中的前 count 个字符复制到 to 指向的数组中。from 和 to 指向的数组不允许重叠	返回指向 to 的指针
memove	void *memove(void *to, void *from, unsigned count);	将 from 指向的数组中的前 count 个字符复制到 to 指向的数组中。from 和 to 指向的数组不允许重叠	返回指向 to 的指针
memset	void *memset(void *buf, char ch, unsigned count);	将字符 ch 复制到 buf 指向的数组前 count 个字符中。	返回 buf
strcat	char *strcat(char *str1, char *str2);	把字符串 str2 接到 str1 后面，取消原来 str1 最后面的串结束符' \0'	返回 str1

函 数 名	函 数 原 型	功 能	返 回 值
strchr	char *strchr(char *str,int ch);	找出 str 指向的字符串中第一次出现字符 ch 的位置	返回指向该位置的指针，如找不到，则应返回 NULL
strcmp	int *strcmp(char *str1, char *str2);	比较字符串 str1 和 str2	若 str1<str2，返回负数 若 str1=str2，返回 0 若 str1>str2，返回正数
strcpy	char *strcpy(char *str1, char *str2);	把 str2 指向的字符串复制到 str1 中去	返回 str1
strlen	unsigned intstrlen(char *str);	统计字符串 str 中字符的个数（不包括终止符'\0'）	返回字符个数
strncat	char *strncat(char *str1, char *str2, unsigned count);	把字符串 str2 指向的字符串中最多 count 个字符连到串 str1 后面，并以 NULL 结尾	返回 str1
strncmp	int strncmp(char *str1,*str2, unsigned count);	比较字符串 str1 和 str2 中最多前 count 个字符	若 str1<str2，为负数 若 str1=str2，返回 0 若 str1>str2，为正数
strncpy	char *strncpy(char *str1,*str2, unsigned count);	把 str2 指向的字符串中最多前 count 个字符复制到串 str1 中去	返回 str1
strnset	void *setnset(char *buf, char ch, unsigned count);	将字符 ch 复制到 buf 指向的数组前 count 个字符中	返回 buf
strset	void *setset(void *buf, char ch);	将 buf 所指向的字符串中的全部字符都变为字符 ch	返回 buf
strstr	char *strstr(char *str1,*str2);	寻找 str2 指向的字符串在 str1 指向的字符串中首次出现的位置	返回 str2 指向的字符串首次出向的地址。否则返回 NULL

4. 输入输出函数

在使用输入输出函数时，应该在源文件中使用预编译命令：

#include <stdio.h>或#include "stdio.h"

函 数 名	函 数 原 型	功 能	返 回 值
clearerr	void clearer(FILE *fp);	使 fp 所指文件的错误，标志和文件结束标志置 0	无
close	int close(int fp);	关闭文件（非 ANSI C 标准）	关闭成功返回 0，不成功返回-1
creat	int creat(char *filename, int mode);	以 mode 所指定的方式建立文件（非 ANSI C 标准）	成功返回正数，否则返回-1
eof	int eof(int fp);	判断 fp 所指的文件是否结束（非 ANSI C 标准）	文件结束返回 1，否则返回 0
fclose	int fclose(FILE *fp);	关闭 fp 所指的文件，释放文件缓冲区	关闭成功返回 0，不成功返回非 0
feof	int feof(FILE *fp);	检查文件是否结束	文件结束返回非 0，否则返回 0
ferror	int ferror(FILE *fp);	测试 fp 所指的文件是否有错误	无错返回 0，否则返回非 0
fflush	int fflush(FILE *fp);	将 fp 所指的文件的全部控制信息和数据存盘	存盘正确返回 0，否则返回非 0

续表

函 数 名	函 数 原 型	功　　能	返　回　值
fgets	char *fgets(char *buf, int n, FILE *fp);	从 fp 所指的文件读取一个长度为（n-1）的字符串，存入起始地址为 buf 的空间	返回地址 buf。若遇文件结束或出错则返回 NULL
fgetc	int fgetc(FILE *fp);	从 fp 所指的文件中取得下一个字符	返回所得到的字符。出错返回 EOF
fopen	FILE *fopen(char *filename, char *mode);	以 mode 指定的方式打开名为 filename 的文件	成功，则返回一个文件指针，否则返回 0
fprintf	int fprintf(FILE *fp, char *format,args,…);	把 args 的值以 format 指定的格式输出到 fp 所指的文件中	实际输出的字符数
fputc	int fputc(char ch, FILE *fp);	将字符 ch 输出到 fp 所指的文件中	成功则返回该字符，出错返回非 0
fputs	int fputs(char str, FILE *fp);	将 str 指定的字符串输出到 fp 所指的文件中	成功则返回 0，出错返回非 O
fread	int fread(char *pt, unsigned size, unsigned n, FILE *fp);	从 fp 所指定文件中读取长度为 size 的 n 个数据项，存到 pt 所指向的内存区	返回所读的数据项个数，若文件结束或出错返回 0
fscanf	int fscanf(FILE *fp, char *format,args,…);	从 fp 指定的文件中按给定的 format 格式将读入的数据送到 args 所指向的内存变量中（args 是指针）	已输入的数据个数
fseek	int fseek(FILE *fp, long offset, int base);	将 fp 指定的文件的位置指针移到从 base 所指出的位置为基准、以 offset 为位移量的位置	返回当前位置，否则返回-1
ftell	long ftell(FILE *fp);	返回 fp 所指定的文件中的读写位置	返回文件中的读写位置，否则返回 0
fwrite	int fwrite(char *ptr, unsigned size, unsigned n, FILE *fp);	把 ptr 所指向的n*size 个字节输出到 fp 所指向的文件中	写到 fp 文件中的数据项的个数
getc	int getc(FILE *fp);	从 fp 所指向的文件中读出下一个字符	返回读出的字符，若文件出错或结束返回 EOF
getchar	int getchar();	从标准输入设备中读取下一个字符	返回字符，若文件出错或结束返回-1
gets	char *gets(char *str);	从标准输入设备中读取字符串，存入 str 指向的数组	成功返回 str，否则返回 NULL
open	int open(char *filename, int mode);	以 mode 指定的方式打开已存在的名为 filename 的文件（非 ANSI C 标准）	返回文件号（正数），如打开失败返回-1
printf	int printf(char *format,args,…);	在 format 指定的字符串的控制下，将输出列表 args 的值输出到标准设备	输出字符的个数。若出错返回负数
prtc	int prtc(int ch, FILE *fp);	把一个字符 ch 输出到 fp 所指的文件中	输出字符 ch，若出错返回 EOF
putchar	int putchar(char ch);	把字符 ch 输出到 fp 标准输出设备	返回换行符，若失败返回 EOF
puts	int puts(char *str);	把 str 指向的字符串输出到标准输出设备，将'\0'转换为回车行	返回换行符，若失败返回 EOF

续表

函　数　名	函　数　原　型	功　　能	返　回　值
putw	int putw(int w, FILE *fp);	将一个整数 w（即一个字）写到 fp 所指的文件中（非 ANSI C 标准）	返回读出的字符，若文件出错或结束返回 EOF
read	int read(int fd, char *buf, unsigned count);	从文件号 fp 所指定文件中读 count 个字节到由 buf 知识的缓冲区（非 ANSI C 标准）	返回真正读出的字节个数，如文件结束返回 0，出错返回-1
remove	int remove(char *fname);	删除以 fname 为文件名的文件	成功返回 0，出错返回-1
rename	int remove(char *oname, char *nname);	把 oname 所指的文件名改为由 nname 所指的文件名	成功返回 0，出错返回-1
rewind	void rewind(FILE *fp);	将 fp 指定的文件指针置于文件头，并清除文件结束标志和错误标志	无
scanf	int scanf(char *format,args,…);	从标准输入设备按 format 指示的格式字符串规定的格式，输入数据给 args 所指示的单元。args 为指针	读入并赋给 args 数据个数。如文件结束返回 EOF，若出错返回 0
write	int write(int fd, char *buf, unsigned count);	从 buf 指示的缓冲区输出 count 个字符到 fd 所指的文件中（非 ANSI C 标准）	返回实际写入的字节数，如出错返回-1

5．动态存储分配函数

在使用动态存储分配函数时，应该在源文件中使用预编译命令：

#include <stdlib.h>或#include "stdlib.h"

函　数　名	函　数　原　型	功　　能	返　回　值
callloc	void *calloc(unsigned n, unsigned size);	分配n个数据项的内存连续空间，每个数据项的大小为 size	分配内存单元的起始地址。如不成功，返回 0
free	void free(void *p);	释放 p 所指的内存区	无
malloc	void *malloc(unsigned size);	分配 size 字节的内存区	所分配的内存区地址，如内存不够，返回 0
realloc	void *realloc(void *p, unsigned size);	将 p 所指的以分配的内存区的大小改为 size。size 可以比原来分配的空间大或小	返回指向该内存区的指针。若重新分配失败，返回 NULL

6．其他函数

有些函数由于不便归入某一类，所以单独列出。使用这些函数时，应该在源文件中使用预编译命令：

#include <stdlib.h>或#include "stdlib.h"

函　数　名	函　数　原　型	功　　能	返　回　值
abs	int abs(int num);	计算整数 num 的绝对值	返回计算结果
atof	double atof(char *str);	将 str 指向的字符串转换为一个 double 型的值	返回双精度计算结果
atoi	int atoi(char *str);	将 str 指向的字符串转换为一个 int 型的值	返回转换结果

参 考 文 献

[1] 田淑清. 全国计算机等级考试二级教程——C语言程序设计（2011年版）[M]. 北京：高等教育出版社，2010.

[2] 全国计算机等级考试命题研究组. 全国计算机等级考试历年真题必练（笔试+上机）——二级C语言[M]. 2版. 北京：北京邮电大学出版社，2012.

[3] 谭浩强. C程序设计[M]. 4版. 北京：清华大学出版社，2010.

[4] 霍顿. C语言入门经典[M]. 北京：清华大学出版社，2008.

[5] 明日科技. C语言函数参考手册（C语言学习路线图）[M]. 北京：清华大学出版社，2012.

[6] 朱鸣华，刘旭麟，杨微. C语言程序设计教程[M]. 北京：机械工业出版社，2011.

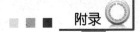

续表

函 数 名	函 数 原 型	功 能	返 回 值
atol	long atol(char *str);	将 str 指向的字符串转换为一个 long 型的值	返回转换结果
exit	void exit(int status);	中止程序运行。将 status 的值返回调用的过程	无
itoa	char *itoa(int n, char *str, int radix);	将整数 n 的值按照 radix 进制转换为等价的字符串，并将结果存入 str 指向的字符串中	返回一个指向 str 的指针
labs	long labs(long num);	计算 long 型整数 num 的绝对值	返回计算结果
ltoa	char *ltoa(long n, char *str, int radix);	将长整数 n 的值按照 radix 进制转换为等价的字符串，并将结果存入 str 指向的字符串	返回一个指向 str 的指针
rand	int rand();	产生 0 到 rand_max 之间的伪随机数。rand_max 在头文件中定义	返回一个伪随机（整）数
random	int random(int num);	产生 0 到 num 之间的随机数	返回一个随机（整）数
randomize	void randomize();	初始化随机函数，使用时包括头文件 time.h	